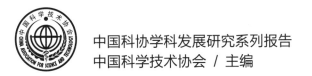

中国科协学科发展研究系列报告

中国科学技术协会 / 主编

REPORT ON ADVANCES IN INTELLIGENT SCIENCE
AND TECHNOLOGY

2020－2021
智能科学与技术
学科发展报告

中国电子学会　编著

中国科学技术出版社
·北 京·

图书在版编目（CIP）数据

2020—2021 智能科学与技术学科发展报告 / 中国科学技术协会主编；中国电子学会编著 . -- 北京：中国科学技术出版社，2022.11

（中国科协学科发展研究系列报告）

ISBN 978-7-5046-8836-1

Ⅰ.① 2… Ⅱ.①中…②中… Ⅲ.①人工智能 – 学科发展 – 研究报告 – 中国 –2020–2021 Ⅳ.① TP18

中国版本图书馆 CIP 数据核字（2022）第 052659 号

策　　划	秦德继	
责任编辑	李双北	
封面设计	中科星河	
正文设计	中文天地	
责任校对	张晓莉	
责任印制	李晓霖	

出　　版	中国科学技术出版社	
发　　行	中国科学技术出版社有限公司发行部	
地　　址	北京市海淀区中关村南大街16号	
邮　　编	100081	
发行电话	010-62173865	
传　　真	010-62173081	
网　　址	http://www.cspbooks.com.cn	

开　　本	787mm×1092mm　1/16	
字　　数	384千字	
印　　张	18.25	
版　　次	2022年11月第1版	
印　　次	2022年11月第1次印刷	
印　　刷	河北鑫兆源印刷有限公司	
书　　号	ISBN 978-7-5046-8836-1 / TP·436	
定　　价	92.00元	

2020—2021

智能科学与技术
学科发展报告

首席科学家　戴琼海

领 衔 专 家　（按章节排序）

唐　杰　吴　飞　蒋田仔　刘成林　王蕴红

黄河燕　马少平　焦李成　张立华　刘　宏

庄越挺　张宏图　王卫宁

编写组成员　（按章节排序）

邬　克　刘美珍　尹　磊　叶　帅　李　玺

蔡海滨　杨　易　赵　洲　况　琨　吴　超

李纪为　樊令仲　余　山　左年明　宋　明

张兆翔　向世明　吴毅红　陶建华　赫　然

孙哲南　申抒含　樊　彬　孟高峰　原春锋

罗　成　马为之　史树敏　毛先领　杨淑媛

侯　彪　马文萍　李阳阳　张向荣　刘　芳

序

　　学科是科研机构开展研究活动、教育机构传承知识培养人才、科技工作者开展学术交流等活动的重要基础。学科的创立、成长和发展，是科学知识体系化的象征，是创新型国家建设的重要内容。当前，新一轮科技革命和产业变革突飞猛进，全球科技创新进入密集活跃期，物理、信息、生命、能源、空间等领域原始创新和引领性技术不断突破，科学研究范式发生深刻变革，学科深度交叉融合之势不可挡，新的学科分支和学科方向持续涌现。

　　党的十八大以来，党中央作出建设世界一流大学和一流学科的战略部署，推动中国特色、世界一流的大学和优势学科创新发展，全面提高人才自主培养质量。习近平总书记强调，要努力构建中国特色、中国风格、中国气派的学科体系、学术体系、话语体系，为培养更多杰出人才作出贡献。加强学科建设，促进学科创新和可持续发展，是科技社团的基本职责。深入开展学科研究，总结学科发展规律，明晰学科发展方向，对促进学科交叉融合和新兴学科成长，进而提升原始创新能力、推进创新驱动发展具有重要意义。

　　中国科协章程明确把"促进学科发展"作为中国科协的重要任务之一。2006 年以来，充分发挥全国学会、学会联合体学术权威性和组织优势，持续开展学科发展研究，聚集高质量学术资源和高水平学科领域专家，编制学科发展报告，总结学科发展成果，研究学科发展规律，预测学科发展趋势，着力促进学科创新发展与交叉融合。截至 2019 年，累计出版 283 卷学科发展报告（含综合卷），构建了学科发展研究成果矩阵和具有重要学术价值、史料价值的科技创新成果资料库。这些报告全面系统地反映了近 20 年来中国的学科建设发展、科技创新重要成果、科研体制机制改革、人才队伍建设等方面的巨大变化和显著成效，成为中国科技创新发展趋势的观察站和风向标。经过 16 年的持续打造，学科发展研究已经成为中国科协及所属全国学会具有广泛社会影响的学术引领品牌，受到国内外科技界的普遍关注，也受到政府决策部门的高度重视，为社会各界准确了解学科发展态势提供了重要窗口，为科研管理、教学科研、企业研发提供了重要参考，为建设高质量教育体系、培养高层次科技人才、推动高水平科技创新提供了决策依据，为科教兴国、人才强国战略实施做出了积极贡献。

2020年，中国科协组织中国生物化学与分子生物学学会、中国岩石力学与工程学会、中国工程热物理学会、中国电子学会、中国人工智能学会、中国航空学会、中国兵工学会、中国土木工程学会、中国风景园林学会、中华中医药学会、中国生物医学工程学会、中国城市科学研究会等 12 个全国学会，围绕相关学科领域的学科建设等进行了深入研究分析，编纂了 12 部学科发展报告和 1 卷综合报告。这些报告紧盯学科发展国际前沿，发挥首席科学家的战略指导作用和教育、科研、产业各领域专家力量，突出系统性、权威性和引领性，总结和科学评价了相关学科的最新进展、重要成果、创新方法、技术进步等，研究分析了学科的发展现状、动态趋势，并进行国际比较，展望学科发展前景。

在这些报告付梓之际，衷心感谢参与学科发展研究和编纂学科发展报告的所有全国学会以及有关科研、教学单位，感谢所有参与项目研究与编写出版的专家学者。同时，也真诚地希望有更多的科技工作者关注学科发展研究，为中国科协优化学科发展研究方式、不断提升研究质量和推动成果充分利用建言献策。

中国科协党组书记、分管日常工作副主席、书记处第一书记
中国科协学科发展引领工程学术指导委员会主任委员
张玉卓

前言

　　21 世纪以来，全球科技创新进入空前活跃的时期，新一轮科技革命和产业变革正在重构全球创新版图、重塑全球经济结构。为抢抓人工智能发展的重大战略机遇，构筑我国人工智能发展的先发优势，加快建设创新型国家和世界科技强国，在中国科学技术协会的积极策划下，中国电子学会牵头，中国电子学会和中国人工智能学会共同邀请国内知名专家组织编写《2020—2021 智能科学与技术学科发展报告》，以期对我国智能科学与技术领域的科技研发、学术交流、学科建设和人才培养等多个方面提供指导和参考。

　　本书综合报告首先从新观点、新理论、新方法、新技术和新成果五个部分对学科理论发展状况进行概述，然后从学术建制、人才培养、研究平台和重要研究团队等方面对学科体制建设现状进行梳理，分析制约学科发展的深层次原因。通过对国内外学科中热点领域和发展经验的比较研究，提出我国在智能科学与技术学科的发展趋势与对策。专题报告共分为十个专题，分别从人工智能基础理论、人工智能相关的脑认知基础、机器感知与模式识别、信息检索、推荐系统、自然语言处理与理解、遥感图像智能理解与解译、人机融合智能、智能机器人和智能经济十个方面研究智能科学与技术，明确学科的研究方向，提出技术的关键热点，为学科发展提供指导和借鉴。

　　本书的编写汇集了多个机构和多位专家学者的智慧。戴琼海院士亲自组织开题会、中期交流和报告撰写。中国科协多次协调，中国电子学会张宏图书记牵头指导，中国人工智能学会秘书长王卫宁积极推进，清华大学、北京大学、中国科学院、北京航空航天大学、北京理工大学、浙江大学、南开大学等多个单位的领衔专家和编写组成员对本书进行顶层设计和多轮研讨，最终完成撰写工作，保障了本书的科学性、系统性和先进性。智谱 AI 公司为本书提供了部分学科发展分析图。

　　中国工程院院士李德毅为本书的编写提供了思路，中国电子学会陈英秘书长和曹学勤副秘书长指导了本书的出版工作，项目组成员吴静、刘霆轩和学会吴艳光、张玲、杨晋、何文丹、马树红、王海涛、何京秋、张荣、唐戈、王慧君、郭丰、高润东、季婧、曹菲菲等同志给予工作支持，确保了本书编撰工作的顺利进行。借此机会一并表示感谢。

凡是过往，皆为序章。智能科学与技术作为交叉前沿学科，处于飞速发展的阶段，且与多领域、多学科紧密结合。由于时间、精力、知识结构有限，书中难免存在错误和不妥之处，诚请广大读者批评指正，以便编写组对本书的进一步完善。

中国电子学会

2022 年 6 月

ABSTRACTS

Comprehensive Report

Reports on Special Topics

综合报告

智能科学与技术学科发展报告

1. 引言

智能科学与技术以光、机、电系统的单元设计、总体集成以及工程实现的理论、技术、方法为主要内容。

近年来，智能科学与技术正在深刻改变人们的思维、生产和生活方式，甚至影响未来国际军事平衡。因此，智能学科发展和人才培养对我国社会经济发展和国家安全都至关重要。在智能时代，人们将逐渐从日常烦琐和重复性的工作中解脱出来，从事更具创新性、知识性和情感性的工作和事务。在生产领域，智能技术将成为重要的生产要素，掀起社会生产力的新变革，各行各业的生产方式也会发生巨大变化。在军事领域，智能技术将重新定义军事情报的获取和分析，从根本上改变现代战争的制胜机理和作战形式，催生新的作战思想和作战手段，推动战争形态快速迈入智能时代。

2021 年 3 月，我国发布了《中华人民共和国国民经济和社会发展第十四个五年规划和 2035 年远景目标纲要》(以下简称《纲要》)，要求以国家战略性需求为导向推进创新体系优化组合，加快构建以国家实验室为引领的战略科技力量，聚焦人工智能等重大创新领域组建一批国家实验室，重组国家重点实验室，形成结构合理、运行高效的实验室体系；瞄准人工智能等前沿领域，实施一批具有前瞻性、战略性的国家重大科技项目；深入实施智能制造和绿色制造工程，发展服务型制造新模式，推动制造业高端化智能化绿色化。《纲要》要求加快推动数字产业化，构建基于 5G 的应用场景和产业生态，在智能交通、智慧物流、智慧能源、智慧医疗等重点领域开展试点示范。《纲要》还要求加快武器装备现代化，聚力国防科技自主创新、原始创新，加速战略性前沿性颠覆性技术发展，加速武器装备升级换代和智能化武器装备发展。可以预计，我国智能技术产业将在"十四五"期间迎来关键发展期，人工智能技术将逐渐成熟，应用场景将得到进一步拓展。

近年来，智能科学与技术在脑认知与检测技术、机器感知与模式识别、智能机器人和脑机接口技术等关键领域取得长足进步，为产业的智能化发展注入了强大推动力。未来，智能科学与技术学科将更加注重基础研究、更加与其他学科交叉融合、更重视创新人才队伍建设，以及更符合国家战略和社会发展需求。

2. 我国学科发展现状

2.1 学科理论发展状况

2015 年，国务院印发《统筹推进世界一流大学和一流学科建设总体方案》，提出坚持以学科为基础，引导和支持高等学校优化学科结构，凝练学科发展方向，突出学科建设重点，创新学科组织模式。学科理论的发展要具备前瞻视野，对新事物和新方向具有敏锐的洞察力，通过国际形势和我国现状制定合理学科发展趋势，本报告将该部分定义为"新观点"，综述我国的智能学科的发展观点；学科实际发展过程中，理论的形成是学科发展过程的数学产物，通过对规律的归纳和推理形成学科的理论是学科发展的基石，本报告的"新理论"重点阐述近年形成的科学理论；方法论是一个学科发展过程的重要呈现形式，是解决具体问题的一种形态，是一个学科发挥其价值的体现，本报告在"新方法"中重点阐述从理论问题当中形成的具体研究方法；理论和方法的发展催生了面向具体行业的应用技术，新技术的诞生将是学科与生产力结合的重要内容，是推动国家发展的核心载体，报告在"新技术"部分重点阐述了智能学科相关技术的研发情况。

2.1.1 新观点

（1）从人工智能走向通用人工智能

以大数据驱动的人工智能，在产业落地的过程中遇到了很多问题。究其原因，虽然当前人工智能在信息感知、机器学习等浅层智能具有显著的成效，但在概念抽象和推理决策等深层智能方面的能力比较薄弱。加利福尼亚大学洛杉矶分校的朱松纯教授用两种人工智能范式来描述——"鹦鹉范式"和"乌鸦范式"，前者指需要经过大量重复数据进行训练、不能对应现实的因果逻辑；后者可以实现自主认知，即感知、认知、推理、学习和执行，不依赖大规模标注数据且具有模型内耗小的优点。通用人工智能的实现就在于使模型具有自主认知的能力，适配"乌鸦范式"。认知科学是研究人类感知和思维信息处理过程的科学，是计算机科学、现代心理学、信息科学、神经科学、数学、语言学、人类学以及哲学等多种学科交叉发展的结果，因此与脑科学、神经科学结合是走向通用人工智能的必经之路。而可解释性是通用人工智能应该具备的属性之一，在可解释人工智能的问题研究上，因果推理的发展渐渐引起了研究者们的关注。因果推理对于构建可解释的机器学习模型至关重要，指根据影响事件发生的条件得出因果关系结论的过程，是人工智能科学从感知智能走向认知智能的关键。

（2）脑启发下的认知机制

人脑是由上千亿个神经元组成的复杂系统，涵盖生物学、心理学和神经科学等多种学科的概念范畴，人脑中共有150万亿个突触将860亿个神经元连接在一起，负责神经元之间各种信息的传输。"人脑回路图谱"就是要绘制它们之间的连接关系，以揭示脑结构和功能及其信息处理的原理和机制。受高等动物脑神经网络结构的启发，研究网络不同层面的信息处理规律，为设计新型人工神经网络的网络结构和学习规则提供依据。为清晰认识高等动物脑神经网络，脑成像逐渐成为脑科学领域的研究热点。目前，不同成像技术基于不同物理原理和观测不同的生理指标，在时间分辨率、空间分辨率、无创性等方面各有所长，取长补短将不同的成像技术相互融合，是未来值得探索的方向之一。此外，脑机接口技术是一项融合了人类思维和机器的新型技术，是人机交互的终极手段。长期来看，脑机接口在"脑"层面进步缓慢，在"接口"层面已经实现了复杂网络的控制策略和算法。脑机接口系统与现有计算机科学技术、人工智能的充分结合，特别是与机器智能的结合已经成为未来发展的必然趋势。

（3）新一代人工智能下的机器感知

近年来，深度学习的快速发展给视听觉感知等智能感知技术带来了革命性突破，深度学习可在语音识别、图像分类、语义分割、目标检测、同步定位与地图构建等任务上获得更高的准确率，在面向复杂开放场景下的视觉感知与理解上，未来的发展将会在成像技术、生物启发式学习和理解、小样本学习、连续学习等方面深入开展。深度学习的研究热潮也涉及了听觉信息处理领域，主要包括听觉场景分析、语音识别和语音合成技术等。在深度模型的推动下，实现复杂场景下视觉目标与行为理解、个性化的语音技术具有十分重要的研究价值。除此之外，在模式识别的其他应用上包括生物特征识别、遥感图像分析、文字识别、多媒体数据分析等，随着不同领域的应用拓展，以及不同实际应用场景下衍生的差异性、特定性等因素，结合信息化、智能化对模式识别的新挑战，提出高可靠、高精度、高效率的模式识别应用技术十分重要。

（4）新一代的信息检索

随着大数据、人工智能时代的到来，信息检索领域面临新需求、新挑战。信息检索的需求逐渐多元，从业务需求来看，从单一的文本搜索到以图搜图、以图搜文或语音检索等；从应用场景来看，从桌面搜索转向移动搜索，从传统网页搜索转向各种垂直领域的多媒体搜索（如图片、音乐等），从通用搜索引擎向各种特定领域搜索（如法律、健康等）深入。面对新需求、新挑战，研究人员用深度神经网络技术和注意力机制对异质数据进行有效处理、理解、建模。信息检索的基础理论以及和其他学科、技术的交叉融合，也是近些年研究人员关注的方向，例如对用户隐私、伦理、公平性等方面的探究，以及与人机交互等相关技术的结合。

（5）新一代的推荐系统

近些年，推荐系统的应用场景发生了迁移，从桌面网页推荐到移动设备短视频推荐，从通用领域推荐到特定领域推荐（电商、音乐、外卖、法律等）。同时，推荐系统进一步融合社交信息，增强与现实的交互，传统的推荐系统仅通过用户与产品之间的交互信息进行推荐，近些年融合用户个人画像特征、空间位置信息、知识（天气、当地习俗、商品间的关系）的推荐系统得到了研究人员的广泛关注和深入研究。2021 年，国家互联网信息办公室发布了《互联网信息服务算法推荐管理规定（征求意见稿）》，推荐系统的公平性、可解释性以及隐私保护被重新思考和定义，推荐系统有从集中式向分布式发展的趋势。

（6）新一代的自然语言处理

传统的自然语言处理研究主要基于人工、专家指定的规则以及统计学，当遇到俚语、一词多义等语言现象时，难以有效建模。近些年，基于深度学习的自然语言处理研究有效应对了语言学建模中的多重挑战，提出了神经网络语言模型、词向量、注意力机制和预训练语言模型等一系列具有重要影响力和代表性的成果，深刻影响了自然语言处理的研究方法和未来的发展方向，极大地推动了自然语言处理技术的创新和面向实用的语言智能产品与系统的落地。尽管深度学习目前已经成为自然语言处理与理解领域的主流方法，但现在计算机的"理解能力"无法解决认知类问题，在未来很长一段时间里，自然语言处理领域中的诸多研究工作将主要集中在认知智能层面上的基本理论、技术方法及系统研发的进一步探索和突破上，研究以自然语言理解为核心的认知理论与关键技术，探索深层次语言分析技术、基于知识指导的语言生成技术，面向多任务、多场景、多模态、高鲁棒性的语言智能处理系统仍将是本领域学术界与产业界共同努力的方向。

（7）深度学习引领遥感图像解译

近年来，随着对地观测技术的发展，遥感影像数据以几何级数的速度快速增长。这些时效性强、覆盖范围广、多类型、多分辨率的海量遥感数据被用于地表信息提取、资源与生态环境变化监测等诸多领域，发挥了巨大作用。但是，遥感影像数据量的快速增长和数据类型的不断丰富，也对数据快速精准解译方法与技术提出了更高要求，原始拍摄数据大量堆积与可用信息提取不足的矛盾日益突出。得益于大数据、云计算、人工智能等技术的不断进步，深度学习技术在图像识别方面取得重大进展，近年也利用深度学习技术支持场景理解、地物目标检测与土地覆盖分类等任务。通过构建大量样本数据训练深度学习网络，显著提高了遥感影像特征提取成效。但整体上，智能遥感解译系统的实用化、商业化程度仍未达到人脸、指纹识别等普通图像解译的水平。遥感影像解译涉及场景识别、目标检测、地物分类、变化检测、三维重建等不同层次的任务，大范围地物信息的提取需要依赖多源（多类型传感器、多时相、多尺度）遥感数据。

（8）多学科跨组织的人机融合智能

2006 年，深度学习模型推动人工智能迎来第三次高速成长，进入了人工智能发展的新阶段。随着互联网的普及、传感器的泛在、大数据的涌现、电子商务的发展、信息社区的兴起，数据和知识在人类社会、物理空间和信息空间之间交叉融合、相互作用，人工智能发展所处信息环境和数据基础发生了巨大而深刻的变化，驱动人工智能走向新阶段。与此同时，人工智能的目标和概念发生了重大调整，进入 3.0 发展阶段，科学基础和实现载体的新突破预示着内在动力的成长，电脑在硬件和软件都有巨大进步，如类脑计算、深度学习、强化学习等。《新一代人工智能发展白皮书（2017）》（中国电子学会编）将人工智能定义为，从计算机模拟人类智能演进到协助引导提升人类智能，通过推动机器、人与网络互连接融合，更为密切地融入人类生产生活，从辅助性设备和工具进化为协同互助的助手和伙伴。

人机智能融合中深度态势感知是一个重要隘口。深度态势感知指对态势感知的感知，是一种人机智慧，既包括人的智慧，也融合了机器的智能（人工智能），是"能指＋所指"：既涉及事物的属性（能指、感觉）又关联它们之间的关系（所指、知觉），既能够理解事物原本之意，也能够明白弦外之音。深度态势感知是在态势感知（包括信息输入、处理、输出环节）基础上，加上人、机（物）、环境（自然、社会）及其相互关系的整体系统趋势分析，具有软、硬两种调节反馈机制；既包括自组织、自适应，也包括他组织、互适应；既包括局部的定量计算预测，也包括全局的定性算计评估，是一种具有自主、自动弥聚效应的信息修正、补偿的期望 – 选择 – 预测 – 控制体系。

（9）从自动到自治的智能机器人

目前，智能机器人的智能水平并不高，尚处于初级阶段。当前智能机器人的核心问题：一方面需要提高智能机器人的自主性，这是就智能机器人与人的关系而言，即希望智能机器人进一步独立于人，具有更为友善的人机界面；从长远来说，希望操作人员只要给出要完成的任务，而机器能自动形成完成该任务的步骤，并自动完成。另一方面要提高智能机器人的适应性，提高智能机器人适应环境变化的能力，这是就智能机器人与环境的关系而言，希望加强它们之间的交互关系；智能机器人应能够将多种传感器得到的多模态和多源信息进行融合，能够有效地适应变化的环境，具有很强的自适应能力、学习能力和自治功能。

（10）数据驱动下的智能经济

智能经济是以数据为生产资料，将云计算、大数据、人工智能等技术作为生产力，利用算力和算法将数据转变为价值的一种新型经济形态。进入移动互联网时代，以数字化设备记载比特数据，互联网上的所有连接以及连接的多方信息日积沉淀，数据的实时流动实现了经济"在线"，基于源源不断的活数据，云计算、大数据得以蓬勃发展，人工智能算法和模型快速迭代，以数据智能服务为主要产品形态的智能经济才得以孕育和兴起。数据作为生产资料提供智能决策，人民对智能决策的反馈和使用产生新的数据，形成"数据 –决策"的双驱智能经济模式。

2.1.2 新理论

（1）以因果发现为核心的通用人工智能

人工智能基础理论的建立关键在于与脑科学研究相结合。人工智能的发展经历了从符合主义到联结主义的发展演变，2016 年后，受脑科学和心理学等学科的启发，人工智能正在向生物智能转变。目前基于深度学习的人工智能技术大多使用人工神经网络模型，与大脑实际的神经网络相比过于简单，因此构建更复杂和准确的神经网络模型、发展脑启发下的计算是实现通用人工智能的必经之路。此外，大脑的智慧多源于知识而非数据，实现知识和数据双驱动下的人工智能是向大脑学习的必然结果。发现因果知识是实现通用人工智能的核心，近年来，因果的表示学习吸引了越来越多的关注，因果表示学习是指从数据中学习变量。一个有趣的研究方向是反事实推理，是指通过从实际数据中学习来预测反事实结果，将因果推理问题转化成领域适应问题，实现模型向更加通用的场景迁移。

（2）神经学习模型与类脑认知基础

构建接近人脑计算能力与智能水平的人工神经网络系统，已经成为脑科学与计算机科学交叉领域的研究热点之一。由于脉冲神经网络具有时序动力学特性的神经元节点和稳态可塑性平衡的突触结构，能有效表征时空信息、处理异步事件，实现高效的自组织学习，提高模型的认知能力，因此研究具有生物认知的新一代高效脉冲神经网络模型已经成为类脑计算研究趋势。在脑影像研究方面，为了获得高时间 – 空间分辨率的神经活动信号，获取高分辨率脑电或脑磁成像的理想时间分辨率，并利用功能性磁共振或正电子发射层描述的准确空间分辨率，将两类图像配准、融合共同投射到结构图像上，已成为这一研究领域理论基础。此外，在脑机接口研究方面，目前国内主要用于医学治疗，该项技术涉及脑活动调控、新一代机器学习模型和类脑计算系统、类神经元的芯片、处理器、存储器和智能机器人等技术，以及大数据信息处理和计算新理论的发展，未来材料科学和工程学相关领域的技术进步也有望加速研究向临床应用的转化。

（3）多模态感知和认知智能

21 世纪是数字化、信息化、网络化、智能化的世纪，人工智能基础学科的模式识别技术，具有较大的发展空间。以人工智能为核心的科技变革，势必经历从简单个体识别到复杂关系推理，从被动环境感知到主动任务探索，从可控简单应用场景到非可控复杂应用场景等变化，给模式识别技术的发展带来了机遇和挑战。为了适应科技变革带来的一系列变化和应用需求，必须融合视觉、听觉、语言、认知、学习、机器人、博弈、伦理与道德等各学科的研究成果，提出以应用为中心的特征表示，建立以时间、空间、因果等为考虑因素并面向模式理解和多模态认知的计算模型，结合实际应用场景提出可计算的理论方法和技术体系。就人工智能和模式识别主要分支的计算机视觉发展来看，机器学习已经成功应用于视觉感知和理解的各层计算中。未来，模式识别和计算机视觉将从以分类为主的感知智能，不断升级到以理解和语义应用为标志的认知智能，其理论框架也随着软硬件发展逐渐发展和完善。

（4）融合发展的信息检索理论

随着互联网数据的爆炸式增长，人们难以快速筛选出对自身有用的信息。传统的信息检索理论主要基于规则和模糊的相似性匹配，但是上述理论较难全面准确反映用户的需求，无法挖掘用户的潜在兴趣，更无法胜任当今形式多样的异质数据检索需求，如图片检索、短视频搜索、音乐片段检索等。近些年，研究人员尝试应用基于深度学习的代数模型和基于语言模型的概率模型，在注意力机制、卷积神经网络、循环神经网络的建模下，上述挑战得到了有效缓解。此外，信息检索与其他学科技术融合的理论也在不断完善，尤其是和人机交互、问答、对话技术的融合。

（5）新一代推荐系统理论

推荐系统领域被认为是深度学习、自然语言处理、计算机视觉等理论的下游领域。深度学习理论的快速发展也为推荐系统领域理论带来了推动。此外，大规模预训练模型和迁移学习的理论在未来几年将进一步和推荐系统理论紧密结合，构建更懂人心、更为智能的知识引导式推荐系统。在集中式推荐系统性能高速发展的同时，更注重隐私保护和数据安全的分布式推荐系统被研究人员提到的频次逐渐增多，相关研究逐渐开展。无论是集中式还是分布式推荐系统，在数据形式和业务需求逐渐多样的今天，同样面临数据交互稀疏、数据异质的挑战。

（6）自然语言处理的新范式

深度学习领域，研究人员比较注重网络结构和训练过程优化方法的研究，目前相应理论已经逐渐完善。近些年开始关注如何用更少的数据完成更高的性能，提出了表示学习、迁移学习的理论。在此基础上，训练的范式发生了变化，可以总结为四种范式：非神经网络时代的完全监督学习、基于神经网络的完全监督学习、预训练－精调范式、预训练－提示－预测范式。在预训练－精调范式下，研究人员不需要几万甚至几十万的数据进行训练，在预训练语言模型的基础上，几千条数据就可以完成下游任务的研究和适配。在预训练－提示－预测范式的范式下，研究人员甚至不需要训练，就可以完成任务的适配。

（7）数据驱动的遥感图像理解与解译

在机器学习理论诞生之前，遥感图像与常规图像的处理方式一致，聚焦于图像本身的像素属性，通过对像素的区域分布分析，通过人工经验对遥感图像进行判读，实现对特殊事件、目标的理解和解译。随着卫星遥感技术的迅速发展，遥感图像数据规模持续扩大，人工判读的图像解译方式越来越难以满足实际需求。提高遥感图像处理的自动化程度，不仅可节省大量的人力资源，而且可以在保证解译精度的前提下，有效提升遥感图像的处理速度。近年来，基于特征学习表示的方法成为研究的热点，尤其是深度学习在图像分类上取得了突破性进展，特别是算力的提升推动了深度学习技术的发展，从传统的人为特征的图像识别方法向特征自治的深度信息挖掘转换，利用深度学习技术支持场景理解、地物目标检测与土地覆盖分类等任务。

（8）以深度学习为主特点的人工智能新理论

人工智能的复兴追溯到 2012 年图像识别大赛（ImageNet）上 Hinton 和 Alex 提出的 AlexNet 深度神经网络。深度学习模型的成功很大程度上依赖算法模型的规模指数级升级。从 20 世纪 50 年代开始，系统通过不断的演化提高性能，据推测，到 21 世纪 50 年代，神经网络能具备与人脑相同数量级别的神经元与连接稠密度。

随着深度学习模型越来越复杂，其识别、分类和预测精度得到显著提高。在大型视觉挑战赛（ILSVRC）中，深度学习模型取得了引人注目的成功。深度学习在语义识别、机器翻译和强化学习等其他复杂学科产生了巨大的影响，成为当代人工智能学者的主要研究领域。

机器学习发展到今天，仍然遇到瓶颈，无论是人类训练还是数据量，都难以支撑机器学习更进一步地发展出高水平人工智能，人类和数据成为通用智能发展的阻碍。无监督学习成为一种有效的理论，通过在无监督学习的情况下的环境交互，可以建立一个可预测的因果关系的模型，通过模仿和互动掌握对事物的感知和理解能力。

（9）共融机器人新理论

未来的机器人可能会由现在的简单交互，发展到与环境、人的交互。无论机器人怎么发展，高速、重载和安全性是必须的。不管什么学科（如机器人动力学、机器人传感、机器人结构、并联机构），未来机器人一定具有两个特点：一是效率可靠、安全、力气大和灵活；二是人类与机器人相辅相成，而不是机器人代替人类。未来的机器人要能够与人共融，实现自然交互，也能够适应复杂的环境，实现与环境的交互。

（10）实时强化学习下的智能新经济

实时机器学习是一项前沿的人工智能研究理论，2017 年由加利福尼亚大学伯克利分校的学者给出较为清晰的解决方案。实时强化学习是其中的分支，能够为推荐、营销系统带来强大的技术升级，用户反馈分钟级回流和在线更新模型。实时强化学习的应用领域非常广泛，如新闻网站或电商促销，每天都有新资讯、新促销，用户不断创造内容，可供推荐的内容不断累积，不断变化。模型的精度来源于数据，又判别数据，数据的变化必然带动模型的调整。随着实时强化学习不断完善，商业经济领域能够构建更高效的模型、效率更好的框架，而且模型生成自动实现，无需人工干预。

2.1.3　新方法

（1）深度强化学习

作为深度学习领域近年来迅猛发展起来的一个分支，深度强化学习的目的是解决计算机从感知到决策控制的问题，从而实现通用人工智能。它在处理复杂的决策问题方面显示出巨大潜力，具有在不断变化的环境中快速适应的灵活性，这使它具有广泛的应用空间。不同于人类学习者可以灵活地适应不断变化的任务条件，深度强化学习系统通常只适用于一个特定的任务领域。而深度元强化学习能够利用深度强化学习的技术来训练循环神经网络，实现独立的强化学习流程，并快速适应新任务。深度元强化学习可能在神经科学领域内具有重要意义，近期的研究表明深度元强化学习有助于理解多巴胺和前额皮层在生物强化学习中各自的作用。

（2）多模态脑图谱

目前，大多数人类脑图谱是基于人群的概率图谱，为了获得个体化人脑不同方面的信息（如微观、宏观不同空间尺度信息、特定脑功能信息、多模态连接信息以及脑功能的时间动态信息等），需要获取人脑组织的更多信息，并对这些信息进行整合，构建一个跨尺度、多模态的人类脑图谱。中国科学院自动化研究所脑网络组研究中心蒋田仔团队联合国内外其他团队，引入了脑结构和功能连接信息对脑区进行精细划分和脑图谱绘制的全新思想和方法，第一次建立了宏观尺度上的活体全脑连接图谱。目前人类脑网络组图谱主要是通过脑功能区定位以及脑连接模式绘制的多模态脑图谱为主。威斯康星大学麦迪逊分校的研究团队，利用颅磁刺激的手段，使大脑的外侧前额叶区域在活性受到抑制的时候出现更多的情感"溢出"现象，这有助于理解人脑的结构和功能，理解认知、思维、意识和语言，探索脑疾病的发病机制与治疗方案，推动新一代类脑智能技术的发展。在脑成像方面，卡内基·梅隆大学的贺斌团队开发了一种功能更强大的高密度脑电图，可以跟踪比以前更大的大脑区域的脑信号，然后使用人工智能，以更高的准确性识别这些信号的起源以及传播路径。

（3）类脑模式下的深度学习

虽然深度学习算法能够较好地处理基础的机器视觉感知任务，但是复杂视觉任务更需要算法能够对视觉信息进行选择过滤、存储与复用、推理与决策等认知功能。因此，建立基于深度学习的视觉认知模型，包括注意、记忆、推理、反馈等，可以提升视觉语言匹配、视觉语言描述等复杂视觉任务的性能。随着类脑计算领域的不断发展，当前的机器感知与模式识别有望借助类人／类脑模式下的表示学习，通过引入人的感知和认知机理，研究高效的跨模态非结构化协同学习方法，小样本主动可增强自学习、自监督、自演化、自主特征学习方法，自动目标感知与识别方法，类脑神经网络结构学习方法等实现模式识别领域的新方法。

（4）信息检索新方法

深度学习是一种以数据经验驱动的建模技术，受益于其强大的数据拟合能力，使用神经网络对搜索结果进行排序在近些年逐渐成为信息检索领域的主流。然而，神经网络方法有着高度依赖数据经验、缺乏理解人类意图的能力、没有基本的常识等问题。为此，研究人员引入丰富的知识作为机器的先验知识，构建常识引导、知识指导的检索模型，在信息检索社区的共同努力下，检索性能迈上新台阶。在未来的很长一段时间，与知识结合的信息检索方法仍然是研究人员关注和深入研究的重点。在新时代、新需求的背景下，跨模态、跨语言、多模态的信息检索模型也是研究人员近些年努力的方向。

（5）从集中式到分布式的推荐方法

在深度学习理论下，集中式的推荐系统研究已经取得了阶段性成就，可以基本满足现阶段人们在通用和领域场景以及不同终端设备下的多样的推荐服务需求。然而，在集中式的推荐系统中，用户的个人数据需要上传和存储在公司的服务器端，在数据传输和服务器存储阶段有数据泄露的风险。为此，研究人员提出了分布式的推荐系统，不但可以规避数据泄露的风险，还为推荐问题中令人头疼的冷启动问题提供了新思路。同时，公司间可以打破数据孤岛、联合训练，得到更优质的推荐模型，推荐服务得以迈向新台阶。

（6）基于 Transformer 的自然语言处理方法

2021 年，在自然语言处理、自然语言理解领域的每个任务中，基本都可以看到基于 Transformer 预训练语言模型位列性能榜单前列的身影。GPT 和 BERT 是领域任务中常用的语言模型，其训练方法基于自监督学习、迁移学习和 Transformer 网络结构。标准的 Transformer 架构分为编码器和解码器，使用不同的结构和自监督方法会得到不同类型预训练语言模型，如基于自编码器的 BERT、基于解码器的 GPT 和基于编码器和解码器的 BART 等。在预训练阶段，预训练语言模型使用自监督学习从大规模文本数据学习普适性的语言表征。在精准训练阶段，预训练语言模型为下游任务提供优质的背景知识。下游任务可以在语言模型的加持下避免从头训练，从而在少数据量、低算力的情况下获得杰出性能。在以上背景下，研究人员致力于探索更为优秀的 Transformer 网络架构和在下游任务中更合理的利用预训练语言模型。

（7）数据语义驱动的遥感图像解译方法

遥感图像解译的主要目的是对图像中感兴趣的目标 / 地物进行分类识别，包括居民地、植被、道路、水系、桥梁、舰船和飞机等。实现遥感图像解译的自动化和智能化，是人们长期追求的目标。遥感图像解译的主要方法可以分为两类——模型驱动方法和数据驱动方法。

模型驱动方法是基于先验知识的数学模型，经图像预处理后，利用数学模型对目标类型进行估计。这类方法的解译结果过度依赖于先验知识的准确性，没有建立特征到分类识别器之间的耦合关联，在处理大数据量时效率很低。与模型驱动方法不同，数据驱动式方法是指利用监督或者非监督的学习算法从数据中自动获取最优的特征表达，这类方法不需先验知识，鲁棒性更好。深度学习正是一类具有强大特征学习能力的数据驱动式方法，它是一种完全的"端到端"式的算法模型，即网络输入端为图像，网络输出端为图像类别或目标信息。深度学习为处理遥感影像解译问题，提供了一个有效的算法框架。稀疏编码和稀疏自编码等浅层无监督特征学习方法能有效地学习遥感图像特征，但浅层结构特性限制了学习出来的特征对复杂图像内容的表达能力。堆叠稀疏自编码深度网络被用来学习更高层次的光谱空间特征以达到分类的目的。多分辨率卷积神经网络来对遥感图像进行语义标注。卷积神经网络作为稀疏自编码的输入进行进一步的特征学习，并利用学习得到的特征对场景进行分类。

（8）基于人机交互协同的智能方法

当前人工智能前进的主要方向应该是人机协同，而不是简单地用机器替代人类。因此，人机交互所产生的融合双重智能可以成为人工智能未来发展的重中之重，旨在通过人机交互和协同，提升人工智能系统的性能，使人工智能成为人类智能的自然延伸和拓展，通过人机协同更加高效地解决复杂问题，具有深刻的科学意义和巨大的产业化前景。

从单纯用计算机模拟人类智能，打造具有感知智能及认知智能的单个智能体，向打造多智能体协同的群体智能转变已经成为人机交互的焦点。群体智能充分体现了"通盘考虑、统筹优化"思想，具有去中心化、自愈性强和信息共享高效等优点，相关的群体智能技术已经开始萌芽并成为研究热点。人类智能在感知、推理、归纳和学习等方面具有机器智能无法比拟的优势，机器智能则在搜索、计算、存储、优化等方面领先于人类智能，两种智能具有很强的互补性。人与计算机协同，互相取长补短将形成一种新的"1+1>2"的增强型智能，也就是融合智能，这种智能是一种双向闭环系统，既包含人，又包含机器组件。其中人可以接受机器的信息，机器也可以读取人的信号，两者相互作用，互相促进。在此背景下，人工智能的根本目标已经演进成为了提高人类智能，更有效地陪伴人类完成复杂动态的智能职能任务。

（9）智能经济认知方法

认知方法是对智能经济新范式和数字经济规律的认知。比如对生产要素的认知，人才、技术、资本、土地是生产要素，现在要加上数据、网络空间，甚至算力；再如对生产关系的认知，以前我们认为生产关系就是企业股东来分享企业收益的，现在多了企业员工的股权激励，甚至目前又进一步发展到客户来分享收益。通过对传统工业数字化规律的认知，制造企业数字化的一个典型案例是青岛红领公司，它通过企业数字化，已经把传统价值链理论中的微笑曲线给拉平了。原来传统工业经济都是 U 形曲线，增长方式呈线性增长，现在已经可以实现指数型增长。对于数字经济发展中类似的这种规律性的变化，需要有新的认知。

2.1.4 新技术

（1）脑图谱与脑成像技术

脑图谱构建和应用对认知科学的研究尤为重要，在构建方面，首都医科大学宣武医院的李坤城教授团队、香港中文大学威尔斯亲王医院的王德峰教授和石林教授团队共同开发"Chinese 2020"中国人 3D 结构脑谱，定义了中国人标准脑空间，标记了相应的 AAL 脑区，为不同年龄段和性别的中国人群构建了概率脑图谱。借助脑图谱，脑成像技术成为认知科学的一个重要工具，可以记录下脑在认知过程中的变化，从而直接揭示认知的奥秘。为了突破现阶段脑科学观察的瓶颈，清华大学戴琼海教授团队开发研制了超宽、超分、超快的生命科学成像仪器 RUSH-1，为全脑尺度下观察细胞运动，从亚细胞、细胞、组织到器官结构与功能活体研究提供新工具。基于脑图谱和脑成像技术，清华大学脑科学研究部门基于脑科学研发一款人工智能芯片 Tianjic 芯片，可同时支持机器学习算法和类脑电路功能，完成脉冲神经网络和人工神经网络的融合，可以实现实时的目标检测、跟踪、语音控制、避障和平衡控制等算法的互相配合。

（2）模式识别技术的发展

在视觉信息处理方面，北京大学黄铁军教授团队针对图像和视频丢失光的时域信息这一缺陷，提出了一种与光子流物理意义直接对应的视觉形式，称为视达（vidar），并开发了视达芯片和视达相机，实现了超高速成像。以视达为输入，在脉冲神经网络上实现了超高速目标检测、跟踪和识别；颠覆了传统视频和计算机视觉概念，有望重塑视觉信息处理技术体系。在听觉信息处理方面，北京大学吴玺宏教授团队针对方言和小语种语音识别的痛点，基于听觉的"肌动理论"，结合发声过程物理模型，构建了一个由语音逆向推断出声门激励信号以及发声姿态参数的神经网络模型，通过正、反向模型的迭代实现了语音-发音姿态的具身自监督学习，进而实现对任意语种音位体系的构建。总的来说，模式识别研究与应用近年来也取得了很多令人瞩目的成就，如语音识别技术已逐渐成为信息技术中人机接口的关键技术，其应用是一项具有竞争性的新兴高技术产业；生物特征识别是智能时代最受关注的安全认证技术，凭借人体特征来唯一标识身份；此外，智慧医疗通过医学图像处理和分析，辅助医生早期诊断、辅助治疗以及预后评估等。

（3）稠密向量检索技术

现有的搜索引擎大都采用二阶段的排序模式，其中第一阶段的检索主要是为了召回小部分的候选文档，第二阶段对候选文档进行重新排序。基于关键词匹配的检索算法是第一阶段常用的方法，但是关键词匹配没有利用语义信息，可能存在语义相关但是词语不匹配的问题，因而其性能可能受到限制。为了解决上述问题，稠密向量检索模型使用深度神经网络把查询和文档编码成实数值向量，并使用两个向量的内积或者余弦相似度作为查询候选文档的相关性得分。稠密向量检索的兴起并非偶然，而是得益于表示学习与最小近邻搜索两方面技术的成熟。在表示学习方面，谷歌相继提出 Word2Vec 和 BERT，文本编码得以更为精准地表示语义信息，这对文本搜索任务也造成了改革。

（4）基于知识的推荐技术

在传统的推荐技术中，如协同过滤和基于内容的推荐无法适配于非频繁购买、时间跨度大的场景，如买房、买车等。基于知识的推荐是一种特定类型的推荐系统，它借助于领域本体，表达语义知识，增加了项目之间的关联信息；通过领域本体中结合点、边、深度和密度对相似性计算的不同影响，算法结合信息论中的互信息相关概念，对相似性计算公式进行改进，提高了运算精度。基于知识的推荐不需要评分数据就可以推荐，所以不存在冷启动的问题。推荐结果不依赖单个用户评分，要么是以用户需求与产品之间的相似度的形式，要么是根据明确的推荐规则。基于知识的推荐系统还被看作是"以一种个性化方法引导用户在大量潜在候选项中找到感兴趣或有用物品，或者将这些物品作为输出结果的系统"。最后，知识图谱也被推荐系统用于增强其可解释性。

（5）面向自然语言处理领域的预训练模型技术

近年来，预训练模型的出现将自然语言处理带入了一个新的时代。语言模型就是建模一个句子存在的可能性，预训练语言模型指的是利用大量在人们生活中出现过的文本来训练，使模型在这些文本中，学习到每一个词或字出现的概率分布，以此来建模出符合这些文本分布的模型。语言模型的语料的标签就是它的上下文，这就决定了人们几乎可以无限制地利用大规模的语料来训练语言模型，这些大规模的语料，使预训练语言包模型得以获得了强大的能力，进一步在下游相关任务上展现了其出色的效果。在研究社区的不断努力下，实验表明，下游相关任务在预训练模型技术的加持下，性能远超过其他非预训练方法。

（6）基于多尺度特征的遥感图像舰船目标检测

针对背景复杂的遥感图像中，舰船方向任意密集排列造成的漏检问题，基于旋转区域检测网络，提出多尺度特征增强的遥感图像舰船目标检测算法。在特征提取阶段，利用密集连接感受野模块改进特征金字塔网络，选用不同空洞率的卷积获取多尺度感受野特征，增强高层语义信息的表达。为了抑制噪声并突出目标特征，在特征提取后设计基于注意力机制的特征融合结构，根据各层在空间上的权重值融合所有层，得到兼顾语义信息和位置信息的特征层，再对该层特征进行注意力增强，将增强后的特征融入原金字塔特征层。在分类和回归损失基础上，增加注意力损失，优化注意力网络，给予目标位置更多关注。在DOTA遥感数据集上的实验结果表明，该算法平均检测精度可以达到71.61%，优于最新的遥感图像舰船目标检测算法，有效地解决了目标漏检问题。

（7）高分辨率光学遥感图像场景理解技术

为了有效解决遥感图像由成像视角（从上到下成像）造成的旋转问题以及底层特征在表征遥感图像内容时的"语义鸿沟"问题，一种旋转不变多特征概率潜在语义分析模型用于遥感图像目标检测和场景分类，提取并量化遥感图像的不同底层视觉特征，用来得到不同的视觉单词和视觉词典，然后对不同视觉单词的条件分布使用同一潜在语义主题进行约束，即从不同的视觉单词中挖掘学习出同一潜在语义主题。这样将充分利用不同特征之间的互补性，同时在学习的过程中约束同一图像的不同旋转方向的潜在语义尽可能地一致，这样学习出来的潜在语义主题将能有效地对抗遥感图像中的旋转情况。遥感图像目标检测和场景分类实验结果均表明了本方法的有效性。

（8）新型感知下的机器人技术

柔性机器人技术是采用柔韧性材料进行机器人的研发、设计和制造。柔性材料具有能在大范围内任意改变自身形状的特点，在管道故障检查、医疗诊断、侦查探测领域具有广泛应用前景。仿生肌肤技术、生肌电控制技术利用人类上肢表面肌电信号来控制机器臂，在远程控制、医疗康复等领域有着较为广阔的应用。敏感触觉技术指采用基于电学和微粒子触觉技术的新型触觉传感器，能让机器人对物体的外形、质地和硬度更加敏感，最终胜任医疗、勘探等一系列复杂工作。

（9）智能语音交互技术

采用会话式智能交互技术研制的机器人不仅能理解用户的问题并给出精准答案，还能在信息不全的情况下主动引导完成会话。苹果公司新一代会话交互技术将会摆脱 Siri 一问一答的模式，甚至可以主动发起对话。

（10）情感识别技术

情感识别技术可实现对人类情感甚至是心理活动的有效识别，使机器人获得类似人类的观察、理解、反应能力，可应用于机器人辅助医疗康复、刑侦鉴别等领域。对人类的面部表情进行识别和解读，是和人脸识别相伴相生的一种衍生技术。

（11）自动驾驶技术

自动驾驶汽车能以雷达、光学雷达、GPS 及计算机视觉等技术感测其环境。先进的控制系统能将感测资料转换成适当的导航道路，以及障碍与相关标志。根据定义，自动驾驶汽车能透过感测输入的资料，更新其地图资讯，让交通工具可以持续追踪其位置，即使条件改变，或汽车驶进了未知的环境内。

2.1.5　新成果

（1）类脑计算系统

人脑是自然界中最完美的计算系统，是目前唯一的"通用智能体"，清华大学计算机科学与技术系张悠慧团队、精密仪器系施路平团队与合作者在《自然》杂志发文，首次提出"类脑计算完备性"以及软硬件去耦合的类脑计算系统层次结构。通过理论论证与原型实验证明该类系统的硬件完备性与编译可行性，扩展了类脑计算系统应用范围使之能支持通用计算。类脑计算处于起步阶段，国际上尚未形成公认的技术标准与方案，这一成果填补了完备性理论与相应系统层次结构方面的空白，利于自主掌握新型计算机系统核心技术。

（2）双光子荧光显微镜

2017 年，北京大学程和平院士成功研制出 2.2 克微型化佩戴式双光子荧光显微镜，国际上首次获取了小鼠在自由行为过程中大脑神经元和神经突触活动清晰、稳定的图像。此项突破性技术将开拓新的研究范式，可在动物觅食、哺乳、打斗、嬉戏、睡眠等自然行为条件下，实现长时程、多尺度、多层次动态观察脑活动。2021 年，该团队成功研制出第二代微型双光子荧光显微镜，其成像视野是第一代的 7.8 倍，同时具备三维成像能力，获取了小鼠在自由运动行为中大脑三维区域内上千个神经元清晰稳定的动态功能图像，并且实现了针对同一批神经元长达一个月的追踪记录，该项成果已被多个研究组应用于不同的模式动物和行为范式研究。

（3）字节跳动公司的推荐算法

字节跳动公司的抖音 App 所用的推荐算法被《麻省理工科技评论》评为 2021 全球十大突破性技术。抖音运用推荐算法增强用户的黏性，可以精准地为用户推荐感兴趣的视频内容。抖音有更为公平的推荐机制，视频博主的粉丝数量等因素并不会作为推荐算法的判断依据，而是取决于视频的标题、声音和标签，结合用户拍摄内容、点赞过的视频领域等进行推荐。抖音特别善于将相关的内容输送给那些有共同兴趣或身份的小众用户社区。事实证明，抖音特有的推荐机制实现了全球性的成功。

（4）"悟道·文源"面向中文的预训练语言模型

"悟道·文源"是以中文为核心的大规模预训练模型，目标是构建完成全球规模最大的以中文为核心的预训练语言模型，在中英文等多个世界主流语言上取得最好的处理能力，在文本分类、情感分析、自然语言推断、阅读理解等多个任务上超越人类平均水平，探索具有通用能力的自然语言理解技术，并进行脑启发的语言模型研究。目前，"悟道·文源"模型参数量达 26 亿，具有识记、理解、检索、数值计算、多语言等多种能力，并覆盖开放域回答、语法改错、情感分析等 20 种主流中文自然语言处理任务，技术能力已与 GPT-3 实现齐平，达到现有中文生成模型的领先效果。

（5）国内典型得遥感数据集构建

随着可获得的遥感影像数据的逐渐增多，越来越多的学者和研究机构开始投入遥感影像智能处理的研究之中。目前，国内使用较多的具有卫星影像像素级地物标注信息的开源数据集，主要有武汉大学夏桂松教授发布的 GID 和季顺平教授发布的 WHU。GID 包含 150 幅 6800 像素 ×7200 像素的"高分"2 号多光谱影像，分辨率为 4 米，共有居民地、农田、森林、草地和水域 5 类地物。WHU 包含两个卫星数据集，其中数据集一由 204 张512 像素 ×512 像素的影像组成，分辨率在 0.3 ~ 2.3 米；数据集二由 17388 个 512 像素 ×512 像素的影像组成，分辨率为 0.45 米。早在 1980 年，卡内基·梅隆大学就为 DEC 公司制造出一个专家系统，可以帮助 DEC 公司每年节约 4000 万美元左右的费用，特别是在决策方面提供有价值的内容。

（6）仿人机器人技术不断突破，进入了国际领先行列

仿人机器人技术是智能机器人研究的热点，也是一个国家机器人研究水平的标志。20世纪 90 年代初到 2000 年，我国先后研制出多指关节灵巧手、双足步行机器人和仿人机器人"先行者"，逐渐缩小了我国仿人机器人研究与世界先进水平的差距。"十五"期间，我国自主开发了仿人机器人"汇童"，标志着我国成为继日本之后第二个掌握集机构、控制、传感器、电源等于一体的仿人机器人技术的国家。"十一五"期间，我国研制出国际领先水平的五指灵巧手，实现了对多种形状物体的识别、抓取和自主操作；攻克了仿生机器人动力学稳定控制、高性能手臂一体化部件设计制造、自主实时控制操作系统研发、高

速视觉识别算法等核心技术，实现了具有高度感知与运动控制能力的仿人机器人乒乓球对抗，保持了国际领先地位。

（7）水下机器人取得重大成就

海洋资源勘探和开发是国际激烈竞争的焦点问题之一，水下机器人是海洋资源勘探和开发的重要工具。20多年来，我国水下机器人不断发展，从1000米无缆自治机器人到6000米无缆自治机器人，再到7000米载人深潜器，水下机器人取得了重大成就。我国成功地研制出首台6000米无缆自治机器人"探索"号，并在太平洋深水处进行了大洋探测实验。深海试验表明，"探索"号主要技术指标达到国际领先水平，标志着我国成为继美、俄、法、英、日之后，拥有整套深潜探测技术能力的少数国家之一。2002年，我国启动了7000米载人深潜器"蛟龙"号的研制工作，其工作范围可以覆盖全球海洋区域的99.8%。2012年，"蛟龙"号圆满完成7062米的下潜任务，标志着我国在深海高技术领域达到了领先国际的先进水平。

（8）智能化工程机械实现机群作业和远程维护

开发以机器人技术为核心的智能化工程机械，是促进工程机械产品更新换代的重要手段。在国家重大科技专项和"863"计划等的支持下，工程机械行业骨干企业包括徐工、三一、中联、山河、柳工、厦工、天工等重点研发了一批单机智能化、机群智能化工程机械产品，建立了工程机械远程智能维护系统，为引领工程机械产品技术升级和提升工程机械行业竞争力做出了重要贡献。

（9）工业机器人示范应用和产业化

工业机器人作为制造业的重要基础装备，"九五"期间，我国掌握了工业机器人的设计和集成技术，研制出弧焊机器人、点焊机器人、切割机器人、仿型喷涂机器人、平面关节型装配机器人、直角坐标型装配机器人、移动搬运机器人、移动包装机器人等一批国产工业机器人系列产品。"十一五"期间，研制出30台165千克和2台210千克点焊机器人产品并成功应用于奇瑞汽车焊装自动化生产线，国产弧焊机器人、移动搬运机器人、包装搬运机器人等达到国外同类产品的先进水平。2010年，国产工业机器人市场销售几百台套，带动几百亿元的国产机器人自动化成套生产线销售额，走出了工业机器人产业化的第一步。

（10）特种机器人品种和应用不断壮大

特种机器人通常指工作在非结构环境下作业的机器人，始终是智能机器人技术研究的重点。我国特种机器人从无到有、品种不断丰富、应用领域不断拓展，奠定了特种机器人产业化的基础。20多年来，我国先后研制出一大批特种机器人，并投入使用，如辅助骨外科手术机器人和脑外科机器人成功用于临床手术，低空飞行机器人在南极科考中得到应用，微小型探雷扫雷机器人参加了国际维和扫雷行动，空中搜索探测机器人、废墟搜救机器人等地震搜救机器人成功问世，细胞注射微操作机器人已应用于动物克隆实验，国内首台腹腔微创外科手术机器人进行了动物试验并通过了鉴定，反恐排爆机器人已经批量装备公安和武警部队等。

（11）人工智能助力工、商、农各行业发展

人工智能技术的发展带动了其他行业的发展，数据分析、智能决策、生产辅助等智能应用推动了各行业的内部核心能力。杭州构建了情、指、勤一体的人工智能综合体，实现了人工智能信号灯优化、管理巡检发现交通时间、实时指挥处置优化等功能，帮助杭州交警支队提升管理水平和社会治理能力。人工智能培育阆良甜瓜，上百年的甜瓜种植结合农业大脑的人工智能技术，展示出了新风貌。在技术人员的支持下，甜瓜的整个生产过程全部实现数字化——无论是测土、育种、移栽、开花、结果，通过手机即可实现精准浇水、施肥、授粉、缠蔓等耕作信息。天合光能公司借助工业大脑，提升光伏电池片生产A品率，将车间采集到的上千个生产参数传入工业大脑，通过人工智能算法，对所有关联参数进行深度学习计算，精准分析出与生产质量最相关的几十个关键参数，并搭建参数曲线模型，在生产过程中实时检测和调控变量，最终最优参数在大规模生产中精准落地，提升生产A品率7%，创造数千万利润。盾安集团利用物联网与算法模型技术提前预测风机故障，通过温度传感器对整个风机的温度测点进行实时监控，对海量温度数据做深度学习，构建风机故障检测与感知预测模型，最终实现提前1~2周识别风机微小故障并预警，单台风机单次重大事件维护成本大大降低。

2.2 学科体制建设状况

2.2.1 学科建制

学科的产生源于社会对知识的需要，学科的发展与社会需求是相互构建的过程，推动学科发展的主要途径之一就是不断完善学科建制。人工智能的顺利发展需要人工智能教育学科建制与时俱进。沃勒斯坦所指的组织结构和费孝通先生的五要素主要是就学科建制而言。完善智能学科建制主要从设立学系（学院）、设置学位点、设置课程专业、创建学会、创办学术刊物等方面聚焦用力。

（1）推动学院建设由规模数量向内涵质量转变

在国家政策的支持和引导下，近两年国内许多高校积极整合资源，纷纷成立人工智能学院、机器人专业、智能科学研究中心等，对推动智能学科向文理兼通、中西合璧、产学交融方面迈进发挥了积极的作用。但是，不可否认，为数不少的智能科学领域的专业学院或产学研机构只是在原来计算机科学学院或者信息工程学院基础上改编，真正能够整合利用的也不过是与计算机学科相近的信息与通信工程、控制科学与工程等仅有的几个学科，离人工智能、智能经济、类脑智能、智能遥感发展的要求还相去甚远。智能学科建设任重道远，由数量向质量转变、由规模向内涵转向是当务之急。

（2）以学位点建设为抓手，提升智能学科教育层次

目前，智能学科的很多分专业不是一级学科，人才的培养主要借助于工学门类的计算

机软件与理论、计算机应用技术、控制科学与工程等学科支撑。不同高校根据实际情况，设立了智能科学相关的研究方向，如大数据管理与系统、逻辑与计算机基础理论、人工神经网络、数据库与智能信息检索、机器学习、数字经济、计算机视觉等。但是，单独授予学位的现实制约了相关特定专业的发展，缺乏高层次人才的培养。国家相关部门应完善智能科学领域的学位点，推动智能科学学术建制的标准化和规范化。

（3）建设高层次智能科学学术平台

在学会建设方面，成立于1981年的中国人工智能学会，在推进人工智能教育、普及、交流等方面做了大量卓有成效的工作，但是还没有建立起覆盖全国的组织网络体系，各专业委员会的职能和作用发挥还有很大提升空间。更早成立的中国自动化学会（1961年成立）充分发挥平台优势，汇聚了一大批业内最顶尖的科学家，在推动自动化科学技术的繁荣发展、普及推广、人才培养等方面作出了突出的贡献，但是学会关注的领域还需要进一步增强与人工智能教育的适切性。目前，人工智能学术刊物相对缺乏，虽然中国人工智能学会出版有《智能系统学报》，中国自动化学会创办有《模式识别与人工智能》《自动化学报》《机器人》《计算技术与自动化》等刊物，哈尔滨工业大学办有《智能计算机与应用》，但对于发展迅猛的人工智能来讲，专业期刊数量不足、质量不高、针对性不强的现状，在很大程度上限制了同行间的学术交流、智慧碰撞，也不利于人工智能教育学术共同体的打造。有实力的高校、科研机构应积极创办高水平学术期刊，为人工智能教育的交流、传播、普及、提升创设阵地和平台。

（4）构建智能科学学术共同体

学术建制的核心是人，"各学科具有各自思维风格的思想群体"，基于共同的价值取向、学术理念和表达方式而形成的、为实现学科发展共同愿景汇聚在一起的学术群体是学科发展的基础。由于智能科学尚处于发展阶段，更由于学科的多样性、交叉性、综合性，知识的跨越性、复杂性、专业性等特点，智能科学技术的发展不可能由单个人或者少数人全部掌握，单以智能科学的基础理论——数学为例，至少要用到数学分析、数理逻辑、概率论＋数理统计、线性代数＋矩阵论和最优化方法等知识，而大多数学术人员只能精通于其中一个领域，所以智能科学发展需要学科融合，在此意义上，把精通各自领域内知识的专家学者、各类人才整合在一起构建学术共同体，对于人工智能教育来讲尤为重要和迫切。

2.2.2　人才培养

（1）注重链式思维，构建一体化培养体系

"国际化＋西安电子科技大学特色"的本硕博一体化培养体系，一体化贯通的培养模式给了学生持续学习的动力，全方位开发学生创新创业思维、激发学生创新创业潜力、提升学生创新创业能力，将"创新创业"贯穿于学生成长全过程。与此同时，注重拓展师生的国际视野，近五年中，有百余名智能学科的本硕博生出国交流学习，智能学科教学团队

90% 以上教师有国外留学或访学经历。

（2）拓展载体建设，厚植产学研协同化人才培养基础

《高等学校人工智能创新行动计划》提出了"深化产学合作协同育人"的要求，人才培养的探索与实践中同样始终坚持产学合作协同育人、培养创新性人才的理念。产学合作离不开载体、更离不开平台，国家级平台、省部级科研和教学平台以及部级创新团队都对智能学科建设有重要意义。依托平台，从应用项目开发、应用性学术竞赛、创新项目研究三个方面引导和培养学生：让学生参与到具有实际应用意义的项目开发当中去，实现"练中学"；让学生通过学术竞赛快速提升科研能力、加强学术交流，实现"赛中学"；让学生主持创新项目研究、充分挖掘自己的创新能力，实现"研中学"。

（3）突出研教融合，打造高精尖专业化科技创新团队

建设高端人工智能师资队伍，以 IEEE 会士、全国模范教师、教育部创新团队首席专家以及国家杰出青年科学基金、长江学者、优秀青年科学基金、青年拔尖人才、中青年科技创新领军人才建立科研和教学团队。将科研与教学深度融合，让教师与学生共同成长，在人才培养的同时还重点培育科技创新重要成果。

（4）人工智能驱动下的创新教学新模式

人工智能技术颠覆传统的教学模式，在过去，依靠学校的人为管理和教师的主观分析整个教学体系中存在的趋势和问题，能够一定程度上提升教学质量，但人的精力局限性限制了教师和管理者对隐含问题的分析能力，数据驱动下的人工智能技术通过数据的统计型特征反应教学事实，辅助教学单位制定更加高效的教学方案。

浙江大学是人工智能教学的典型，以课程云平台为基础，结合原来及将来的智慧教室建设，利用人工智能技术，将同声传译特点应用于实现实时在线的多语种无障碍教学体系搭建，将传统智慧教室的音视频部分进行后续化管理，并进行统一的非结构化存储管理，在此基础上以最终输出的标签、存储等内容结合教学研究的大数据算法形成千人千面的智慧教学实战体验。

以学生角度而言，从就业、学习、能力等多种维度出发，以第一课堂、第二课堂、创新创业实习、最终就业为逻辑，将学生的系列音视频资源利用人工智能技术转化成为可见、可得的知识图谱分析，最后形成学生的全方位能力画像，通过智慧教育综合提升人才培养效果。

以教室角度而言，从课堂关联性、教学科研成果展示、教学知识点提炼加强等多个方面运用人工智能技术应用形成完整的教师知识图谱分析，最终可从原来的以人为本的思路转变为真正以教学内容为本的思路去进行后续的教学质量提升等服务，同时结合浙大校友网的关系分析能力可完善老师与学生、老师与老师之间的关联分析，为智慧教育提供强有力的支撑服务。

学校在智慧教育上的研究以人工智能技术为底层依托，通过对于教学质量分析、教

育方法分析以及高校全生命周期人物时光机等实际应用，最终形成由传统高校教育的教师为基础，所有的课程、教学资源、教育质量都过度集中于教师身上教学模式，转变为以学生为基础的方向，学生可以通过人工智能技术选择不同内容学习，可通过和优质生源的学习模式、学习方法得到锻炼，可以全生命周期的智慧教育应用得到最全面的就业能力提升等，最终形成新型的教育模式。

2.2.3　研究平台

国内智能科学与技术学习研究平台见表 1。

表 1　国内智能科学与技术学习研究平台一览表

研究平台	简介	所属单位
神经科学研究所	致力于神经科学基础研究的各个领域，包括分子、细胞和发育神经生物学、系统和认知神经科学科学，以及脑疾病机理和诊治手段研发	中国科学院
脑科学前沿科学中心	医学神经生物学国家重点实验室、脑科学研究院等重要研究基地，新建类脑智能科学与技术研究院和类脑芯片与片上智能系统研究院，呈现多学科交叉、基础与临床研究紧密结合的鲜明特色	复旦大学
北京脑科学与类脑研究中心	围绕共性技术平台和资源库建设、认知障碍相关重大疾病、类脑计算与脑机智能、儿童青少年脑智发育、脑认知原理解析五方面开展攻关，实现前沿技术突破	北京市科学技术委员会
机器感知与推理联合研究中心	重点开展机器感知和推理基础理论与技术、智能媒体、智慧医疗应用、计算机视觉和医学影像等方面的研究	上海交通大学与加州大学洛杉矶分校
机器感知与智能教育部重点实验室	研究方向包括感知机理、计算智能与知识发现、视感知、听感知、触感知与机器人、智能人机交互、数字媒体信息处理等	北京大学
模式识别国家重点实验室	以模式识别基础理论、图像处理与计算机视觉以及语音语言信息处理为主要研究方向，研究人类模式识别的机理以及有效的计算方法，为开发智能系统提供关键技术，为探求人类智力的本质提供科学依据	中国科学院自动化研究所
遥感与数字地球研究所	研究方向有高光谱遥感、定量遥感、微波遥感、地理信息系统研究与应用、国土资源遥感和农业与生态遥感等	国防科技大学
遥感科学国家重点实验室	研究方向主要有遥感机理研究、遥感定量反演前沿理论和方法研究、空间地球系统科学研究、新型遥感技术研究等	中国科学研究院与北京师范大学
智能机器人研究院	通过推进全息群智智能科学、智能机器人体系结构与行为科学，突破群智智能芯片和实时操作系统等机器人共性关键技术	复旦大学
机器人研究中心	研究领域涉及特殊环境作业机器人、工业机器人与系统集成、智能服务机器人、数控技术与装备	山东大学

研究平台	简介	所属单位
中国智能经济研究中心	研究方向包括科技创新和实体经济的结合、互动和发展，传统经济到智能经济的转型、产业结构和产业链的再造，新型经济生态的构建和监管，智能经济的宏观政策和治理架构，新形态的智能公共管理等	清华大学
哈工大社会计算与信息检索研究中心	研究方向包括社会网络、用户分析、问答系统、信息抽取、情感分析和语言分析六个方面	哈尔滨工业大学
语音及语言信息处理国家工程实验室	开展自然人机交互、人工智能、海量信息处理及挖掘等重点领域的研究并实现产业化，形成从核心技术研究到技术运营服务的完整产业链	中国科学技术大学

2.2.4 研究团队

国内智能科学与技术学科重要研究团队见表2。

表2 国内智能科学与技术学科重要研究团队一览表

团队名称	所属院校、企业	研究成果
戴琼海院士团队	清华大学	打破传统光学成像局限，创造性提出数字自适应光学框架，发明了扫描光场成像技术，自主研制出扫描光场显微镜，其成果发表在《细胞》上
谭铁牛院士团队	中国科学院自动化研究所	提出多种有效的图像特征提取、物体检测与识别、视频行为识别等模型和算法，在生物特征识别、视频监控、网络视频监管等领域得到广泛的应用
张悠慧团队、施路平团队	清华大学	首次提出"类脑计算完备性"以及软硬件去耦合的类脑计算系统层次结构，成果发表在《自然》上
程明明团队	南开大学	提出的最新边缘检测和图像过分割（可用于生成超像素），成果被IEEE PAMI 录用
行星遥感团队带头人邸凯昌	遥感科学国家重点实验室	深入研究深空探测遥感，并将研究成果应用与"祝融"号火星探测器
唐杰团队	清华大学	主持研发了超大规模预训练模型"悟道"，参数规模超过1.75万亿，还研发了研究者社会网络挖掘系统 AMiner，吸引全球220个国家/地区2000多万用户
吴朝晖团队	浙江大学	发布了国际首例高龄志愿者临床侵入式3D运动控制闭环脑机接口系统
何向南团队	中国科学技术大学	首个提出将神经网络用于协同过滤
文继荣团队	中国人民大学	带领团队研发的"全国网络扶贫行动大数据分析平台"
肖仰华团队	复旦大学	领导构建了知识库云服务平台（知识工场平台），发布了一系列知识图谱，以 API 形式对外服务10多亿次
崔鹏团队	清华大学	国内因果推理研究的领头人，深入研究因果推理与机器学习相结合
张钹院士团队	清华大学	提出第三代人工智能

2.3 制约学科发展的原因分析

2.3.1 管理体制机制

（1）管理职权模糊，学科建设主体责任不到位

目前，学科建设的管理机构责任权力不明确，存在有权机构不用负责、有责任的机构没权的问题，学校、学院、学科之间的职责划分不够明确清晰。学科建设由校级部门执行，学校层面致力于日常行政事务，缺乏对学科建设的顶层设计和统筹考虑。在学院层面学科建设由院长负责，实施过程细分多个子课题进行管理，子课题负责人对项目任务不清晰、实施情况不汇报，领导对信息掌握不全面，工作上出现推诿、责任不到位等情况。

此外，在学科建设层面，学科负责人多为校级领导，精力不够、责任落实不到位，难以对学科建设的规模、审核、监督、保障尽责，长此以往制约了我国智能学科的发展。

（2）学科队伍建设待加强

学科的发展离不开学科队伍的作用，推动学科发展需要有专业的学科建设组织。目前大部分以高校为主的学科建设队伍，应加强高校间相似智能学科的交流和互动，建立学科发展共同体，深入探讨智能科学的发展趋势和问题，集中力量探索学科快速发展道路。结合优势学科发展特点，依托国家重点实验室建设，全面实施、推广人才特区计划，完善以聘任、考核和分配等环节相互衔接、相互促进的政策体系，打造人才驱动新引擎。加强教师梯队建设，按照"选拔－培养－发展－成才"的培养模式，着力培养青年教师。针对高水平学科带头人举办高质量培训，提升其管理能力、组织协调能力、创新能力和领导艺术等方面素养。

（3）建设互联网模式下的新型学科发展模式

互联网的发展为学科发展提供全新的环境，未来社会、环境、人、机和信息等要素将通过互联网紧密联系，互联网将成为智能信息处理、智能行为交互和智能系统集成的主要阵地。同时，智能教学、智能学科交互、智能学科会议最终成为网络环境下决定信息流向的主要因素，在人工智能驱动下，学科发展路径和状态将更加清晰，前沿热点和冷门方向将更加透明，学科发展的把控将通过人类智慧与机器智能联合作用。

2.3.2 学科平台建设

（1）实体学科平台作用发挥不足

实体学科平台在人员、场地、设备以及资金等方面均有一定的保障，建设成效和支撑能力显著，是重点高校持续加强建设的内容，但在发展过程中也存在一定的问题。实验教学中心以完成规定的教学内容为基本职责，以运用成熟的教学技术和方法为主，但开放共享程度低，对学生的实际需求了解不足。公共实验平台以测试和咨询服务主，具有服务对象广和优秀的技术人员关注仪器设备及技术发展的趋势，技术积累好，但是很少积极主动走出平台、走进课题组进行针对性技术服务，未能充分发挥技术人员的作用。

（2）网络学科平台专业管理和实验技术人员不足

随着对高等教育和科技创新投入不断增加，很多课题组和实验室不仅拥有了先进的大型仪器设备，而且其整体保有量大。虽然通过网络为分散的仪器设备提供了一个可共享的平台，但是由于人事制度和财务管理的限制，网络学科平台一般仅有网络技术人员和业务管理人员，缺乏专职的仪器技术人员，课题组和实验室也缺乏专业的实验技术人员，仪器设备往往依靠研究生进行管理和维护。"铁打的实验室，流水的研究生"是一个非常形象的描述。师兄师姐带师弟师妹往往是研究生掌握仪器设备的基本途径，管理仪器的研究生缺乏规范的使用培训和技术指导，对仪器的管理和维护也基本是空白。仪器管理和实验技术人员的不足导致网络学科平台的服务能力和有效性不佳。

（3）技术队伍建设和重视不足

处于发展前列的重点高校在实验室和仪器设备等硬件建设上得到了飞跃发展，部分高校的平台硬件已经接近或达到世界先进水平。"硬件"已经不再是发展的根本瓶颈，缺乏与世界先进水平对应的一流的实验技术人才是学科平台进一步发展的关键。仪器功能能否充分发挥，关键在实验技术人员；优秀的实验技术人员往往能为科研中某个关键技术难题提出重要的解决方案，利用自身的技术优势支撑高水平的探索研究。学科平台的成效是服务于教学科研等活动而产生的直接效益和远期影响的总和，但由于相关成果和影响的统计和量化很难体现实验技术人员的贡献。

2.3.3 学科评价体系

武汉大学《世界一流大学与科研机构学科竞争力评价》的数据来源于汤森路透公司的美国基本科学指标（ESI）和德温特专利创新引文数据库（DII），基于 ESI 划分的 22 个学科开展学科排名。该评价体系主要针对科研能力，包括生产力、影响力、创新力和发展力4 个一级指标，其二级指标包括发表论文数量及总被引次数、高被引论文数和进入排行的学科数等 6 个。

浙江大学的《大学评价和学科评价研究》是浙江大学基于国内外较权威的评价体系提出的，该体系采取分类别、分层次评价。主要包括国际和科研活力、学科及教学实力、效益水平 5 个一级指标。一级指标下面又包括国际学术交流、院士数、精英人才数、重点学科数、重要奖项获奖人数、高水平论文数、国家重大项目数、优秀博士论文数、博/硕比、硕/本比等二级指标。

国际几个权威的学科评价体系大多来自发达国家，它们对学科评价开始较早，学科评价指标也较为全面。如美国的最佳大学排名和英国泰晤士高等教育世界大学排名体系，它们除了对可以量化的诸如高水平论文数量、高水平人才数量等指标进行考核之外，同样还把科研声誉、国际化程度等不易量化的指标纳入考核评价中。此外，根据不同类别学科的特点，在一级学科下面结合各学科实际，十分详细地列出各类二级指标。这种全面、科学的学科评价体系，对其一流学科的建设发展具有建设性。

通过对国内外权威的学科评价体系的分析，中国应在此基础上建立符合中国学科发展实际的特色评价体系。在指标选取上，不仅要涵盖与学术产出水平有关的诸如科研生产力、师资与教学、国际化水平、声誉、毕业生质量、博士生授予数等指标，还要涵盖体现学科与实践结合水平的指标，如学科实践基地数量、学科促进企业生产效益提高百分比等，此外学科组织模式的灵活性、自主性，学科制度的完备性与规范性以及学科是否有明确的使命和目标等指标也应纳入到考核体系中。

3. 国内外学科发展比较

3.1 因果发现与因果推理

近年来，因果推理在人工智能研究社区中的热度逐渐提升，许多深度学习领域的顶级科学家也多次指出，因果推理在通用人工智能的发展中会起到关键性的作用。早期的人工智能算法基于符号逻辑的演绎推理，1980 年以来的人工智能算法则基于概率（贝叶斯网络）的归纳推理。而因果推理则是结合了演绎推理和归纳推理两个维度的算法。作为 20 世纪 80 年代兴起的贝叶斯网络推理的教父，从 20 世纪 90 年代起，珀尔放弃了概率推理，转而支持因果推断理论。在他看来，目前的机器学习、深度学习不能发展出真正的人工智能，其根本缺陷就是忽视了因果推断。

目前，因果推理的发展还处在探索阶段，主要在以下三个方向上受到研究者的广泛关注。

3.1.1 因果推理在自然语言处理中的应用

随着因果推理和语言处理融合的跨学科研究的兴起，自然语言处理中因果关系的研究仍然分散在各个领域，为探究因果关系和自然语言处理之间的联系。以色列理工学院、斯坦福大学、谷歌公司等联合发布了综述论文，以推进社会科学和自然语言处理领域相关应用的结合，因果关系和自然语言处理的交集分为两个不同的领域——估计因果效应以及使用因果形式主义使自然语言处理方法更鲁棒、稳定。

3.1.2 因果推理在计算机视觉领域的应用

清华大学计算机科学与技术系的崔鹏副教授，于 2016 年开始深入研究如何将因果推理与机器学习相结合，并最终形成了稳定学习的研究方向。从宏观角度看，稳定学习旨在寻找因果推理与机器学习之间的共同基础，从而应对一系列有待解决的问题。当下人工智能存在的风险，即不可解释性和不稳定性，关联统计是导致这些风险的重要原因。而结合因果推断的机器学习可以克服这两个缺陷，实现稳定学习，即通过优化模型的稳定性亦可提升其可解释性。因此，因果推断具有降低机器学习风险、克服关联统计缺陷的优势，以及引领机器学习下一个发展方向的潜力。南洋理工大学张含望助理教授，于 2019 年开始开展因果推理在计算机视觉中的研究，其成果广泛应用在零样本 / 小样本 / 开放域 / 增量学习、长尾分布、分割检测、对抗攻击、视觉问答、图文生成等领域。此外，在工业界，达摩院城市大脑实验室最早将因果推理方法引入计算机视觉领域，用因果推理模型赋能机器学习模型，让视觉人工智能更智能。

3.1.3 因果发现在推荐系统中的应用

冯福利博士团队考虑使用因果推理技术解决推荐系统存在数据偏差的问题。具体来说，由于推荐系统中通常用于学习的数据不平衡，因此通常会面临这样一个问题：对于推荐过的商品，模型会认为用户是很感兴趣的，所以很可能会继续推荐；而对于没有推荐过的商品，模型会认为用户不感兴趣，因此不推荐。但这是一个恶性循环，久而久之，整个推荐系统就只会推荐某几个商品，导致整个推荐系统非常不健康。受因果推理在计算机视觉领域应用的启发，解决数据偏差的核心思想是：①分析造成偏差的原因；②量化估计造成偏差的因素在预测过程中的影响程度，通过消除这种因素的影响来消除偏差。

3.2 生物启发的计算机视觉

深度学习以及新一轮人工智能发展对计算机视觉的发展起到了极大的推动作用，计算机视觉的应用不断地深入各行各业。根据 AMiner 技术趋势分析系统，计算机视觉领域的热点研究话题分布如图 1 所示。

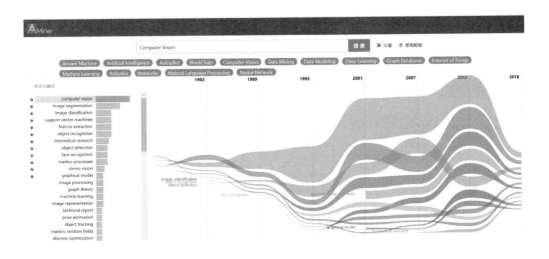

图 1　计算机视觉技术趋势

（数据来源：AMiner 技术趋势分析系统）

通过趋势分析图可知，当前该领域的前十名热点研究话题依次是计算机视觉、图像分割、图像分类、支持向量机、特征提取、目标识别、生物医学研究、目标检测、人脸识别、马尔可夫过程。可见，生物医学研究和计算机视觉的结合已经成为当下的研究热点之一。

3.2.1 图像处理基础方法

但从整体上来看，针对研究热点问题的顶尖研究成果的大多数出自国外研究团队，属于我国本土研究团队的原创性、开拓性工作较少。在图像处理方面，国外大部分研究基于图像局部线索或结合语义信息指导底层搜索；南开大学的边缘提取工作直接对整幅图进行操作，其方法对该领域具有相当的指导意义。而在场景几何重建、场景光流与运动估计方面，国内的研究工作较为欠缺，以 KITTI 数据集为评测基准的算法排名中，国内研究机构的研究成果比例极小。在目标跟踪方面，国内虽然起步较晚，但随着国家大量的资源投入和初创公司的兴起，国内研究实力也在逐步增强。在视觉语义计算方面，越来越多的优秀深度网络模型由国内机构与国外合作完成，例如，ResNet、DenseNet 等极大推动了图像识别研究进展的工作。另外，国内机构之间的合作和交流也进一步激活和带动了国内视觉领域的研究热度，并开始取得成效，例如，在 2016 年 ImageNet 中，国内的研究机构和视觉领域的创业公司分别包揽了全部项目的冠军，这充分说明该领域国内的研究已经接近甚至达到国际先进水平。

3.2.2 生物启发下的计算机视觉

计算机视觉是模拟人或生物视觉功能的学科，与人工智能模拟人或生物的智能意义相通，而研究人脑的视觉智能是神秘难测的系统，其规律至今尚不能完全揭示，未来生物启发的计算机视觉研究必定是有重大价值和意义的方向。作为计算机视觉与神经科学的交叉学科，在这方面理论的突破，可使得计算机视觉与生物的智能更加靠近。从宏观上来看，将生物启发的计算机视觉和脑科学中视觉通路的研究协同起来，同时从计算机视觉结构 /功能建模和脑科学机制理解两个方面共同推进，发现具有共通性的结构、功能和机制，推动两个领域协同发展，将很可能是生物启发的计算机视觉未来发展的总体思路。

3.3 脑科学与认知科学

我国《国家中长期科学和技术发展规划纲要（2006—2020 年）》将脑与认知科学纳入国家重点支持的八大前沿科学领域，指明其主要研究方向为"脑功能的细胞和分子机理，脑重大疾病的发生发展机理，脑发育、可塑性与人类智力的关系，学习记忆和思维等脑高级认知功能的过程及其神经基础，脑信息表达与脑式信息处理系统，人脑与计算机对话等"。近 20 年来，脑与认知科学的研究一直是国家攻关和支撑项目的重点内容之一，并被列入"十一五"规划，科学技术部和国家自然科学基金委员会给予重大支撑。

3.3.1 脑认知科学的发展

研究和揭示大脑在生理和病理状态下的工作机制，一直是脑与认知科学的重要研究内容和目标。虽然在脑与认知科学领域已经取得了一系列重要的研究成果，但仍然面临巨大的挑战。因此，各国都在加大投入，推动技术创新，开展多学科交叉、多层次的脑与认知科学研究。2013 年，美国启动"创新性神经技术推动的脑计划"，10 年新增投入将达 45

亿美元。欧盟的"人脑计划"投入 12 亿欧元建立大型脑科学研究数据库和脑功能计算机模拟平台，服务于临床研究和类脑智能研发。2012 年中国科学院启动了战略性先导科技专项（B 类）"脑功能联结图谱"项目，在此基础上，国家创新 2030 "脑科学与类脑研究（中国脑计划）"重大项目指南日前公布，相信未来中国脑科学计划的实施，必将在推动我国脑科学的发展、脑疾病的防治、人工智能的开拓等方面取得重大研究成果，进入国际前沿，同时壮大我国脑与认知科学研究队伍。

3.3.2 脑连接图谱与脑成像

美国和欧盟等脑计划对此都进行了优先布局，我国在介观脑连接图谱研究方面处于国际领先。华中科技大学骆清铭团队 2010 年自主研发了显微光学切片断层成像系统，实现了神经突起水平（亚微米分辨率）的小鼠全脑结构成像；创建了荧光显微光学切片断层成像方法和技术，以及高通量双通道全脑成像的方法。该研究团队与合作者，利用自主研发的全脑精准成像技术，2017 年获取了世界上第一套完整的小鼠胆碱能神经元（主要参与运动、睡眠以及情感与记忆等重要功能）三维全脑分布图谱，为胆碱能神经元的功能研究提供了解剖学参考。同年，该团队首次在全脑范围内系统性构建和标识出包含动脉、静脉、微动脉和微静脉的精细脑血管图谱。国际同行认为，这个工作是类似于打造"辞典"一样具有非常重要意义的基础性研究。2019 年，该团队绘制了最为详尽的小鼠内侧前额叶特定类型神经元的全脑长程输入图谱。近年来，脑科学基础研究发展迅猛，人工智能、脑机接口技术方兴未艾，脑科学研究已迈入黄金时期。随着脑科学研究的逐步深入，科学家在脑成像技术方面提出了更高目标，重点探索如何将脑组织结构的宏观、介观与微观有机融合，绘制脑功能连接图谱，以系统性把握脑组织的结构与功能，开发并优化光、声、电、磁遗传学等非入侵性工具应用于神经与精神疾病。

3.4 基于深度学习的信息检索模型

近些年，深度学习技术发展迅速，使用深度学习技术在信息检索领域的探索工作不断增加，卷积神经网络、循环神经网络、Transformer、强化学习、表示学习等深度学习经典理论在信息检索任务上逐一被探索尝试。探索中成果喜人，落地迅速。谷歌公司在 2020 年宣布，BERT 现在几乎为谷歌搜索引擎上的每一个基于英文的查询提供支持，为谷歌的搜索性能带来了前所未有的提升。

从 2016 年开始，神经网络检索模型愈发繁荣，具体适用的场景和任务不断扩展。从基础的来说，神经网络技术被用于查询词和被查询文档的特征表示，在此期间的典型研究，如复旦大学研究者提出的 CNTN、微软研究院提出的 CLSM 等。此外，神经网络技术被用于多模态数据的处理中。随着多媒体时代的到来，人们对不同模态数据之间的检索需求日益增加，在信息检索领域中，这被看作是"异质化"数据检索任务。为了处理异质化数据建模理解问题，研究者提出了一种非对称体系结构的检索模型。这一类模型中比较有代表性的方法有 DRMM、K-NRM，以及中国科学院计算技术研究所研究者提出的 HiNT 模型。神经网络技术还被用于信息检索领域的单粒度、多粒度检索模型中。在对文本进行特征提取的时候，将高层语义表示和低层语义表示统一考虑进来，在不同层级的文本表示中隐含语义结构，对文本之间的相关性进行度量。深度学习中的强化学习技术也被延伸在信息检索领域做相应的探索，如中国科学院计算技术研究所的研究者提出了 MDPRank 模型，阿姆斯特丹大学提出的 DRM 模型等。更重要的是，随着深度学习技术的发展，其子领域也延伸出新方法、新技术、新理论，如迁移学习、大规模预训练模型、表示学习等，它们也被应用信息检索问题上，研究人员提出了稠密向量检索模型，使得信息检索领域中的传统的召回 – 排序两阶段方法有机会变为一步式的端对端模型，进一步的提升检索效率。在稠密模型中，因为使用了大规模预训练模型技术，用户需求和意图可以获得更佳的特征表示，以得到人们更为期待的检索结果。其他方面，从人才分布来看，我国的信息检索领域在国际上存在优势，根据 AMiner 信息检索人才库抓取分析，信息检索领域人才美国最多，中国次之，英国和德国等国家也有较多的人才。

3.5 深度学习与推荐系统的深度融合

近几年深度学习的技术应用在语音识别、计算机视觉和自然语言理解等领域，取得了巨大的成功。搜索、广告、推荐作为互联网行业重要的经济收入业务，深度学习与推荐系统高效、有效地结合也是众多研究人员关注的问题。在推荐社区的共同耕耘下，相关研究在近些年取得了一定的突破和进展。首先，在表征能力方面，神经网络抽取特征的能力非常强，利用深度学习技术从复杂的内容数据中学习出有效的隐因子特征表示不但可以降低特征工程操作复杂度，还可以提升特征的丰富性和有效性。其次，研究人员神经网络去自动学习高阶的特征交互模式，弥补人工特征工程带来的种种局限性，将自动编码机、卷积神经网络、记忆网络、注意力网络等深度学习相关技术分别应用在传统的协同过滤模型中，改进其性能。以上探索和研究都将推荐系统的易用性、通用性和智能性推向新高度。

除了上述已经探索的方向和热点外，未来深度学习技术在推荐系统中的应用前景依旧广阔，以下几个方面仍是研究人员非常关心的研究热点。

3.5.1 效率与可拓展性

对于工业界推荐系统而言，不仅需要考虑模型的准确度，运行效率和可维护性也是非常重要的方面。效率指的是当用户发来一个请求时，推荐系统能够以接近实时的速度返回结果，而不需让用户等待；可维护性指系统的部署简便，能够支持定期更新，或者增量式更新。众所周知，复杂神经网络的计算量是庞大的，如何将它们更高效地应用在超大规模的推荐平台上，是亟须解决的技术难点。

3.5.2 多样化数据融合

现实平台中，用户或者物品的数据往往是复杂多样的。物品的内容可以包括文本、图像、类别等数据；用户的行为数据可以来自多个领域，例如社交网络、搜索引擎、新闻阅读应用等；用户的行为反馈也可以是丰富多样的，例如电商网站中，用户的行为可能有搜索、浏览、点击、收藏、购买等。不仅如此，在这些不同的维度中，不同用户或物品的数据分布也千差万别；用户在不同的行为反馈上的数据量也不同，点击行为的数据量往往远大于购买行为的数据量。因此，单一、同构的模型是不能有效地处理这些多样化的数据的。如何深度融合这些复杂数据是一个技术难点。

3.5.3 捕捉用户长短期偏好

用户的偏好大致可以分为长期和短期两类。长期偏好往往指用户的兴趣所在，例如用户是五月天的歌迷，那么未来很长时间用户都会对五月天的歌曲、演唱会门票感兴趣；短期偏好指的是用户在当前环境下的即时兴趣，例如最近一周用户比较喜欢听抖音上的热门歌曲，那么推荐系统也应该捕捉到用户的这个兴趣，或者用户在未来一个月有搬家的打算，那么推荐系统可以适当地推送一些搬家公司的广告。目前一些流行的做法是，将循环神经网络与深度协同过滤技术结合，从而达到兼顾长短期记忆的功能。如何结合情境因素的影响，将用户的长期偏好与短期需求更紧密、有效地结合起来，也是一个研究热点。

3.6 超大规模预训练模型

3.6.1 基于多模态、跨模态的大规模预训练模型

在谷歌发布 BERT 和 Open AI 发布 GPT-3 后，自然语言处理领域的每个任务中，基本都可以看到预训练语言模型位列性能榜单前列的身影，自然语言处理自此进入了一个新的时代。GPT-3 的成功激发了研究人员在文本、图像、音频等更广泛的范围内，对大规模自监督预训练方法开展探索和研究。Open AI 率先探索图文跨模态预训练模型，并发布了 120 亿参数的 DALL·E（可从文本生成图像）和 CLIP（可将图像从任意文本分类到类别中）。我国的多模态预训练模型研究也同步开展。2021 年，阿里巴巴达摩院联合清华大学提出了参数规模达 1000 亿的中文多模态预训练模型 M6，能够完成跨模态检索、视觉问答、图片配文字等任务，生成图像质量达到 1024 像素 ×1024 像素的水平。北京智源人工智能研究院将 VQ-VAE 和 Transformer 进行结合，提出了图文生成模型 Cogview，在 MS COCO FID 指标上性能优于 DALL·E 等模型。

3.6.2 参数量指数级增长的大规模预训练模型

人工智能模型参数量的增多会带来性能提升是人工智能社区的一个共识。早在 2015 年，何恺明提出 ResNet，其性能的提升，就被认为是由于模型参数量的提升所带来的。因此，人工智能社区除了将多模态、跨模态作为预训练模型的研究重点，大模型参数量的提升也是重点研究方向。2017 年 Hinton 团队提出了混合专家模型，得以让模型参数量得到新的飞跃。在相关理论的不断完善下，2018 年谷歌发布了 3 亿参数量 BERT，2020 年 Open AI 提出了 1750 亿参数的 GPT-3，2021 年北京智源人工智能研究院提出了 1.75 万亿

参数的悟道 2.0。研究人员不断的推高参数量以探索预训练模型能力的边界。

3.6.3　大规模预训练模型的下一个十年

大模型的能力固然强大，但是在训练范式上仍然高度依赖数据经验，对于人类常识，模型缺乏正确的理解；对于模型做出的决策缺乏相应夯实的可解释理论；在决策中，数据中存在的偏见也会错误地引导模型。未来，研究人员的目光仍然聚焦在大模型的可解释性、可控性以及消除模型偏见上。同时，因大模型的性能优势突出，许多研究也开始关注贴近实际应用场景的研发工作，推动大模型在一些场景应用落地，为下一步大模型在产业领域的广泛使用奠定基础。

3.6.4　我国大规模预训练模型在全球的发展地位

比较全球的研究进展，大规模预训练模型的研究起点在美国，中国的研究院、高校、企业联合奋起直追，在模型架构、模型参数等方面有赶超美国的势头；在大模型开源工具、并行训练框架、大模型理论研究方面仍处于落后美国的状态，但在全球处于领先地位。

3.7　智能机器人

3.7.1　工业机器人

中国已经成为全球第一大工业机器人市场，但是从国内外产品的产业结构、应用领域、应用行业、应用类型等方面细致比较，当前国内外的机器人产品存在显著差异，国外机器人在高端应用领域占据着绝对优势。在核心零部件生产方面，目前全球机器人行业，75% 的精密减速机被日本的 Nabtesco 和 Harmonic Drive 两家公司垄断；而交流伺服电机及控制器基本被日本、德国、美国垄断，我国机器人关键部件不具备竞争力。从机器人使用密度上来看，我国目前工业机器人使用密度仍然远远低于全球平均水平，离日本、韩国、德国等发达国家更是有很大差距。

3.7.2　多旋翼飞行机器人

旋翼飞行机器人（无人机）作为一种具有代表性的特种机器，一直备受关注。在民用领域，与美国相比中国的无人机企业数多于美国，中国无人机企业以研发制造为主，而美国无人机企业主要进行创新服务；在军用领域，欧美无人机系统及技术的研究具有代表性。2016 年国家地区或军方新发布的四个具有代表性的无人机发展战略或路线图分别为：丹麦的国家无人机发展战略、欧洲通用无人机项目——"欧洲中空长航时无人机系统"（MALE RPAS）、美国空军《小型无人机系统飞行计划（2016—2036 年）》以及美国海军无人系统路线图。

3.7.3　水下机器人

据不完全统计，到 2009 年年底，大约有 461 个型号近 6000 台遥控水下机器人在运行，全球有超过 300 家专业从事遥控水下机器人研制、生产和售后服务的企业。我国在 6000

米无缆自治机器人、7000 米载人深潜器水下机器人研究方面比肩美国、日本、法国等国家，达到国际领先水平；我国水下滑翔机创造的 91 天续航时间和 1884 千米续航距离，使我国成为继美国之后第二个具有跨季度的自主移动海洋观测能力的国家。

3.7.4　康复医疗机器人

在康复机器人方面，国际上具有代表性的研究机构及成果包括法国 KINETEC 公司推出的 Maestra 便携式手指康复机器人、冰岛的 Ossur 公司研发的多种假肢、比利时布鲁塞尔大学的踝关节假肢 AMP-Foot、英国的 i-Limb 灵巧手、日本 Nabco 公司的 NI-C411 假肢腿、意大利巴勒莫大学的 SmartLeg 智能假肢腿等。在家政服务机器人方面，美国虽然对服务机器人的研究投入没有日本多，但产业化和公司运作做得很成功，在产品定位与开拓方面做得比日本和韩国出色，培育了像 iRrobot 和 WOWWEE 这些专门做机器人的公司。而日本 NEC 公司开发的伴侣机器人 PaPeRo、ZMP 公司设计生产的 Nuvo 管家机器人都具有代表性。

中国服务机器人市场规模不断扩大，服务机器人相关专利申请数量持续高速增长，但个人 / 家庭类相关专利较少。我国目前在服务机器人领域的相关技术还有待成熟，在关键零部件和机器单体方面和国外还存在较大差距。虽然在服务机器人领域的研究我国起步晚，但是在 2015 年提出的《中国制造 2025》规划纲要中，已经明确将服务机器人列为十大重点发展领域之一。

3.8　感知智能

3.8.1　感知计算

人工智能早已影响了各行各业，成为"超级概念"，而感知计算却不为人们熟识。其实感知计算也是人工智能的一个领域，它是结合感知科学和计算机科学的智能系统，可以和人类进行最自然的人性化交互，模拟人类的方式来思考和记忆，达到更高层级的数据理解。在过去的几年里，感知计算得到快速发展，语音方面有 Siri，视觉方面有 S3D、体感外设、智能电式、视网膜显示技术，感官方面有电话 / 平板触控、传感器。随着云计算、存储、大数据技术的发展，感知计算未来将成为情景感知的重要研究分支，增强现实、多模态化、私人助理都值得期待。

3.8.2　智能感知搜索

进入感知计算时代，关键词搜索早已过时。人工智能技术更新迭代下，智能感知搜索是新标志，它远远超出人们对传统搜索的理解：搜索框和简单的结果返回列表。智能感知搜索底层支持技术包括搜索、高级大数据分析、自然语言处理和机器学习，从而赋能机构快速搜索聚合内部不同的数据集，即时分析整理产生整体商业决策。这意味着用更少的搜索更快地找到相关结果和更多的知识返回，而不是简单的信息罗列，而且具有更加精准的相关性、智能关联和智能分类。随着感知搜索平台运营和部署应用的深入，绝大部分企业内部会产生多个的感知搜索应用需求和用例场景，触发机构"数字化运营"的管理文化，甚至改变机构的运营体系和商业模式。因此，智能感知搜索将是推动大数据时代的知识检索的重要研究热点。

3.9 国外学科发展经验对我国的启示

3.9.1 国内外学科发展的优势与劣势

（1）自然科学与社会科学交叉趋势增强

随着人类面对新挑战难题的增加，同时有些既有的问题需要新的解决之道，如全球生物多样性的急剧下降、气候变化、人口的迅速增长以及世界海洋和水体的状况恶化，解决这些问题需要自然科学家和社会科学家的紧密合作，自然科学与社会科学的学科交叉融合进一步增强。突出的标志是国际科学理事会（ICSU）和国际社会科学理事会（ISSC）于2018年的合并，新的国际科学理事会（ISC）势必加强自然和社会科学领域的全球合作，这两个领域的合力奠定了可持续发展的三大基石：社会、环境和经济。

（2）废除传统的学院制，加强学科间的整合

传统的大学体制是以单学科占统治地位的，体制学科组织是按照科学部类和学科建立的，大学的组织管理、教学内容的确立和实施、科研部门的设立与运作等也都深深地打上了单学科的烙印。从20世纪下半叶开始，科学技术的发展呈现科技整合的趋势，科学技术的突破往往在学科间的交叉点上得以实现。在这种形势下，大学必须从不同的学科和广泛的知识背景出发，在知识和范式之间建立起联系；同时打破原有知识体系的僵化分割，为新学科的成长和知识的应用提供交汇点。为了适应科学技术的综合化趋势，法国、德国、英国等国的大学在20世纪六七十年代已经开始了废除或改革传统的学院制，设立新的学科组织。法国在1968年后取消了原来的学院制，建立教学与科研单位。改革后重新组建的教学与科研单位比学院小，但又比原来的系大；同时加强了学科间的整合，如设立人文与社会科学、文学与艺术、应用数学与社会科学、经济与社会行政等教学与科研单位。德国大学在20世纪70年代设置专业领域取代学部，目的是强化学科间的密切合作同时增强大学学生管理的民主性。

（3）根据科学技术的最新成果，增设新科技学科组织

当代科学技术发展的一个重要趋势就是科学技术发展速度加快，新技术、新知识不断涌现，知识总量急剧增加，出现了所谓"知识爆炸"的局面。特别是随着新兴科学技术学科的发展，各国大学增设了不少新兴科学技术方面的学院或学科设立相应的学科组织，如信息科学、材料科学、环境科学、设计科学、系统科学、认知科学、海洋科学、地球资源、食品科技、核技术、生命科学、电子工程、计算机科学等方面的学院、学系或者课程计划。例如，加利福尼亚大学伯克利分校在文理学院设立了生物化学与分子生物学、细胞与发展生物学、认知科学、环境科学分子与细胞生物学等新兴科学系科，在工学院设立电

子工程和计算机科学系、材料科学和采矿工程系、海上建筑和海岸工程系、核技术工程系等新兴学科。

（4）适应大学职能不断增加的趋势，实现学科组织结构复杂化

在20世纪中期之前，世界各国大学的组织结构基本上都是直线职能制，将专业化分工原理充分应用到管理职能和工作技能上，在组织内部划分为不同的职能部门和直线部门。这些部门共同接受最高决策机构的领导，关系清晰、稳定性好，适合任务种类较少、工作不太复杂、环境相对稳定的组织。随着大学从社会经济发展舞台的边缘走向舞台的中心，大学承担的职能越来越多、规模越来越大、任务越来越复杂、环境变化的速度越来越快。直线职能制结构难以适应时代发展的需要，矩阵组织结构应运而生。既有纵向职能部门联系，又有横向跨各个职能部门联系的组织结构，是为了加强各职能部门之间、组织与组织之间的协作，把组织管理中的"垂直"联系和"水平"联系集权化和分权化较好地结合起来。

3.9.2 国外学科发展的成功经验

（1）跨学科研究经验

面对日益错综复杂的各种议题，单一学科的研究愈发无力，跨学科研究应运而生。跨学科研究是一种旨在整合多个学科的视角、概念、理论、工具和信息等，创造性地解决复杂性问题的研究模式。作为一种新的研究范式，跨学科研究也契合了迈克尔·吉本斯提出的"新的知识生产模式"。然而跨学科研究在大学中的发展并非易事，因为这种活动的开展需要依附于组织载体，而大学的组织架构传统上被学科所主宰，各学科构建并极力维护其学术部落及领地，学科分支专业化的过程加剧了学科间的割裂，改变实属不易。学科之间形成森严的组织壁垒印证了"学术部落"的隐喻，"学术部落"之间彼此排外，无疑限制了跨学科研究的发展。在世界各国大学普遍重视跨学科研究的语境下，我国学者对跨学科研究的关注度不断提升。然而，研究型大学开展跨学科研究首先应考量如何突破学科组织藩篱，创新跨学科研究组织形态，我国研究型大学面临同样的困境。美国研究型大学是跨学科研究的"先行者"，其跨学科研究活动发端较早，且已累积了丰富的实践经验，创设了多种跨学科研究组织形态。鉴于此，探究美国研究型大学跨学科研究组织形式对我国研究型大学推进跨学科研究有重要意义。

（2）自组织为主的学科组织模式

自组织理论是由耗散结构论、突变论等组成的在20世纪中期发展起来的一种系统理论。创始人哈肯认为，如果一个体系在获得空间、时间或功能的结构过程中，没有外界的特定干涉，则称其是自组织的。在此基础上，组织的进化形式被分成两种：他组织和自组织。发达国家的学科组织更多地强调发挥学科、学院、学校的作用，给予各层级充分的自主性，强调学科以自组织为主、他组织为辅。一是国家干预较少，让其根据自身需要设计组织模式，不作统一规定。例如，与中国传统的学校 – 学院 – 专业的组织结构不同，美

国不同高校的科研组织模式各有其特点，麻省理工学院使用矩阵制，而斯坦福大学采用独立科研机构管理模式。二是让学科组织能够更好地服务于学科建设，遵循其自身规律。例如，日本筑波大学为保持学科组织活力，减少学科发展中宗派主义严重等弊端，废除了讲座制度，建立起学群、学系制度，为学科的发展提供了稳固基础。三是根据学科及时代进步的需要不断变革。例如，东京大学根据社会不同阶段的发展特点和需要，经历了从学院学系 – 研究所 – 研究中心的变革，不断对传统模式进行推陈出新，使学科组织模式不断适应现实需求。

（3）实际需求驱动特色学科形成与发展

许多大学的优势特色学科的形成与发展都来源于社会需求，或是在与国家的政治、经济、军事的紧密结合过程中不断发展壮大起来的。例如，第二次世界大战期间，一些大学加入美国政府原子弹研制的"曼哈顿工程"中，在这个过程中，芝加哥大学以此形成了自己的学科特色，促进了相关学科的发展；美国"阿波罗"登月计划的研究工作，由芝加哥大学、麻省理工学院等众多知名大学共同参与，极大地促进了美国大学的多学科联合。市场经济环境中为提高竞争力，各大公司对新型产品和工艺的需求越来越大，由此推动了诸如分子生物科技以及一系列交叉学科的产生和发展。

（4）重视跨学科交流与建设

发达国家大都非常重视跨学科的发展，也取得了巨大成就。以美国为例，跨学科建设的先进性主要有如下三个方面。第一，跨学科建设具有完善的动力机制。通过对美国研究型大学跨学科研究发展的动因分析认为，跨学科交流是内生动力、外部推力和大学本身的助力三种力量共同作用的结果。第二，跨学科建设成为许多高校重要的办学理念。例如宾夕法尼亚大学强调"跨越传统的界限去追求知识"；哈佛大学专门建立拉德克里夫高等研究院，致力于艺术、人文、科学和社会科学领域的交叉研究；著名的杜克大学实行"Bass连接"项目，以更好地实现其以知识服务社会的使命，践行跨学科的重要理念。第三，不断改革其组织模式。美国大学的跨学科组织模式贯穿课程设置、组织结构、项目资助、评价机制等各个环节，且这些环节都在不断改进完善。例如，哥伦比亚大学不断增加跨学科课程与学位数、伊利诺伊大学建立矩阵式跨学科研究所等。

3.9.3 国外学科发展经验对我国的启示与建议

（1）提高学科组织模式的自主性

一流学科的建设不能仅限于对外部资源的获取，还应注重学科组织内在的生长规律，一流学科的建设在资源和制度支持之外，还要充分考虑学科组织内部的生长规律。高校创建一流学科要重视学科组织的内在规律，让学科组织模式与时俱进，提高自身适应性。越来越多世界一流大学的学科组织模式强调尊重学科的主体。

（2）结合办学理念进行学科布局

从国外世界一流大学的学科布局可以看出，不论是注重基础学科的老牌一流高校，还是具有多样化学科布局的新兴一流高校，它们的学科布局都十分注重与办学理念的紧密结合。如加利福尼亚大学伯克利分校在兼容并包的办学理念下，注重各学科的均衡发展。注重传统的普林斯顿大学则十分重视人文科学等基础学科的建设，浦项科技大学、卡尔斯鲁厄理工学院在自然科学和工程科学的比重设置上几乎各占一半。对中国众多高校而言，办学历史和办学宗旨各有不同，要在充分审视自身办学定位和理念的基础上，合理参考国外一流大学学科布局，从而进行有利于自身发展的布局。

（3）重视顶尖人才与高水平学术团队的培养与引进

"大学之大，大师也，非大楼也。"对于学科来讲，师资队伍是学科发展之根本。引进顶尖人才，优化人才结构是高校提升研学科水平、培养顶尖人才的重要途径。大学应该为教师搭建发展的平台，对不同的教师类型实行不同的管理方法，鼓励形成优秀科研团队。剑桥大学的物理学科、牛津大学和斯坦福大学的化学学科、麻省理工学院的计算机学科都是世界一流学科，观察它们的发展历程可以发现，每一个一流学科的形成都离不开包括教师和研究生在内的顶尖人才。以麻省理工学院为例，杰伊·弗雷斯、马文·明斯基等众多年轻人才为计算机学科的快速发展作出了重要贡献。发达国家建设世界一流学科的经验表明，要促进整体学科水平的持续提升，除了需要具有高超学术造诣的顶尖人才之外，还需要具有管理能力的领导者来整合资源，最大限度地利用资源，通过设计合理的管理机制来推动高水平学术团队的形成。

4. 我国学科发展趋势与对策

4.1 学科发展趋势

交叉融合是学科发展的历史必然。学科与学科之间、科学与技术之间、自然科学与人文社会科学之间的交叉、渗透、融合，成为学科发展的必然趋势。

国家战略和社会发展需求是学科发展的原始动力。瞄准国家经济和社会发展的重大需求，重视科学研究与技术开发、产业进步的结合，有助于找准和凝练重大科技课题，提高各学科对国家经济和社会发展的支撑能力，以此切实促进学科的快速发展。

强化基础研究是学科发展的战略关键。加强基础研究对于提升各学科的原始创新能力和长远发展能力具有重要意义。近年来，我国相关学科基础研究的重要进展对学科创新起到了重要的促进作用。

创新人才队伍建设是学科发展的智力支撑。人才资源是第一资源，把创新型人才队伍建设作为学科建设的重要内容，优化创新人才的培养体制和机制，营造良好的人才成长环境，造就高水平、高质量的创新型人才团队，能够为学科发展提供强大的支撑。

4.1.1 未来5年学科发展的战略需求

通过梳理学科发展的历史脉络，探讨学科发展的规律，研究学科发展的总体态势，并剖析战略性新兴产业与学科发展的关系，对我国未来 5 年的学科发展提出以下几点有针对性的需求建议。

（1）以理论研究为源头，突出基础性

计算机网络的出现，使传统意义上互相独立的系统及其信息处理和功能决策，发生高度交叉和渗透。目前，学科面临的研究对象也发生深刻变化，变得越来越复杂，必须通过形式化的方法才能真正了解和掌握复杂系统，需要建立一种处理复杂系统的新理论和方法体系，建立特色的系统化理论和方法，并在解决生态、决策支持和工程复杂问题的相关问题中加以应用，逐步建立有原始创新的、成熟有效的系统理论体系和计算方法，并在中医、生物和经济等非传统社会复杂系统中推广应用。

（2）以技术研究为主体，强调前瞻性

融合传感、计算、通信、控制、管理和系统工程，研究和开发相关核心算法和技术，结合国家当前需求和国际研发的新趋势，开拓新的研究项目和领域，力争取得具有前瞻性和原创性的研究成果，力争取得国家建设重大影响的关键性、集成性技术和平台。

（3）以应用研究为出口，体现战略性

智能科学与技术的生命力及价值在于实际应用，研究成果的成败根据应用的结果来判定。为此，成果的产业化落地将是未来学科发展的重点，全国的科学研究机构应注重企业运作和市场化工作，应用推广工作将限制在可以对国民经济和国防建设起重大影响的领域内，深入扩大智能交通、智能汽车、智能家居等应用范围，协助企业实现产业升级和转型，将基础研究和技术开发成果推广到生态、生物、信息、经济、政治等系统的分析、决策和管理。

当前，国家提倡以全面、协调、可持续的发展观点，促进经济社会和人的全面发展，技术"硬"科学与社会"软"科学的结合，进行跨领域多学科的交叉融合研究，实现农业、工业、交通、医疗、经济等领域的全面智能。

4.1.2 未来 5 年学科重点发展方向

（1）类脑智能

人工智能已成为新一轮科技革命和产业变革的核心驱动力。与当前以算法为核心的人工智能技术路线不同，类脑智能试图借鉴、模仿进而超越生物大脑的感知和认知功能，是实现通用人工智能（强人工智能）这一终极目标的重要技术途径之一。

类脑智能的技术路线主要分为两种：自顶向下的功能模拟路线，自底向上的结构仿真路线。两者既针锋相对，又密不可分。功能模拟以认知科学为基础，借鉴大脑认知机理来设计新的人工智能模型，但由于揭示认知机理极端困难，因此突破时间难以预测。结构仿真以神经科学为基础，通过精细仿真生物神经元、突触和神经环路，试图构造出逼近生物神经系统的装置，再通过刺激训练产生类似功能，预计在数十年内会渐次突破。脑科学的神经计算和类脑智能研究属于神经科学与数学等多学科交叉领域，是指对跨时空多尺度海量数据，包括遗传、神经元、脑影像、大规模认知功能和环境等，通过定量分析、计算模型和构建受脑启发的随机计算方法，深入研究神经系统的原理和动力学，破译大脑信息处理与神经编码的原理，解码大脑工作原理。同时，在上述研究基础上，通过信息技术予以参照、模拟和逆向工程，模拟大脑高级认知功能机理，发展类脑智能算法，形成以"类脑智能引领人工智能发展"为标志的新一代人工智能通用模型与算法、类脑芯片器件和类脑智能各类工程技术应用等新型研究领域。

（2）可解释人工智能

随着人工智能研究与应用不断取得突破性进展，高性能的复杂算法、模型及系统普遍却缺乏决策逻辑的透明度和结果的可解释性，导致在涉及需要做出关键决策判断的国防、金融、医疗、法律、网安等领域中，或要求决策合规的应用中，人工智能技术及系统难以大范围应用。

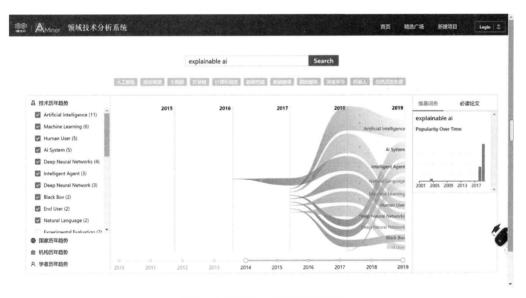

图 2　可解释人工智能发展趋势

（数据来源：AMiner 技术趋势分析系统）

图 2 可以看出，可解释人工智能主要在 2016 年以后发展起来，其主要研究如何使人工智能系统的行为对人类更透明、更易懂、更可信。通过趋势分析挖掘可以发现关注该领域进展的学科非常综合，包括人工智能、机器学习、人工智能系统、智能代理、黑匣子等。这说明对于人工智能的可解释性，有多个学科领域的学者正在关注、探讨和研究。目前各个领域对于人工智能的可解释问题提出了不同维度和角度的学说、理论和解决方案。然而到现在，仍未有一种理论或方案得到领域绝大多数学者认可和满意评价。可解释人工智能仍然是一个非常年轻的研究方向，其理论的建立在未来很长时间内仍是重点关注和研

究的方向。

（3）人机融合智能技术

人机融合智能主要起源于人机交互和智能科学这两个领域，人机融合智能要求人能够理解机器如何看待世界，并在机器的限制内有效地进行决策。有效地人机智能融合常常意味着将人的思想带给机器，这也就意味着：人将开始有意识地思考自己通常无意识地执行的任务；机器将开始处理合作者个性化的习惯和偏好。单纯的计算应该是没有大的突破，认知和计算可能是未来数据与知识、结构与功能、感知与推理、直觉与逻辑、联接与符号、属性与关系的结合，也是未来智能体系的发展趋势。

（4）建设数字化中国

建设数字化中国需要：发展数字经济，推进数字产业化和产业数字化，推动数字经济和实体经济深度融合，打造具有国际竞争力的数字产业集群。加强数字社会、数字政府建设，提升公共服务、社会治理等数字化智能化水平。建立数据资源产权、交易流通、跨境传输和安全保护等基础制度和标准规范，推动数据资源开发利用。扩大基础公共信息数据有序开放，建设国家数据统一共享开放平台。保障国家数据安全，加强个人信息保护。提升全民数字技能，实现信息服务全覆盖；积极参与数字领域国际规则和标准制定。

（5）量子信息激励人工智能

量子计算是一种遵循量子力学规律调控量子信息单元进行计算的新型计算模式。对照传统的通用计算机，其理论模型是通用图灵机；通用的量子计算机，其理论模型是用量子力学规律重新诠释的通用图灵机。从可计算的问题来看，量子计算机只能解决传统计算机所能解决的问题，但是从计算的效率上，由于量子力学叠加性的存在，目前某些已知的量子算法在处理问题时速度要快于传统的通用计算机（图3）。

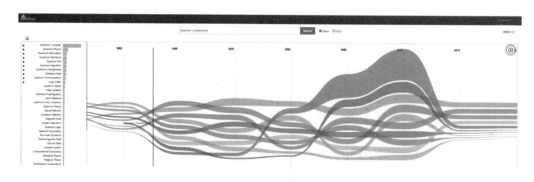

图3　量子计算发展趋势
（数据来源：AMiner 技术趋势分析系统）

通过趋势分析可以发现，当前该领域的热点研究话题有量子计算机、量子物理、量子信息、量子力学、逻辑门、开放系统、容错等，人工神经网络是该领域的研究热点之一。

在 20 世纪 90 年代，威奇托州立大学物理学教授伊丽莎白·伯曼就开始研究量子物理与人工智能的结合。当时，量子计算并未顺利发展。但是现在，从谷歌、微软、IBM 等科技巨头拼命往量子机器学习领域砸钱的举动看，量子计算和人工智能的结合已是未来科技的最大热门。不得不提的是，微软的拓扑量子计算机最早的用途之一就是帮助人工智能研究人员利用机器学习，加快训练算法。阿里巴巴达摩院发布的 2019 年十大科技趋势预测中提到，由应用驱动和技术驱动所带来的特定领域体系结构的颠覆性改变，将加速人工智能甚至是量子计算黄金时代的到来。如今，量子计算已被视为科技行业中的前沿领域，IBM、谷歌、阿里巴巴、百度等科技巨头相继加大了在该领域的研发力度，而量子计算机的计算能力也将为人工智能的发展带来变革。

（6）数据安全技术

数据信息安全是任何国家、政府、部门、行业都必须十分重视的问题，是一个不容忽视的国家安全战略。进入网络时代后，数据信息安全保障工作的难度大大提高。我们受到日益严重的来自网络的安全威胁，诸如网络的数据窃贼、黑客的侵袭、病毒发布者，甚至系统内部的泄密者。特别是对于军工、航天、政府机关、电信、金融机构等涉密单位而言，面临着越来越多的泄密风险。海关外贸数据泄漏、航母计划流产等事件不乏其举。据国家安全部门负责人透露，有 63.6% 的企业用户处于"高度风险"级别，我国每年因网络泄密导致高昂的经济损失（图 4）。

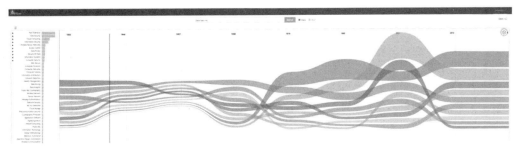

图 4　数据安全发展趋势

（数据来源：AMiner 技术趋势分析系统）

通过趋势分析发现，当前该领域的热点研究话题有容错、云计算、信息安全、访问控制、数据隐私、入侵检测、公钥密码等，入侵检测是该领域的研究热点之一。入侵检测通过对计算机网络或计算机系统中若干关键点收集信息并对其进行分析，从中发现网络或系统中是否有违反安全策略的行为和被攻击的迹象。入侵检测作为一种积极主动的安全防护技术，提供了对内部攻击、外部攻击和误操作的实时保护，在网络系统受到危害之前拦截和响应入侵。因此，入侵检测被认为是防火墙之后的第二道安全闸门，在不影响网络性能的情况下能对网络进行监测。

（7）情感计算

情感计算研究试图创建一种能感知、识别和理解人的情感，并能针对人的情感作出智能、灵敏、友好反应的计算系统，即赋予计算机像人一样的观察、理解和生成各种情感特征的能力（图5）。

图5　情感计算发展趋势

（数据来源：AMiner 技术趋势分析系统）

通过趋势分析发现，当前该领域的热点研究话题有社会机器人、情感识别、人机交互、行为科学计算、情感状态、人工心理学、情感分析等，心理学是该领域的研究热点之一。情感计算是一个高度综合化的研究和技术领域。通过计算科学与心理科学、认知科学的结合，研究人与人交互、人与计算机交互过程中的情感特点，设计具有情感反馈的人与计算机的交互环境，将有可能实现人与计算机的情感交互。

情感计算一经提出，迅速受到学术界的关注和企业界的迅速反应。英国电信公司和IBM 已成立了专门的情感计算研究小组，学术界如美国麻省理工学院的媒体实验室、剑桥大学、中国科学院等也在进行情感计算方面的研究。虽然情感计算的研究如火如荼地进行着，并且也取得了很大的成果，但对于情感计算的一些基本问题在认识上仍然存在分歧。

（8）智能传感技术

作为机器人基础的传感技术有了新的发展，各种新型传感器不断出现，如超声波触觉传感器、静电电容式距离传感器、基于光纤陀螺惯性测量的三维运动传感器，以及具有工件检测、识别和定位功能的视觉系统等。多传感器集成与融合技术在智能机器人上获得应用。单一传感信号难以保证输入信息的准确性和可靠性，不能满足智能机器人系统获取全面、准确环境信息以提升决策能力的要求。采用多传感器集成和融合技术，可利用传感信息，获得对环境的正确理解，使机器人系统具有容错性，保证系统信息处理的快速性和正确性。

（9）运用模块化设计技术

智能机器人和高级工业机器人的结构要力求简单紧凑，其高性能部件，甚至全部机构的设计已向模块化方向发展；其驱动采用交流伺服电机，向小型和高输出方向发展；其控制装置向小型化和智能化发展，采用高速CPU和32位芯片、多处理器和多功能操作系统，提高机器人的实时和快速响应能力。机器人软件的模块化简化了编程，发展了离线编程技术，提高了机器人控制系统的适应性。

在生产工程系统中应用机器人，使自动化发展为综合柔性自动化，实现生产过程的智能化和机器人化。近年来，机器人生产工程系统获得不断发展。汽车工业、工程机械、建筑、电子和电机工业以及家电行业在开发新产品时，引入高级机器人技术，采用柔性自动化和智能化设备，改造原有生产手段，使机器人及其生产系统的发展呈上升趋势。

（10）联邦学习

随着人们越来越重视个人隐私权、政策法规愈发严格、数据协作和隐私保护矛盾日益突出，隐私计算已然成为全球新兴的一大产业。而联邦学习作为一种解决合作中数据隐私与数据共享矛盾的新路径，被大量应用于金融、安防、医疗、在线推荐系统等领域。联邦学习科研发展呈现出整体热度逐年上升态势，该领域的研究论文产出量以及专利申请受理量均以中美两国为领先主导，热点主要聚焦在机器学习方法、模型训练、隐私保护三方面，行业应用研究方向呈现出不断与区块链、物联网、车辆交互、5G等技术融合的态势（图6）。

图6　联邦学习领域研究热点词云图（2016—2020年）
（数据来源：AMiner技术趋势分析系统）

2016年以来，除了Aggregation（聚合）的研究热度波动较大、Malicious Attack（恶意攻击）研究热点明显下降之外，其余相关研究基本都呈现平稳上升的发展趋势。基于边缘计算、数据异质性的联邦学习研究以及在物联网应用方面的研究热度在2019年左右上升明显，并且之后一直居于领先位置。2020年研究热度前十的主题是与算法模型或安全隐私技术相关，依次分别是：Edge Computing（边缘计算）、Data Heterogeneity（数据异质性）、Internet of Things（物联网）、Blockchain（区块链）、Wireless Communication（无线通信）、Communication Efficiency（沟通效率）、Aggregation（聚合）、Optimization（优化）、Healthcare（医疗保健）、Malicious Attack（恶意攻击）。

联邦学习从技术维度上解决了人工智能发展过程中的安全问题，被学术界和产业界寄予厚望。未来，随着人工智能技术和应用的不断升级，联邦学习的技术研发和落地应用还将进一步扩大和深入。

4.1.3 学科交叉融合对本学科发展的影响

科学的发展是学科交叉融合不断深入的过程，从单个学科发展，到多学科汇集解决科学问题，再到学科间交叉融合，产生新的问题、学科、方法、领域，发展到会聚。会聚研究正成为新兴的研究范式，会聚建立在学科交叉研究的基础上，是学科交叉的一种扩展形式，是更多的学科、更深地融合。成功的会聚研究有四个关键的因素：人、组织、文化和生态系统。

发达国家的许多世界一流大学拥有先进的跨学科研究水平，它们大都将跨学科研究作为学科建设的重要任务。这些学校结合不同学科特点，打破传统的院系壁垒、校际壁垒，鼓励各学科交流学习，建立广泛的跨学科科研平台。为了更好地完成跨学科建设，发达国家非常重视跨学科组织模式的科学性，不断根据需要进行学科组织模式的改革创新，不断增加跨学科课程与学位，鼓励不同阶段的学生参与到跨学科课程的学习或研究中去。因此，中国高校的跨学科建设需要高校自身的努力以及政府的大力支持。具体而言，一方面，各高校需要具有开放的理念、科学的组织模式等；另一方面，相关部门也应给予学校更多的自主权，并提供各种政策和财政支持等。

4.2 学科发展策略

学科发展战略研究者认为，首先必须认识到在特殊的国内外环境下形成的学科发展模式，经过几十年的发展，目前存在一些问题，总结为以下四个方面。

一是一些具有基础性的学科未能得到足够的重视。有些需要长期积累、短期内难以出成果的学科缺少稳定支持；有些对我国长远发展有战略意义、而当前没有明确应用目标的学科缺少前瞻性部署；有些在学科体系和知识传承中不可或缺的"冷门"学科，受到严重冲击。

二是一些交叉学科亟需得到更加切实有效的支持。我国学科体系仍以传统学科分类为主，未能根据交叉科学发展态势适时调整，与国际学科分类也不接轨，一些交叉学科在学位授予、专业设置和经费支持等方面存在不到位乃至缺位的问题。

三是学科组织建设欠账过多，全国性学术社团和学术杂志惨淡经营。一些全国性学术社团依靠挂靠单位生存，甚至成为某些单位学科"领地化"的工具，未能体现"全国性"和"学术性"定位，自主性和独立性严重缺失。一些学术期刊在向市场化企业化经营转变的过程中，"学术商业化"现象严重。

四是保证学科健康发展的文化和制度环境建设任务艰巨。科研评价体系和奖励制度的不科学、不合理、不公正直接影响到学科建设，行政权力过多干预学术活动、破坏学术规范乃至限制学术自由的现象也时有发生。科技界自身的某些"潜规则"和利益博弈导致严肃的科学批评和争鸣严重缺失。

在对学科发展规律和其战略意义认识的基础上，结合我国学科发展的现状，明确提出了"厚实基础、协调发展，前瞻布局、重点突破"的学科发展战略指导思想。对于处于源头创新期的学科，关键是解放思想，鼓励"标新立异"，例如加大对非共识项目的支持。对于处于创新密集期的学科，需要加大科技投入的强度，并更多地采取稳定支持等方法，使科技专家有最大的创新自主权，科技方向和问题的选择主要依靠一线科技专家的判断，简单地说，就是要放手发展。对于处于完善与扩散期的学科，除了对从事理论完善工作的高水平科学家和团队继续稳定支持外，更多的资金和政策要用于引导科技专家加强应用和转移转化工作，致力于解决经济社会发展中的科技问题，致力于发挥科技的经济和社会效益。

"厚实基础、协调发展，前瞻布局、重点突破"是一条"两条腿走路"的战略：一方面，立足于厚实我国科学基础，加强对国家自然科学基金的投入，调整和优化学科资助政策，促进各学科协调发展；另一方面，则迈向前瞻性布局，瞄准世界科学技术革命可能发生的方向，进行先导性的定向攻关，重点突破我国现代化进程中的重大科技问题。

参考文献

［1］杨学山. 走向通用人工智能［J］. 信息系统工程，2019（11）：9-12.

［2］祝翠琴. 脑与认知技术发展综述［J］. 无人系统技术，2020，3（1）：60-64.

［3］潘锋. 脑科学发展助力新一代人工智能技术变革——首届"脑科学开放日"在北京举行［J］. 中国当代医药，2021，28（21）：1-3.

［4］龚怡宏. 认知科学与脑机接口概论［M］. 西安：西安电子科技大学出版社，2020.

［5］Kuang K，Li L，Geng Z，et al. Causal Inference［J］. Engineering，2020，6（3）.

［6］Fan L Z. The Human Brainnetome Atlas：A New Brain Atlas Based on Connectional Architecture［J］. Cerebral Cortex，2016，26（8）：3508-3526.

［7］Lapate R C，Samaha J，Rokers B，et al. Inhibition of Lateral Prefrontal Cortex Produces Emotionally Biased First Impressions：A Transcranial Magnetic Stimulation and Electroencephalography Study［J］. Psychological Science，2017，28（7）：12.

［8］Sohrabpour A，Cai Z，Ye S，et al. Noninvasive electromagnetic source imaging of spatiotemporally distributed epileptogenic brain sources［J］. Nature Communications，2020，11（1）.

［9］Fan J T. Video-rate imaging of biological dynamics at centimetre scale and micrometre resolution［J］. Nature Photonics，2019，13（11）.

［10］ Pei J，Deng L，Song S，et al. Towards artificial general intelligence with hybrid Tianjic chip architecture ［J］. Nature，2019，572（7767）：106.

［11］ 中国人工智能学会. 特约专栏［J］. 中国人工智能学会通讯，2020，10（1）：1.

［12］ 吴玺宏. 一种具身自监督学习框架：面向任何语种语音的音系构建任务［R］. 北京：第二届北京智源人工智能大会，2020.

［13］ Zhang Y H. A system hierarchy for brain-inspired computing［J］. Nature，2020（586）：378-384.

［14］ 张旭. 2017 年中国生命科学十大进展［J］. 产业创新研究，2018（3）：14-17.

［15］ 国家自然科学基金委员会，中国科学院. 未来 10 年中国学科发展战略：脑与认知科学［M］. 北京：科学出版社，2012.

［16］ 王飞跃. 复杂系统与智能科学的研究方向和发展策略［J］. 实验室研究与探索，2004（5）：74-76.

［17］ 刘宝存. 国外大学学科组织的改革与发展趋势［J］. 教育科学，2006，22（2）：73-76.

［18］ 陈·巴特尔，苏明. 人工智能的学科定位与发展战略［J］. 国家教育行政学院学报，2019（8）：18-23.

［19］ 龚健雅，许越，胡翔云，等. 遥感影像智能解译样本库现状与研究［J］. 测绘学报，50（8）：10-17.

［20］ 李平，杨政银. 人机融合智能：人工智能 3.0［J］. 清华管理评论，2018（7）：10-15.

［21］ 孙显，付琨，王宏琦. 高分辨率遥感图像理解［M］. 北京：科学出版社，2011.

［22］ 智谱 AI，清华大学. 2021 联邦学习全球研究与应用趋势报告［R］. 2021，9.

专题报告

人工智能基础理论

在"数据是燃料、人工智能是引擎"的数据驱动机器学习时代，人工智能正在经历"大数据、小任务；小数据、大任务"的涅槃，如何从娴熟于"炼金术"的调参师向笃定于"厚积薄发"的推理机迈进，是当前该学科领域面临的巨大挑战。机器学习被定义为"不需要确定性编程就可以赋予机器某项技能的研究领域"，其目标是构造一种学习机器，使之像人一样具有"学会学习"的能力。将领域知识（或者人类先验知识）与算法模型紧密结合起来，以更好地解决领域问题，推动更通用的计算范式跃变，是当前人工智能理论研究的热点。

本专题报告对人工智能的若干国家政策进行解读，对由因溯果和认知机理驱动的理论方法、未知环境下元学习和进化学习手段、多智能体博弈、可解释人工智能模式和科学计算等问题进行了讨论，认为人工智能下一步发展需要学科交叉赋能。

1. 国内外发展趋势

2016年10月，美国发布了《为人工智能未来做好准备》和《国家人工智能研究和发展策略规划》两份报告，前者审视了人工智能的现状、现有和潜在的应用以及在社会和公共政策方面存在的问题；后者确定了美国优先发展的人工智能七大战略方向及两方面建议。2019年1月，特朗普签署了《美国人工智能先导计划》，要求联邦政府把更多资源投入到人工智能研究、推广和培训当中，通过相应措施来应对国际上其他竞争对手的挑战，确保美国在该领域的领先地位。2021年3月，美国国家人工智能安全委员会发布了人工智能研究报告《最终报告》，指出美国还没有做好人工智能时代的防御或竞争的准备，美国政府应采取全面、全国性的行动，以抵御人工智能的威胁，为国家安全负责任地使用人工智能；美国需要盟友和新的合作伙伴，为人工智能时代建设一个更安全、更自由的世界。2020 年以来，美国国家科学基金会一共新成立了 18 个国家人工智能研究所，将在五年内为每个研究所提供 2000 万美元资助，总额共计 3.6 亿美元。

2017 年 7 月，国务院印发《新一代人工智能发展规划》，这是我国发布的首个国家人工智能发展战略规划，不但系统地提出了面向 2030 年我国新一代人工智能发展的指导思想、战略目标、重点任务和保障措施，还提出了人工智能的五种新技术形态，即从数据到知识与决策的大数据智能、从处理单一类型媒体信息（如视觉、听觉和自然语言等）到多种媒体信息综合利用的跨媒体智能、从聚焦个体智能到聚焦用互联网建构与激励的群体智能、从追求拟人智能到迈向人机混合的增强智能、从机器人到智能自主系统。为落实国务院印发的《新一代人工智能发展规划》的总体部署，科技部于 2018 年启动实施科技创新 2030 "——新一代人工智能" 重大项目。

2. 研究内容与科学问题

当前，人工智能普遍存在感知智能可适应性差、认知机理不明、更通用人工智能发展乏力等问题，将领域知识（或者人类先验知识）与算法模型紧密结合起来，形成 "数据驱动、物理建模和知识引导" 人工智能计算范式，以更好解决领域问题，形成更通用、更泛化的人工智能理论、模型和算法，是当前的研究热点。

2.1 由因溯果的人工智能基础理论与方法

在大数据背景下，建立以因果推理为核心的可解释机器学习框架，实现从数据到知识、从知识到能力的通用人工智能，需要深入研究以下两个内容（图 1）。

一是大数据驱动的因果推理。在大数据高维背景下，为准确稳定洞悉观测数据中的因果关联，从数据中挖掘并形成因果知识，大数据驱动的因果推理模型需要研究：①如何从高维数据中自动分离和解耦混淆变量以进行因果推理；②如何区分不同混淆变量所具有的差异性以确保因果推理的准确性；③如何建立面向连续干预变量的因果推理理论和算法基础。

二是因果指导的可解释机器学习。数据中虚假关联产生的原因包括样本选择偏差和变量混淆偏差。如何融合因果推理和机器学习技术，从观测数据中去除虚假关联、恢复因果关联，实现因果指导的可解释稳定学习，需要研究：①从样本偏差角度出发，如何去除样本选择偏差导致的虚假关联；②从变量混淆角度出发，如何识别预测变量中的因果变量和非因果变量；③如何恢复因果关联，提出因果指导的机器学习，实现可解释稳定推理。

2.2 认知机理驱动的人工智能理论与模型

尽管认知科学、神经科学与脑科学领域的研究为人工智能模型的设计、开发、完善已

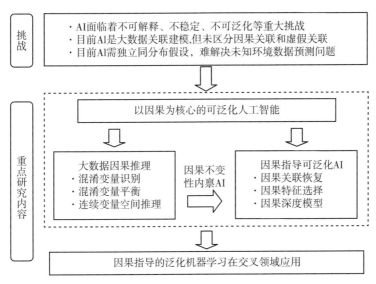

图1 以因果为核心的可泛化人工智能模型

经提供了诸多可行且已付诸实践的思路，但从整体上看，当前人工智能与认知科学、神经科学和脑科学依旧呈现出"各自为营"的发展格局，学科交融程度仍然很低，使得人工智能发展缺乏体系化的理论框架指导。除此之外，当前人工智能技术在研究常识性知识方面的基础依旧非常薄弱，缺乏阐释人工智能具备人类运用常识知识能力的内在机制。最后，人工智能模型当前大多服务于传统计算机领域，人工智能涉猎领域与范围尚浅，潜在的多学科交叉融合所带来的新视野、新观点有望极大促进人工智能新式理论、架构、模型的设计，提升人工智能模型的智能化水平，增大人工智能的影响力与实效力。

因此，开展人工智能认知机理研究，建立智能、高效、稳定的多学科交叉融合新型数据分析模型，需要在未来重点突破以下方面。

开展认知机理指导下的人工智能理论框架研究。针对当前人工智能模型结构设计缺乏统一理论基础框架，缺乏脑科学、神经科学与认知科学已有研究指导的现状，基于当前对认知机理计算研究的成功探索，提出通用的人工智能认知机理理论框架，实现理论框架上的神经网络认知机理阐释。在该理论框架上，进一步以人工智能各种具体任务为导向，设计满足理论框架、符合任务需求、实现结果目标的多层次多类型人工神经网络结构。具体地，基于已有的对神经元的研究，经验式、启发式地通过设计网络结构的方式，研究人工神经网络神经元作用与交互关系，进一步从个体到整体，研究人工神经网络中一层、多层与层级之间的作用与交互机制，再从整体推广到应用，研究基于人工神经网络类脑交互机制的记忆机制，探索人工神经网络是如何记忆、理解、推理知识，在此基础上增强人工神经网络的记忆能力，以接近或达到人脑记忆能力（图2）。

开展常识知识获取、学习与推理研究。首先，开展常识性知识库的构建研究。结合有

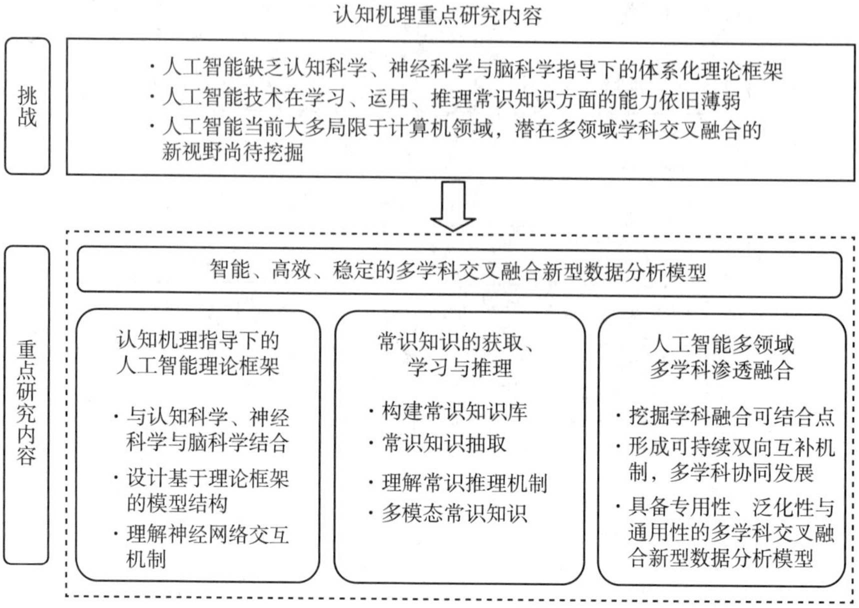

认知机理重点研究内容

<table>
<tr>
<td rowspan="1">挑战</td>
<td>
·人工智能缺乏认知科学、神经科学与脑科学指导下的体系化理论框架
·人工智能技术在学习、运用、推理常识知识方面的能力依旧薄弱
·人工智能当前大多局限于计算机领域，潜在多领域学科交叉融合的新视野尚待挖掘
</td>
</tr>
</table>

<table>
<tr>
<td rowspan="1">重点研究内容</td>
<td colspan="3">智能、高效、稳定的多学科交叉融合新型数据分析模型</td>
</tr>
<tr>
<td></td>
<td>
认知机理指导下的
人工智能理论框架

·与认知科学、神经科学与脑科学结合
·设计基于理论框架的模型结构
·理解神经网络交互机制
</td>
<td>
常识知识的获取、
学习与推理

·构建常识知识库
·常识知识抽取
·理解常识推理机制
·多模态常识知识
</td>
<td>
人工智能多领域
多学科渗透融合

·挖掘学科融合可结合点
·形成可持续双向互补机制，多学科协同发展
·具备专用性、泛化性与通用性的多学科交叉融合新型数据分析模型
</td>
</tr>
</table>

图 2　认知机理驱动的人工智能理论与模型

监督、无监督和弱监督的方法进行常识性知识抽取，覆盖知识的广度与深度；使用分布式表示的知识抽取方法进行常识性知识抽取，提高知识抽取的泛化性；使用预训练模型和语言模型生成的知识抽取方法。其次，开展基于分布式表示学习、常识性知识向量编码、预训练模型和注意力机制的常识性知识推理研究，实现基于常识性知识库进行推断、决策和判断的目标，深入理解人工神经网络完成常识性知识记忆、推理的内在机制与实现过程，以此给予人工智能认知机理理论框架研究反馈，并验证其智能化程度。最后，进一步开展多模态常识性知识研究，结合语音、图像、文字等多模态信息实现常识性推理，拓展常识性知识的应用范围，进一步提升人工神经网络的智能化水平。

开展人工智能多学科多领域渗透融合研究。分析人工智能本质特征，结合生物、医药、材料、环境、物理、化学等多学科多领域的内在特点，充分挖掘人工智能与各个领域的可结合点，并逐步将人工智能技术、模型、方法应用到不同学科的科学研究中，增强人工智能应用的影响力与可扩展性。进一步形成多学科与人工智能的可持续双向互补机制，针对不同学科不同领域的数据特征，研究具备专用性、泛化性与通用性的多学科交叉融合新型数据分析模型，实现多学科协同发展，提高人工智能的智能化、先进化、可服务化水平。

2.3　未知开放环境下人工智能理论与模型

针对开放环境约束条件动态多变、信息源构成复杂、先验知识无法提供稳定依赖等问题，构建感知深刻、认知完备、学习自主的通用人工智能模型，我们需要从以下方面进行深度研究（图 3）。

先验知识的归纳与延伸。当前对未知领域和问题的自主学习缺少对逻辑、先验和知识的有效归纳和融合，这制约了人工智能系统在未知领域中可用性和泛化能力。先验知识的归纳与延伸需要对源域特征进行深度抽象，解构获取具有内在逻辑与全局稳定性的长时表达，并在目标域任务下形成特异性表达，提升系统在开放环境下未知场景中的稳定性和可用性。

多目标、多任务的网络设计自动化。自动学习的终极目标是实现完全自主的模型建构流程，排除人工干预，针对特定任务和数据进行网络结构搜索和模型构建。进一步推动搜索空间定义、搜索策略和性能评估方法的研究。根据模型特定的场景和任务，考虑针对不同目标的网络自动化设计，从而适应不同场景下的特定任务需求，完成对指定需求的快速适配。完善针对不同应用的自动学习算法，使之在更加广泛的应用领域（如自然语言处理）上达到或超越现有人工构建架构的性能。

可连续学习的机器学习策略。为应对复杂多变的未知环境，人工智能系统需要实现长时间、可连续的持续学习，推动形成开放环境变化场景的强适应性和通用型感知智能。为实现这一要求，人工智能系统需要实现对环境的深度感知快速反馈，形成一套持续学习量化积累的迭代机制，对智能体实现长时有效更新。

多智能体协同的领域泛化策略。随着开放环境人工智能体的大规模部署，应当考虑实现通用平台、行业平台与端侧应用的协同配合，利用多智能体对多环境、多任务的协同感知和协同归纳，实现对未知环境的协同认知，进而实现对具体应用的功能定制和扩展。

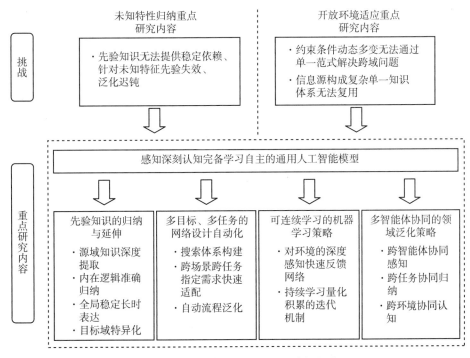

图3　未知环境下人工智能理论与方法

2.4 元学习和进化学习算法理论

在缺乏数据的多任务复杂未知环境中，受生物进化的启发，研究元学习和进化学习算法，拟从元学习、强化学习、迁移学习和网络结构搜索等角度展开重点研究：①研究动态开放环境下面向多任务的元学习模型，建立基于模糊性和不确定性角度泛化神经网络模型的多任务元学习建模框架以及面向新任务需求的自适应组合能力迁移；②研究复杂未知环境中基于强化学习的进化博弈策略，通过不断地建立多种智能体（即博弈对象），其中不同智能体包含了已经学会各种不同的策略；③研究多任务进化学习建模及动态知识迁移，通过对复杂场景下多个任务之间的关联性进行建模，实现各个任务协同进化；④基于语义空间的遗忘机制研究，建立多层次拓扑结构的语义空间，研究终身学习的遗忘问题对于不同语义空间的影响；⑤神经网络进化结构搜索研究，受生物种群进化启发，通过选择、重组和变异这三种操作实现优化问题的求解。

受生物进化与脑认知科学的启发，通过有机融合强化学习和知识迁移模型，并增加具有拓扑结构的记忆机制克服遗忘，通过选择、重组和变异这三种操作求解优化问题，实现高效快速可泛化、动态自适应的人工智能算法（图4）。

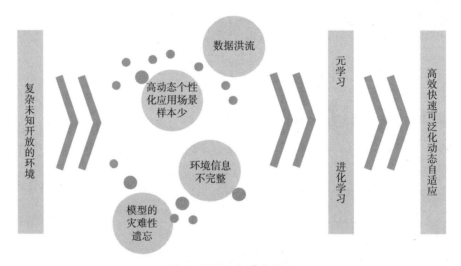

图 4　元学习和进化学习

2.5 复杂环境下多智能体协同与对抗理论与方法

为构建分布式群智系统，研究在复杂环境下，针对异构建模对象，根据其各自数据分布，在各节点建立本地最优异构模型，在这些异构分治模型上进行模型能力传递和聚合（协作）以及博弈优化（对抗）。模型聚合的基础是一个拓扑结构，表现对象间的复杂关系，在不同层次上的聚合模型应对不同层次和不同交互的需求而聚合按需生成，随系统（各个建模节点）的进化，此聚合模型也会随之进化（图 5）。

多智能体本地分治异构模型构建。研究如何根据建模对象的特点（本地数据分布的复杂程度）生成最优模型（或者达到性能要求的最小模型），研究基于串行可微分网络的搜索方法，以及基于随机网络生成的网络搜索方法，以此构建本地分治模型。

基于协作和对抗的模型聚合。研究在各个节点上的分治模型上聚合形成群智，研究多节点环境下的分布式协作和对抗训练算法。在以协作为主的联邦学习算法上利用对比学习策略来训练对攻击更鲁棒的算法模型。在多节点上进行对抗训练，不以算法的最优解为目标，而研究在博弈环境中如何提高算法的最差解，从而提高智能系统的可靠性。

聚合网络形成。研究如何构成聚合（包括协作和对抗）的拓扑结构，此拓扑结构形成不同层次、不同分辨率的模型聚合基础，研究利用分层聚类和图卷积网络算法形成此聚合网络，并研究如何在环境和建模目标发生变化的时候，更新此拓扑结构。

个性化和按需聚合。研究利用强化学习上的多节点蒸馏和元学习算法，提升智能算法对环境改变的收敛性。在以上拓扑结构上依据协作或对抗机制，形成不同层次（针对不同问题和泛化能力）的元模型，研究如何为此元模型提供进化且不遗忘的能力。研究利用数据蒸馏方法，实现元模型对新问题的快速收敛，并按需生成不同层次不同分辨率的推理模型。

多智能体贡献度评价。根据模型在聚合中的贡献，对每个参与节点的建模贡献进行评价，这种评价可以成为未来模型和对应数据的定价基础。在这些理论和方法之上，项目将对目前人工智能的主要应用领域进行抽象和形式化分析，梳理不同场景下的协作群智和对抗群智需求符合程度，刻画对应的几种典型问题的分布式建模方法论，探索其应用的通用规律。

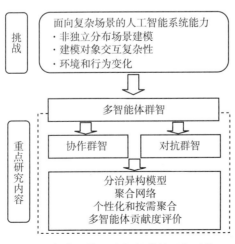

图 5　复杂环境下多智能体协同与对抗

核心科学问题。如何面向复杂建模场景，利用多智能体，以提升对非独立同分布数据、复杂系统行为和进化的系统状态为目标，在各节点上建立分布式异构模型进行分治，在分治模型上聚合形成群智。这种群智包含协作和对抗群智，利用协作为主的联邦学习算法和对抗为主的对抗训练方法，提升系统的泛化能力、鲁棒性和进化能力，不仅以人工智能系统能力的最优情况为目标，同时研究在博弈环境中如何提高其系统能力的最差解，从而提高整个智能系统的水平。

2.6 可解释性人工智能算法理论模型与方法研究

总体上，现有深度学习在应用和技术层面都面临着问题。在应用上，考虑到深度学习模型系统本身目前还仍是黑箱状态，从落地应用的角度，很难给予用户很强的信任感。在实际场景中，方法有存在盲区或未知状态的可能性。同时，考虑到模型所获取的数据的有偏性，方法和模型本身会存在偏置或倾向，继而产生歧视性或差异性的结果。即使考虑到方法本身的种种缺陷，在实践中却难以调整或监控模型方法本身的行为。这些问题都对模型的可解释性研究提出了期望和要求。在深度学习方法具有充分的可解释性的条件下，在应用端的问题才能得以解决。在技术上，深度学习方法的问题主要存在于两方面：内生性优化问题和外延性边界问题（图6）。

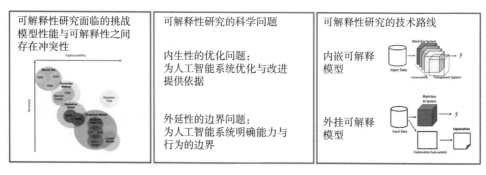

图6 可解释性人工智能算法

其中，内生性的优化问题在实际中的表现是模型和方法本身在迭代、演化和优化过程中，方向与目标的随机性和模糊性。在模型自身的训练中，目前还难以确定何种调整和改变能够带来模型面向指定问题时的提升，这种随机性会一定程度损害方法使用的稳定性。同时，即使以某种条件将优化过程中的目标加以约束或细化，但难以验证这种目标是否是研究或应用中真正需要的，这种优化上的模糊性也一定程度会降低方法适配的鲁棒性。

外延性的边界问题指的是如何明确方法或模型面向某种数据场景下，针对某种任务的最优效果。模型本身的参数规模设置、操作设置等都会对模型能力产生影响。在现今的研究和应用中，绝大多数的模型设计和使用都是基于实验积累而得的经验，而没有有效或可行的通用设计方法或验证框架。这将导致深度学习在未来海量的研究和应用的挑战中，缺乏理论性的系统性的指引，从而举步维艰。

技术上的两种问题的解决，都需要在模型的可解释性上有所突破。针对深度学习研究的技术上的问题，目前有两种可行的研究路线。

一是内嵌可解释模型的研究，研究如何设计模型，使得其自身具备可解释性。将可解释作为模型本身的性质纳入方法应用的流程中。使得深度学习模型在训练和推理中，本身具备自洽性，能有效地解释自身的优化、演进过程。

二是外挂可解释性的研究，研究如何通过客观的观察或者干预，利用后处理的方法进行模型解释。在目标模型外围或基于模型自身构造系统或子系统，来解释模型的行为与逻辑。从而在模型的训练和推理中，通过外部系统明确模型的能力边界或指导模型迭代。

2.7　面向科学计算的人工智能

科学计算是指应用计算机处理科学研究和工程技术中所遇到的数学计算，被认为是科学的第三种方法，是实验 / 观察和理论这两种方法的补充和扩展。自然科学规律通常用各种类型的数学方程式表达，科学计算的目的就是寻找这些方程式的数值解（图 7）。

随着大数据时代的到来，科学计算的理论方法也在快速发展，越来越多的复杂计算成为可能，从而引发新一轮科技产业变革，产生颠覆性的影响，推动产业发展形成新格局。特别是将科学计算、智能机器学习方法与制造业的深度融合，促进了制造模式、生产组织方式和产业形态的深刻变革，智能化、服务化成为制造业发展新趋势。但随着应用场景愈加复杂、数据量爆炸式增长，科学计算面临着尺度壁垒、泛化能力弱、建模效率低等诸多挑战，这也严重制约了其在科学、医疗、军事等领域的进一步应用。

当前，人工智能机器学习以其强大的数据分析处理能力取得了令人瞩目的成果，机器

```
                    ┌─────────────────────────────────────────────┐
                    │  ┌───────────────────────────────────────┐  │
                    │  │  Domain-Aware Scientific Machine Learning │  │
                    │  │  领域相关问题的求解（化学、农业、生物和医学等）  │  │
                    │  └───────────────────────────────────────┘  │
                    │  ┌───────────────────────────────────────┐  │
                    │  │         Physical-Modeling              │  │
          ┌──────┐  │  │  物理世界基本规律、可解释性、稳健和普遍性  │  │
          │科学计算│──│  └───────────────────────────────────────┘  │
          └──────┘  │  ┌───────────────────────────────────────┐  │
                    │  │         Learning to Learn              │  │
                    │  │  面向科学发现的人在回路、数据驱动、知识引导等计算范式 │  │
                    │  └───────────────────────────────────────┘  │
                    │  ┌───────────────────────────────────────┐  │
                    │  │        Complicated System              │  │
                    │  │  维数灾难与复杂动力学困境（数值方法、简化模型、多尺度模型）│  │
                    │  └───────────────────────────────────────┘  │
                    └─────────────────────────────────────────────┘
```

图 7　基于科学计算的智能算法

学习高维低精度的处理方式可以与科学计算低维高精度的处理方式相互融合补充。因此，研究如何将科学计算和人工智能机器学习有机地融合，让机器学习更好地服务于科学计算，成为亟待解决的科学问题。围绕真实应用场景（如生物物质合成和创新药物设计等），建立精确刻画复杂系统的动力学偏微分方程异常困难。

但是，在大量数据可供学习情况下，通过人工智能机器学习来建模这个方程（映射），所构建的计算模型可随着数据、知识及应用结果的反馈积累不断进化，并可根据面向实际问题的应用效果进行逻辑归因评测与验证。这种围绕海量数据、领域知识和行为探索的集成智能新模型的设计与求解，是人工智能技术服务于科学计算的重要且富有挑战性的难题，也是当前人工智能机器学习方法在解决实际业务需求时绕不开的基础性问题。

3. 人工智能理论交叉创新

国家自然科学基金委于 2019 年新设了人工智能学科代码，包含人工智能基础、复杂理论与系统、机器学习、知识表示与处理、机器视觉、模式识别、自然语言处理、人工智能芯片与软硬件、智能系统与应用、新型和交叉的人工智能、人工智能安全和仿生智能类脑机制等方向，说明人工智能基础理论的发展需要各领域技术的交叉（图 8）。

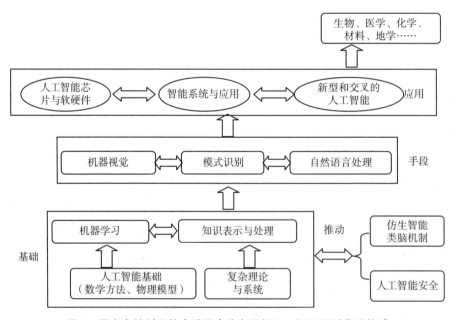

图 8　国家自然科学基金委员会信息学部人工智能学科代码构成

为了从学科交叉角度来促进基础科学研究，国家自然科学基金委于 2020 年 11 月成立了交叉科学部。在基础研究方面，交叉科学部的任务是以重大基础科学问题为导向，以交叉科学研究为特征，统筹和部署面向国家重大战略需求和新兴科学前沿交叉领域研究，建立健全学科交叉融合资助机制，促进复杂科学技术问题的多学科协同攻关，推动形成新的学科增长点和科技突破口，探索建立交叉科学研究范式，培养交叉科学人才，营造交叉科学文化。

　　人工智能作为一种使能技术，天然具有与其他学科研究进行交叉的秉性，因此需要打破学科之间的藩篱壁垒，构建学科交叉体系。通过不同学科理论交叉、融合和渗透，形成科学整体化大视野，构建知识生产的前沿，推动人工智能新理论、新模型和新算法的涌现（图9）。

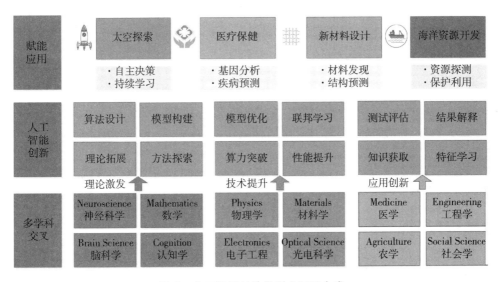

图9　人工智能其他学科交叉融合成

　　因此，人工智能下一步突破需要在学科交叉方面努力，融合来自神经科学、脑科学、物理学、数学、电子工程、生物学、语言学、认知学等方面的研究成果，以在理论研究、技术突破和创新应用等方面解决更复杂的社会问题、重塑国家工业系统等。

参考文献

[1]　Mccarthy J，Minsky M，Rochester N，et al. A Proposal for the Dartmouth Summer Research Project on Artificial Intelligence［J］. Ai Magazine，2006（27）：12-14.

[2]　中国人工智能2.0发展战略研究项目组. 中国人工智能2.0发展战略研究［M］. 杭州：浙江大学出版社，2019.

［3］ Pan Y H. Heading toward artificial intelligence 2.0［J］. Engineering，2016，2（4）：409–413.

［4］ 吴飞，阳春华，兰旭光，等. 人工智能的回顾与展望［J］. 中国科学基金，2018，32（3）：243–250.

［5］ 吴飞，段书凯，何斌，等. 健壮人工智能模型与自主智能系统［J］. 中国科学基金，2019，33（6）：5.

［6］ 蒲慕明，徐波，谭铁牛. 脑科学与类脑研究概述［J］. 中国科学院院刊，2016，31（7）：725–736.

［7］ Lv Y G. Artificial Intelligence：Enabling Technology to Empower Society［J］. Engineering，2020，6（3）：205–206.

［8］ Wu F，Lu C，Zhu M，et al. Towards a new generation of artificial intelligence in China［J］. Nature Machine Intelligence，2020，2（6）：312–316.

［9］ Jaeger H. Deep neural reasoning［J］. Nature，2016（538）：467–468.

［10］ Lecun Y，Bengio Y，Hinton G. Deep learning［J］. Nature，2015，521（7553）：436.

［11］ Goodfellow I，Bengio Y，Courville A，et al. Deep learning［C］. Cambridge：MA：MIT press，2016.

［12］ 万里鹏，兰旭光，张翰博，等. 深度强化学习理论及其应用综述［J］. 模式识别与人工智能，2019（1）：15.

［13］ Oriol Vinyals，Igor Babuschkin. Grandmaster level in StarCraft II using multi–agent reinforcement learning［J］. Nature，2019（575）：350–354.

［14］ Sutton R，Barto A. Reinforcement Learning：An Introduction，Adaptive Computation and Machine Learning Series［M］. MA：MIT Press，1998.

［15］ Dean J，Patterson D，Young C. A New Golden Age in Computer Architecture：Empowering the Machine–Learning Revolution［J］. IEEE Micro，2018（1）：21–29.

［16］ Carlini N，Wagner D. Towards Evaluating the Robustness of Neural Networks［J］. IEEE，2017，2（6）：22–26.

［17］ Obermeyer Z，Topol E J. Artificial intelligence，bias，and patients' perspectives［J］. The Lancet，2021，397（10289）：2038.

［18］ 孙富春. 中国人工智能系列研究报告：人工智能未来趋势、安全、教育与人类关系［M］. 北京：中国科学技术出版社，2021.

人工智能相关的脑认知基础

人工神经网络是对于生物神经网络的抽象和简化，以人工神经网络为基础的深度学习在近年来取得进展，展示了神经网络架构在人工智能领域的独特优势。现阶段，高等动物脑中生物神经网络不仅在神经元数量上还远多于深度神经网络，在网络的异构特性（不同的神经元类型和前馈、反馈杂糅的网络拓扑等）、丰富多样的突触可塑性、网络所展现的复杂的动力学特性等众多方面，都有着现有人工神经网络所不具备的复杂特征。本专题聚焦与人工智能相关的脑认知基础，着重从理解脑结构和功能所必需的脑图谱绘制、神经网络信息处理、脑认知检测与调控、脑网络建模仿真与脑机接口四个方面介绍国内外取得的代表性新进展，对国内外发展状况进行比较，讨论学科发展趋势。

1. 国内外研究现状

1.1 脑图谱绘制

脑是一个多层次复杂信息处理系统。19 世纪的人们就认识到大脑的神经单元构成了非常复杂的网络，进入 20 世纪后，人们越来越普遍地认识到正是这样的结构基础支持了相关生理活动的动态涌现，从而形成在多个空间尺度上不同脑区的功能网络，而功能网络正是大脑信息处理与精神活动的生理基础。因此，要真正理解脑的功能，就要知道人类大脑的多尺度神经网络构造及其组织规则。早在 1993 年，诺贝尔奖获得者、DNA 双螺旋结构的发现者弗朗西斯·克里克就指出人类大脑的连接图对理解"脑如何工作"的重要性。

由于脑的结构和功能具有高度的复杂性。过去一个多世纪以来，神经科学家们主要通过两种途径对脑的结构和功能进行研究，包括在宏观尺度自上而下的对脑区功能定位的了解，以及微观尺度自下而上的对神经细胞及突触功能的理解。随着研究不断深入，人们认识到神经元是组成神经系统的基本功能单位，神经元之间通过相互联系形成的神经环路是脑处理信息的基本单位；脑功能不是单个神经元或单一脑区独立完成的，而是由神经环路内的神经元团（群）、功能柱或者脑区的交互作用来实现的。近年来，多种技术，特别是磁共振、光学成像以及基因工程等技术的发展和融合，为活体（包括人和动物）全脑结构和功能网络的检测提供了新的技术手段，逐渐填补着脑科学研究两个主要层面之间存在着的巨大沟壑。目前，国内外研究团队都在发展和利用各种成像技术，并结合大数据处理与分析技术，在宏观、介观及微观尺度上建立包括啮齿类、非人灵长类动物以及人类的脑图谱，以期揭示脑结构和功能及其信息处理的原理和机制。

1.1.1 人类脑图谱绘制

在人类脑图谱绘制方面，脑科学研究一百多年以来一直朝着一个重要的方向发展——将脑划分成多个不同的区域并制作成脑图谱。从最早的布罗德曼脑图谱到德国于利希研究中心的细胞构筑概率脑图谱，再到近年以人类脑网络组图谱为代表的、基于活体脑影像数据绘制的多模态人类脑图谱。

2020 年 8 月，德国卡特林团队在《科学》杂志上发表了最新的人类细胞构筑脑图谱——朱利希脑图谱（Julich–Brain Atlas）。该图谱是人脑的三维图谱，以微观分辨率反映了脑结构的变化，包括近 250 个结构不同的区域，每个区域都是基于对 10 个脑标本的分析。科研人员对 24000 多张脑切片进行数字化处理、三维重建，最后完成了图谱的绘制。其主要特点为：基于细胞构筑建立了人脑的微观结构分区；覆盖整个人脑，包括大脑皮层和皮质下核团结构；作为概率图谱，考虑了不同个体的脑在标准空间的概率分布；一个动态地、不断更新但时刻能追溯变化的脑图谱；拥有灵活地、允许修改的构建流程，模块化的构建框架适合用于该领域其他相关研究。朱利希脑图谱作为欧盟人类脑计划一部分，作为开放资源通过 EBRAINS 神经信息平台供全球的科研人员使用。

2020 年 9 月，澳大利亚墨尔本大学的研究团队通过分析 1000 多名健康成年人的高分辨率功能磁共振脑影像，成功绘制了一份迄今为止最为精细的人脑皮层下核团图谱。该图谱具有前所未有的准确度和高分辨率，这些皮层下核团主要负责调节和控制大脑皮层和身体其他部分之间快速、海量的信息交换，虽然这些皮层下核团与大脑皮层在空间上相距甚远，但它们内部的信息交换以及它们与大脑皮层各区域之间紧密的连接和功能协同，促成了初级感觉运动功能、高级认知功能以及神经心理活动的高度协调统一。此外，皮层下核团的功能特性并不是一成不变的，而是可以随着个人想法和行为的改变而做出一些适应性的调整。研究人员认为这种适应性的变化在人类演化史中扮演着举足轻重的角色。需要指出的是，上述脑图谱都是以脑区划分为目标，虽然核团分区的研究利用了功能磁共振获得的脑功能连接进行脑区划分，脑功能连接可能随时间动态变化。人们普遍认同脑功能由其脑结构连接的约束，然而脑功能在多大程度上可以从脑结构连接中演化出来依然是神经科学未解之谜。

2009 年，中国科学院自动化研究所脑网络组研究中心提出利用弥散磁共振成像获得的脑结构连接信息进行脑图谱绘制，在 2016 年成功绘制出全新的人类脑图谱 – 脑网络组图谱，包括精细的脑区划分和脑区之间的连接图谱。2020 年，该团队发现脑结构连接在多种功能领域上对脑功能激活的预测能力都超过随机对照模型，脑结构连接和功能关系在皮层上存在着层级结构，而且这种脑结构连接和功能激活关系的层级结构还与多种其他的脑组织结构有关（比如髓鞘化），这些发现系统地阐明了脑结构连接和功能激活之间的关系，不仅为脑网络组图谱绘制方法的合理性提供了重要的科学证据，也为理解脑的结构和功能组织提供了新见解。

1.1.2 非人灵长类动物脑图谱绘制及跨物种比较

在非人灵长类动物脑图谱绘制方面，研究人员针对主要的非人灵长类模式动物（猕猴、狨猴等），建立了相关的脑图谱。2020 年以来，美国和日本的研究团队分别建立了基于脑影像的狨猴精细脑白质图谱以及基于神经环路示踪的狨猴脑连接图谱。

狨猴是一种小型的非人灵长类动物，作为一种新兴的模式动物正在成为更好的研究对象，然而其相应的研究工具目前仍相对匮乏。狨猴脑图谱计划启动于 2016 年，目标是利用多模态磁共振数据，构建全面的狨猴数字脑图谱和工具，用于狨猴动物模型影像数据以及脑网络和连接组的分析。2020 年 1 月，该计划发布了精细脑白质图谱和超高清磁共振公开数据，主要有：①目前最高分辨率的狨猴弥散磁共振成像数据，揭示之前所未能描述的灵长类大脑白质结构的细节；②基于以上数据所制作的超高清的狨猴脑白质图谱，完整描绘了狨猴的白质解剖结构，包括之前其他灵长类脑图谱所忽略或者错误标示的白质结构；③结合逆行神经示踪数据和弥散磁共振纤维跟踪的结果，全面绘制了狨猴皮层白质纤维连接图。

与此同时，来自美国冷泉港实验室与日本理化研究所脑科学中心团队，在狨猴新皮层中获得了 143 个脑区的逆行示踪剂注射的结果。在不同动物身上获得的数据被配准映射到一个共同的立体空间，并使用一个由解剖学专家划定的组织学脑区边界。虽然存在个体间存在差异，但利用这种方法可以相对准确地建立不同脑区之间的连接。该图谱包含了针对不同细胞构筑区域的分析工具，包括统计学属性，例如被标记的神经元的比例等，并且还提供了 200 万个标记的神经元的立体空间坐标。以上资源有助于研究狨猴脑疾病模型，理解灵长类脑连接模式，弥合啮齿动物细胞连接研究和基于脑成像的人类大脑分析之间的差距。

在猕猴脑图谱以及跨物种比较研究方向，中国科学院自动化研究所脑网络组研究中心围绕脑图谱的绘制方法、验证体系与应用示范开展了系统的研究，在成功绘制出全新的宏观尺度人类脑网络组图谱的基础上，建立了猕猴脑网络组图谱的绘制方法、验证体系与应用示范。2020 年，该团队聚焦绘制人类和非人灵长类动物多模态跨尺度脑网络组图谱，开展了基于脑网络组图谱的跨物种比较研究，完成了包括额极皮层、楔前叶皮层以及伏隔核等重要脑结构的猕猴脑网络组图谱构建，比较了人类与猕猴在进化上的同源性与差异，研究了脑结构连接和功能关系的层级结构；发现额极位于前额叶皮层最前侧是一个高级复杂的大脑区域，在人和非人灵长类动物中，对社交、情感、认知功能具有重要的作用。该团队利用多模态磁共振影像数据，对猕猴额极进行精细划分，探究每个亚区的解剖连接模式，并根据分区结果进一步探究亚区之间的模块化特征。猕猴额极可以被划分为 8 个具有不同连接模式的亚区，分割结果和以往的相关研究结果保持一致。每个亚区的解剖连接模式，与其他脑区的连接结果同早期的基于示踪注射的研究结果一致。模块化聚类结果显示，（和人相比）猕猴额极可分为内侧、外侧、眶侧三个模块，且和人脑三个分区结果对比，整体的分区模式一致，但区分子区的边界位置有所不同。中科院脑科学与智能技术卓越创新中心（上海神经科学研究所）建立了大样本猕猴脑影像标准化模型，在 162 只健康食蟹猴上采集了高分辨的磁共振影像数据，制作了食蟹猴脑图谱，并建立了标准化模型，描述单个猕猴大脑的解剖结构特征随年龄变化的轨迹。该大样本标准化模型可用于猕猴疾病模型的参考对照，推动个体化定量统计分析实现。

1.1.3 啮齿类动物脑图谱绘制

在啮齿类动物脑图谱绘制方面，介观和微观尺度都有一些重要进展。目前，在世界范围内，很多科研机构正在对小鼠脑的细胞类型和神经连接进行研究，并在多模态、跨空间尺度上收集了大量的数据。系统地整合上述数据，需要一个标准的三维参考系，即跨尺度的小鼠脑图谱。为此，美国艾伦脑科学研究所发布了小鼠脑 3D 图谱——通用坐标框架第三版（CCFv3），可以用来分析、可视化、整合多模态和多尺度的 3D 脑图谱数据集。传统的脑区分割基于细胞结构或髓鞘结构进行染色，脑区划分也可以利用不同的基因表达，脑区间的连接模式与功能性质。因为每一种模态都可能揭示某些大脑区域的独特特征，当它们一起使用时，有望极大地改善对脑结构的描述。CCFv3 将每个半球的小鼠脑划分成 43 个脑新皮层区、329 个皮层下灰质结构、81 个纤维束和 8 个脑室结构。该图谱通过对 1675 只 C57BL/6J 小鼠进行高分辨率平面串行双光子断层成像，对鼠脑解剖结构的三维脑图谱进行了升级，为脑研究工作者提供了一个数字化开放存取交互式图谱。

1.1.4 微观尺度脑图谱绘制

在微观尺度脑图谱绘制方面，来自德国马克斯 - 普朗克大脑研究所的研究人员绘制了抑制性神经元回路的发育图谱，并发现了独特的回路形成原理，使科学家们能够监测神经元网络结构随时间的变化，从而捕捉到个体成长和适应环境的时刻。他们使用称为"连接组学"的方法，绘制出在大脑皮层灰质中发现的神经元回路，其中大多数大脑突触都存在于大脑皮层灰质中。通过着重关注于一类称为中间神经元的神经细胞的突触，他们能够跟踪这些特定类型的神经细胞选择突触搭档的发育过程。

英国爱丁堡大学通过对小鼠完整生命周期中超过 100 个脑区的兴奋性突触的时空分布结构以及年龄依赖的动态变化过程进行总结，建立迄今为止最大规模的突触组学平台，突触组的时空结构为揭开记忆、学习能力以及对行为学方面的疾病的易感性机制提供了重要的工具。在这项研究里，科学家们使用小鼠为模型，从出生到中老年，划定了 10 个时间节点（最小 1 天，最大 18 个月），然后观察突触会发生哪些变化。该研究揭开了小鼠整个生命周期中动态变化的突触全脑图谱，为大脑中突触的时空结构提供了重要的研究工具。

由于突触的大小在几百纳米的尺度，突触蛋白更在几纳米尺度，由于体积非常小，缺乏有效的研究手段，近年来对神经突触结构的研究一直很难突破。中国科学技术大学、中国科学院深圳先进技术研究院毕国强团队和刘北明团队，与美国加利福尼亚大学洛杉矶分校周正洪团队合作，通过发展前沿冷冻电镜断层三维成像技术，解析了首个完整脑神经突触在分子水平的高精度三维结构。这项工作对于探索脑神经系统的工作原理、破译大脑运转密码具有重要意义。三维成像技术使得对蛋白质最微小部分的解析成为可能，然而对蛋白质等生物大分子结构与功能的研究以及药物效能及作用靶点的探究，最终要回归到蛋白质所处的生理环境——细胞原位。利用冷冻电镜断层原位成像技术与关联显微成像技术，就可以对保存在近生理状态下的细胞/组织样本进行三维成像，也就是说可以实现细胞原位环境中蛋白质的成像，这为突触超微结构与功能这一"黑匣子"的解密迈出了关键的一步。

1.1.5 多模态跨尺度脑图谱集成与融合

在多模态跨尺度脑图谱集成与融合方面，脑图谱结合转录组学、蛋白图谱等多维度数据，对脑中的编码基因进行了深入、细致的解析，将对现有的若干个脑图谱项目的重要补充。脑是哺乳动物体内最复杂的器官，具有多种多样的生理机能，错综复杂的细胞结构以及极为丰富的基因表达。在不同脑区、细胞和亚细胞层面鉴定大脑的分子构成，必将推进我们对正常和患病状态下大脑功能的认识和理解。2020 年 3 月，由卡罗林斯卡学院、瑞典皇家理工学院和华大等团队共同完成了一项"人类、猪、小鼠大脑中的蛋白编码基因图谱"的研究。该研究基于多种转录组学方法和抗体图谱技术，对大脑不同区域进行了全面、深入的分子解析，并且提供了高质量的蛋白编码基因的分子图谱，为进一步研究提供了有力的武器。该图谱的构建，将为全世界研究者提供更为丰富的数据资源，以利于对哺乳动物大脑的基因组学研究和进一步探索。

1.1.6 特定神经环路图谱绘制

在针对特定神经环路图谱绘制方面进展较多，这些研究主要是利用现有的神经科学技术，研究特定功能的神经环路基础。清华大学构建了研究脑区间功能性连接的高通量方法，绘制了清醒小鼠顶部皮层区域到丘脑的功能性连接图谱，发现了各皮层脑区对丘脑不同区域的因果性影响，确立了皮层 – 丘脑 – 皮层通路在大脑信息处理中的重要作用。华中科技大学武汉光电国家研究中心绘制了小鼠内侧前额叶皮层抑制性神经元长程输入环路的全脑图谱，建立了迄今最为详尽的小鼠内侧前额叶抑制性神经元的全脑长程输入图谱，该图谱不仅描绘出这些抑制性神经元的上游脑区在哪里，并且细致描述这些输入神经元的神经化学特点、形态学特点，这为进一步研究该脑区抑制性神经元在神经系统疾病中作用提供了很重要的解剖学基础。浙江大学发现了从未定带投射到丘脑后核群这条参与疼痛反应的 GABA 能神经环路，并揭示了大麻缓解疼痛的新机制，该研究不仅帮助人们更好地认识疼痛的神经环路机制，而且为临床治疗病理性疼痛提供了新的靶点。浙江大学团队证实了小鼠岛叶皮层可以参与调控摄食行为，并揭示其环路机制，有助于了解病理性厌食的发病机制，该研究也首次发现啮齿类动物岛叶皮层的功能具有偏侧性，为从分子、细胞及环路水平了解大脑功能偏侧性的机制提供了有价值的动物模型及行为范式。

1.2 神经网络信息处理机制

现有人工神经网络在很多方面与生物脑所展现的智能水平，特别是学习能力、泛化能力、鲁棒性以及对开放复杂环境的动态适应能力等，尚有巨大的差距。了解生物神经网络中新发现的信息处理规律，将可能为消除这些能力鸿沟，从而实现类脑的高水平智能带来新的启发。

高等动物的脑是由巨量神经元（比如人脑中有 860 亿）所构成的复杂网络，智能是这一复杂网络中所进行的信息处理所展现的涌现效应。脑网络中的信息处理同时发生在不同的尺度，从微观尺度的突触到介观尺度的神经元和神经元网络，一直到宏观尺度的脑区所组成的全脑网络。不同尺度上开展的信息处理既紧密联系，又有各自不同的性质和规律。在微观层面主要涉及突触传递、神经可塑性等较为"底层"的规律。在介观和宏观层面（即神经元网络和脑区网络的层面），则涉及信息的传递、存储、整合和处理等大量跟目前的人工神经网络设计和运行直接相关的规律。另外，因为单个神经元，无论是生物的还是人工的，其结构和功能都相对简单，能进行的信息处理十分有限，系统所展现的强大信息处理能力，是大量简单神经元通过相互作用所形成的复杂网络所表现出来的，所以研究和了解在网络层面的信息处理规律，是解释智能作为涌现现象的关键所在，也是启发新型人工神经网络结构和学习规则设定的重要途径。

因为这一领域所涵盖的范围十分广泛，篇幅所限，这里只能聚焦于几个与生物神经网络学习、记忆和信息处理等核心功能紧密相关，同时又与人工神经网络面临的问题有深层次联系的分支加以介绍。

1.2.1 神经网络新旧记忆之间的相互作用

在神经网络架构中，无论是生物神经网络还是人工神经网络，知识或者记忆的存储依赖于网络中神经连接权重的特定配置。在生物神经网络中，不同的感觉输入和经历引发不一样的神经网络活动，这些活动模式进而通过神经可塑性影响神经突触的强度，从而塑造了表征这一特殊感觉输入和经历的网络结构，并通过结构的稳定性将这一"记忆"保存下来。在人工神经网络中，以监督学习为例，面对特定的输入（比如一张图片），应该产生什么样的输出（比如图片的类别属性），是网络需要学习的知识。在学习过程中，通过误差反传算法等规则，不断调整网络中的连接权重，使得网络输出逐渐逼近理想输出。学习过程完成后，特定的知识就"存储"于网络的连接权重之中了。虽然具体的学习过程可能复杂而烦琐，但是上述记忆或知识的形成和存储是清晰明了的，这一过程也正是近年来人工神经网络学习取得成功的关键之一。

现在对于生物神经网络或是人工神经网络，尚未解决的一个重要难题是，如果学习过程是序贯发生的，即新的知识或是记忆需要在旧知识和记忆的基础上添加入网络，如何避免新旧知识／记忆间的相互干扰？根据上面的介绍，新知识／记忆的存储过程会重新调整神经网络已有的权重结构，新的学习过程完成之后，原有的存在于连接权重中的知识／记忆将会受到严重影响，甚至被彻底"遗忘"。这一问题在机器学习领域被称为"灾难性遗忘"，是制约人工神经网络开展连续不断地学习，从而适应动态变化的环境，并持续提高自身智能水平的重要瓶颈。从日常经验中，我们知道生物脑有强大的连续学习能力，可以连续不断地学习新的知识，获得新的记忆，揭示其中蕴含的规律对于人工智能具有重要的启发意义。

早期的一个关键启示来自运动学习过程中，神经元突触修改规律的认识。纽约大学甘文标课题组发现，运动任务学习使得小鼠运动皮层第五层细胞上特定位置的突触强度得到强化，更重要的是，在后续新运动任务的学习过程中，这些得到强化的突触强度没有显著改变，从而使得不同的学习过程不会互相影响。而如果失活网络中的抑制性神经元，一项任务中强化的突触会在后续新任务学习中继续被改变，从而导致原来学会的任务表现受到影响。这一研究和其他相关的发现启发 DeepMind 公司的连续学习研究团队提出了弹性权重巩固（EWC）算法，使得人工神经网络在学习后续任务时，会对完成旧任务而言重要的连接权重加以保护，不再做大幅调整，一定程度上克服了灾难性遗忘。EWC 的局限是，如果过多地限制在新任务中能够调整的连接权重数目，会对网络学习新任务的能力带来较大限制。

针对这一问题，中科院自动化所余山课题组提出了正交权重修改（OWM）算法，不再需要将特定的连接权重进行保护，而是引导新任务学习过程中权重修改方向与旧任务的样本空间正交，通过这一限制实现网络连接权重的修改对旧任务不产生影响，大幅提高了网络的连续学习性能。有趣的是，最近的神经科学研究发现，生物神经网络中可能也利用了正交性来减少不同记忆之间的相互干扰。普林斯顿大学的布施曼研究组比较了小鼠听觉皮层对于外界刺激的反应以及表征外界刺激的记忆的活动，发现这两类网络活动在群体编码的意义上是正交的。神经网络通过改变部分神经元的反应选择性使得群体活动在状态空间产生了旋转，有效地避免了感觉输入的记忆信息不会受到新的输入的影响。

英国牛津大学和帝国理工学院合作研究了小鼠海马对于熟悉环境的表征会如何受到新环境的影响。这项研究中，小鼠首先处于一个熟悉的环境中，接着被移入一个新的环境中进行条件化学习，之后再被放回到原先的熟悉环境中。通过比较海马体背侧 CA1 区神经元在不同的环境中的活动模式，研究人员发现群体神经元表征熟悉环境的活动模式在学习新环境后有改变的成分，也有不变的成分，这组成了群体活动的不同方向。活跃的神经元主要参与第一方向的活动，用于区分不同的空间环境；而较不活跃的细胞参与了其他方向的活动，用于编码相同环境中的不同行为与情境。这些研究初步揭示了在网络层面大脑是如何区分并整合新旧记忆，在保持学习新知识能力的前提下，巧妙地避免了对于旧知识／记忆的干扰和遗忘。后续进一步揭示这些生物学现象背后的计算机制，有望为克服灾难性遗忘问题提出新的解决思路。

1.2.2 神经网络利用动力学系统演化过程进行计算与控制

在当前主流的前馈人工神经网络结构中，并没有引入复杂的神经元活动动力学。由于前馈结构的限制，神经元活动只是简单地从输入层向输出层传播。整个信息处理过程可以用一个相对静态的框架来理解，即不同神经元具有不同的特征选择性，这些神经元的活动表征了当前输入的特征。这样一个相对静态的信息表征框架与早期神经科学研究中对于生物神经元选择性的理解更为相似。20 世纪 60 年代，休伯尔与威塞尔在针对初级视皮层细胞反应选择性的早期研究中，不同的细胞活动表征了视野中视觉刺激的方位、运动朝向等特征。类似的，乔戈普洛斯等人在研究运动皮层的群体编码时发现，神经元群体的反应选择性可以理解成众多单个神经元反应选择性的线性叠加，在简单的多目标运动范式中表征了手臂运动的角度。

近年来对于运动控制编码的研究大大拓展了这样一个相对静态、简单的编码框架。新的观点认为，大脑皮层中的神经网络通过内部复杂但是精确的异构连接（包括交织的前馈和复杂的反馈连接），形成了一个精巧的动力学系统。这个系统随着时间会遵循一个特定的规则进行演化，表现为神经元群体活动不是简单、静态的表征，而是一个动态、变化的量。相应的，以运动皮层对于肢体运动的控制为例，这样一次动力学演化过程就是一个控制运动实施的过程。所以皮层对于运动的控制，特别是一些长期重复的习惯动作，并不需要，也难以进行实时的随意调控。更多的情况下是根据运动目标的不同，选择将网络状态调控至一个合适的初始状态，之后网络根据自身动力学规则的演化自动控制了行为的完成。

根据这一观点，神经网络群体活动的自由度远远小于我们以前的认识，通过将网络中的连接权重进行适当的配置，网络的群体动力学降维到了一个相对神经元数量而言维度低得多的状态空间中。从数学的观点看，可以用数量相对较小的隐变量来刻画网络活动的演化过程，而在实验中能够直接观察到的单个神经元的活动，实际受控于这些动力学系统的隐变量。因为隐变量的个数远小于网络中神经元的数量，这也意味着神经元的活动具有很大的冗余性，我们无需观察所有神经元就可以推断隐变量的状态。2020 年，加列戈等人发现了支持这一理论的强有力证据，他们在两年的时间内，训练猕猴反复做同样的运动任务，并从运动皮层、前运动皮层和体感皮层记录神经网络的活动。实验结果发现，虽然在不同的记录时间点上，所记录到的神经元并不完全一样，但是在运动控制过程中，这些不同的神经元都参与了同一个较低维度的动力学演化过程。进一步，可以通过观察到的神经元活动，推断出一个与特定运动控制有关的低维流形，这一结构在长达两年的过程中显示出高度的稳定性，可以构建稳定的解码器用于脑机接口控制。

生物神经网络作为复杂的动力学系统，可以被类似连续吸引子这样的动力学概念来有效的建模和解释，比如 Kim 等人的工作显示果蝇脑中的头朝向细胞活动可以由一个一维的连续吸引子模型来解释。北京大学吴思课题组及合作者利用连续吸引子网络实现了高效的多感觉信息处理等。脑中利用神经网络的动力学特性进行了高效的计算并能执行复杂的控制任务，这一观点给人工神经网络未来的探索提供了有益的启发。从目前相对简单的前馈或反馈网络，到未来复杂的异构网络，将会为人工智能系统的信息处理能力带来更多的提升。相应的，充分利用动力学系统的运行规律和特点可能是发挥这些能力的高效途径。

1.2.3 神经网络的临界状态

如前所述，单个神经元的信息处理能力极为有限，神经系统的能力来源于将大量简单的神经元通过特定的方式组织起来，联合进行高效的信息处理，从而实现强大的智能。了解这些组织规则，一方面有助于我们理解生物神经网络的运行机制，另一方面将会为人工神经网络的设计和运行规则的设定提供重要的借鉴。

临界状态，被认为是描述了上述组织规律中的一个重要方面。临界状态是统计物理学的概念，指的是系统通过一个适当的相互作用强度将大量的基本单元组织起来，使得整个系统位于有序和无序的临界点上。在这个状态，系统表现出一系列特殊的性质，能够使得信息的传输、存储和处理实现最优化。美国国立卫生研究院普伦茨研究组在约 20年前首次发现了生物神经网络运行于临界状态的实验证据，其后的大量研究揭示了这一特殊的状态可能与脑内的兴奋抑制平衡相关，并深入揭示了其对于神经信息处理所带来的功能优势。近期的研究显示，啮齿类视觉皮层的群体活动无论在白昼还是夜晚都表现出稳定的临界状态特征，但是如果剥夺正常的视觉输入信号，网络活动首先明显的偏离临界状态，但是在随后的两天左右时间内重新回到临界状态，提示了临界状态是皮层网络自组织过程的一个重要的调定点。

最近的研究显示，生物神经网络可能自组织于一个准临界状态。同样重要的是，临界状态不仅刻画了介观神经网络的组织规律，它还可以很好地描述在宏观层面脑区之间协同的规律。香港浸会大学周昌松课题组及其合作者的工作显示，临界状态的宏观脑网络有利于实现脑的功能多样性。复旦大学冯建峰和兰州大学俞连春等人发现宏观脑网络所表现的临界状态，与个体的流体智能和工作记忆水平存在显著的关联，一个多国联合研究组的工作也报告了临界状态与流体智能之间相似的关系。

除了实验神经科学的研究，在神经网络模型方面，临界状态也被发现能有效地提高网络的信息处理能力。中科院自动化所余山课题组发现利用类似生物神经网络的自组织临界原理，具有反馈连接结构的蓄水池计算模型可以在提高信息处理性能的同时，大大增强鲁棒性。悉尼大学龚璞林研究组发现神经网络组织于临界状态附近的自发活动能够有效加快网络对于外界刺激的响应速度。这一方向的研究未来有望提出利用临界状态提高人工智能系统信息处理能力的有效途径。

1.3　脑认知检测与调控

脑认知功能的解码是脑科学研究的核心任务，也是人工智能技术发展的重要基石。传统的脑认知功能研究的方式是依托于认知评测量表（如短时记忆、注意、智商等），以及相应的行为评测方式（如多动症、社交障碍等），这些方式依赖于当前时刻主试和被试的认知状态，因此缺乏客观定量的描述，而且测量方式比较受限。近年来随着神经影像技术和计算技术的发展，脑认知科学研究进入了全新阶段，从不同时间、空间尺度测量脑结构、功能及认知能力水平等都逐渐成为可能。该领域的发展涉及电子技术、信息技术、生物/化学工程、神经科学/心理学、数学/物理基础科学及计算机科学等多种学科的融合，对信号检测、信号传输、解码识别、调控干预、建模仿真等多个环节共同产生多种应用需求及创新性理论范式。脑认知功能检测与调控领域的发展，最直接的应用场景是对临床医学诊疗的推动（包括家庭护理、认知发展监测等），同时对脑信息处理的机制的解码也将会对人工智能技术的设计范式产生变个性影响。由于脑认知功能检测与调控的研究属于典型的多学科交叉领域，涉及上述所有学科领域的方方面面，本专题报告将重点集中在体人脑的检测技术及研究方法进展，并且只描述相应技术中有代表性的工具和方法体系。

脑影像技术按照类型可以分为结构成像和功能成像，常见的脑成像包括磁共振成像（MRI）、脑电（EEG）、脑磁（MEG）、功能近红外光谱技术（fNIRS）等，这些都属于无创的成像技术，并且基本上都在临床诊断和神经科学研究领域得到了广泛应用。在神经科学研究中，为了获得高时间-空间分辨率的神经活动信号，有时也会采用颅内立体脑电记录技术等侵入式的成像方式。

1.3.1　磁共振成像

磁共振成像技术以其良好的时间-空间分辨率和软组织对比度受到临床及神经科学研究人员的青睐，也正因为如此，磁共振技术的迭代更新也一直受到广泛关注。最近几年持续受到关注的是磁共振设备的小型化设计，库利等人成功设计了112千克的低场（80mT）MRI设备，可以对常规成年人头部进行结构成像。同时，时间分辨率的提高也是研究热点之一，短时快速成像也能有效减小头动等伪影的产生（如儿童脑成像）。在这方面，成像序列的开发有较多的进展，例如70秒内快速对5种常见序列的成像获得的图像与常规临床对应序列图像质量相当（但成像时间缩短为将近1/8）。另外，磁共振弹性成像（MRE）利用组织在外界轻微震动下引起的相差原理能实现组织结构弹性的定量测量，在老化过程的结构变化研究等方面受到广泛关注，并且随着图像重建技术的提升，目前的MRE成像在空间上已经接近常规的 T1 分辨率，并且在时间上能达到 100 毫秒量级。

1.3.2 脑电图

脑电图直接采集脑神经元的放电信号，具有高时间分辨率的优点，其不仅可以刻画大脑认知功能的变化，还可以控制外部设备实现脑机交互功能，广泛应用于临床和科研领域。按照采集方式，脑电可分为非侵入和侵入式。在非侵入式脑电领域中，如基于脑电振荡节律可以分析个体疼痛感知的变异性，基于稳态视觉诱发电位（SSVEP）的脑机打字可以实时、高带宽地解码；基于运动想象的脑机接口可以实现机械臂对运动光标的连续追踪。在侵入式脑电领域中，因其具有非常高的空间分辨率，推进了脑科学的研究并涌现了一批成果，如通过植入式 Utah 电极阵列发现人脑的手部运动区承担多种功能。由于脑电信号的实时性及使用的便捷性，近年来越来越多的研究用于自然场景的脑认知检测，如视觉刺激下被试情绪反应测量，国内上海交通大学、天津大学及清华大学等相关团队在这方面都有较好的工作，该类研究将有望用于被试的情绪异常测量以及商业消费行为评估等。

1.3.3 脑磁图

脑磁图采集神经元胞体内的电活动产生的磁场，相较脑电图其受颅骨和脑脊液影响很小，具有很高的时间和空间分辨率，然而因其设备庞大，所以临床和科研应用相对较少。北京大学团队借助光学扫描装置实现了 MEG 与 MRI 图像的自动定位配准。通过 MEG 和特定的溯源定位算法可以明确语言加工静息图谱，并且 MEG 发现情景记忆的检索与记忆内容的快速重播有关。

功能近红外光谱技术：近年来新兴的一种非侵入式脑功能成像技术，其可检测因大脑神经活动而产生皮层血液动力学变化，相较于脑电图具有较高的空间分辨率，不需要打电极膏准备实验简单，便携性也较好，常用于临床和科研领域。如有研究发现儿童言语网络功能连接的增加与阅读能力的提高有关，基于 fNRIS-EEG 两种技术联合使用发现恐惧加工机制。另外，浙江大学的研究团队实现了基于侵入式光纤的近红外光定向神经调控，并且 fMRI 扫描同时研究神经调控效果及环路影响。

非侵入式脑功能调控技术：经颅电刺激通过在头皮表面释放微弱电流，以无创非侵入的方式改变脑皮层活动。同经颅磁刺激等其他调控技术相比，不仅简便易携带、价格低廉，因其严格限制释放电流的强度而具有更好的安全性。按照刺激波形可以分为直流电刺激、交流电刺激等。直流电刺激因操作简单，作为主要的人为干预或调控脑部活动的技术得到了迅猛的发展，如通过刺激框额脑区可以缓解和治疗强迫症，并且同时刺激前额和颞叶脑区可增强工作记忆能力。

侵入式脑功能成像技术：侵入式的成像方式通常是为了获得更高的时间或空间分辨率的神经活动信号。代表性的技术为颅内脑电，它借助植入颅内的电极，记录大脑的电生理活动。借助患者植入电极这个"时间窗"，研究者可以获得大脑进行认知活动或处于某种情绪状态时的大脑振荡活动或脑区间的信息流，有助于研究者更好地理解大脑参与认知任务的电生理基础。与功能磁共振成像相比，颅内脑电可以提供毫秒尺度的时间分辨率。微电极阵列也开始与光学结合，形成多功能、多模态的神经研究工具。微电极阵列无法识别细胞类型以及周围神经元的复杂树突和轴突，而光学记录和刺激已被证明是克服这些局限性的有效方法，将具有优异时间分辨率和信噪比的微电极阵列与具有出色空间分辨率的光学探测相结合，将使我们能够以前所未有的精度去探究神经元网络的功能连接。韩国科学技术院 2021 年开发了具有光学刺激和药物输送功能的 3D 高密度微电极阵列，可用于研究神经回路动力学。

侵入式脑神经调控技术：最典型的应用是深部脑刺激，用于帕金森患者（异动症）的治疗，通过对靶区（如丘脑底核）实时相应频率的电刺激，从而缩短"关期"时间和减轻运动障碍。上述提到的颅内电极不仅可以记录，还可以发放电刺激。有研究者通过颅内电极向认知和情感相关的脑区发放微弱的电流刺激，从而实现认知和情绪状态的调控。加利福尼亚大学旧金山分校的研究团队在一名严重抑郁症患者中植入了多部位颅内电极，建立多部位脑区刺激反应的图谱，发现了可引起复杂的独特情绪反映的刺激靶区，这些反应起效迅速，可再现。

1.4 脑建模仿真与脑机接口

脑建模仿真是用数学模型和方法来阐明大脑的工作原理，其不但可以帮助对实验数据的理解，也可以从仿真的角度模拟生物实验无法开展的场景，促进新的理论发现。近年来，神经科学的实验研究正在以快速增长的速度生成数据，脑建模仿真在理解脑工作机理方面的作用越来越重要，同时也在脑科学与类脑智能之间建立桥梁的作用，为人工智能的发展提供新的思想和模型。

脑建模仿真可以在不同时空尺度开展。一方面，科学家已经在微观（神经元尺度）以及介观（神经元群尺度）开展了很多脑功能模拟和建模的研究。例如，在突触和神经细胞尺度上的神经元放电模型、在神经元亚群（兴奋或抑制）的放电率模型、利用物理学中的平均场模型实现神经元群活动建模。另一方面，目前在宏观尺度（例如全脑），科学家根据宏观脑网络的解剖结构约束，建立全脑网络活动集成与模拟，描述脑功能整体活动的动力学变化与行为的关系，刻画大尺度下脑网络的动力学特性以及"虚拟损伤"与行为改变的关系。因此，脑建模仿真也为研发新的脑疾病诊疗技术提供了重要途径。

脑机接口是指不依赖于外围神经和肌肉，直接建立人或动物脑与外部设备之间的连接，实现脑与设备的信息交换。从技术实现途径来看，脑机接口是一种涉及神经科学、信号检测与分析、模式识别等多学科的交叉技术。传统来看，脑机接口提取脑中的神经信号来控制外部设备，也就是所谓的"脑控"。在这一方面，科学家研发了多种脑控系统，例如利用非侵入性的脑电图实现打字、控制轮椅，以及使用侵入性的神经电生理技术实现假肢的控制等。另一方面，脑机接口技术也包括控脑的相关方向，尤其是近年来，科学家使用多种神经调控技术，通过精细刺激特定神经细胞和脑区的活动来达到控制脑功能活动甚至是行为的目的。

1.4.1 脑建模与仿真

脑建模与仿真是世界各国特别是发达国家竞相争夺的科技前沿和未来技术。美、日、韩等发达国家和欧盟地区近年陆续发布和出台科技报告和研究计划，加大在脑建模与仿真领域的布局和投入。世界各国发布与脑建模与仿真密切相关的科技报告和研究计划如表1。

表 1　脑建模仿真相关重大科技报告与研究计划

国家	科技计划名称	启动年度	主要内容和目标
欧盟	Human Brain Project	2013	解析人脑不同时空尺度的连接组；从突触连接到大规模脑网络；解析脑认知和意识相关的神经网络；研发具有认知能力的自适应网络；从学习机理到神经机器人以及神经形态芯片的应用；神经科学数据存储与共享服务；脑建模算法与平台公共服务；脑数据分析与计算公共服务。
美国	The Brain Initiative	2014	开发新技术探索神经细胞和环路的工作原理，揭示脑功能与行为之间的关系，改进脑疾病预防、诊断和治疗；鉴别神经细胞类型、绘制神经环路、检测神经细胞活动、发展神经调控技术、研发神经建模与仿真分析工具以及相关的人脑研究及应用等。
韩国	Korea Brain Initiative	2016	构建多尺度构建脑连接图；融合物理、数学和生物等多学科，驱动神经工业发技术发展，包括多尺度脑成像技术、脑模拟与仿生技术；开展脑启发计算与人工智能相关的研发；加强针对脑疾病个性化药物和新的治疗技术研发。
日本	Brain/MINDS & Beyond	2018	研究狨猴脑高级功能的神经网络，解析理解人脑信息处理和脑疾病的新见解；发现和绘制人类智能、敏感性和社交的神经环路，促进对脑疾病的早期发现和干预；综合分析从人脑健康状态到患病状态的神经影像、开发基于人工智能的脑科学技术以及比较人脑和非人类灵长类动物脑。

与此同时，中国脑计划正在酝酿，脑建模仿真也是其中的重要研究内容。

科学家已经在不同时空尺度中开展了脑建模与仿真的研究，并发展了不同的工具和平台。从空间尺度上，这些工具与平台可以分成微（介）观神经元/神经环路尺度以及宏观脑网络尺度等不同的技术。

（1）微（介）观神经元/神经环路尺度

由于超算和并行计算等技术的进步，科学家已经可以模拟大量神经元的功能活动，并研发了多种脑建模仿真内核和工具，例如 NEURON、NEST、GENESIS、Brian2 等。这些工具提供了包括多房室神经元模型、点神经元模型和平均场模型等多种神经元（群）活动模型。但是由于这些模型复杂，导致编程难度大，学习门槛高。因此，为了提高用户易用性、改善脑建模仿真的编程环境，研究者又开发了一些新工具，例如 LFPy、BioNet 和 NetPyNE 等。虽然这些新工具不一定提供原创的仿真内核，而是可能依赖传统的仿真引擎（例如 NEURON），但是它们大大改善了学习和使用的便捷性。近年来，科学家们改进了建模文件格式，提出了更高效的模型描述语言 SONATA 等。同时，为了集成不同时空尺度的模型，开展跨尺度研究，近年来也出现了一些新的工具和软件包，例如 BMTK 等。北京大学研究组开发了基于 python 的脑建模仿真编程工具 BrainPy（灵机），包含了基本的神经元模型（11 种）、突触模型（13 种）、神经网络模型（4 种）等，BrainPy 提供了神经动力学模型所需的数据结构、微分方程、数值积分等支持，具有简单易用、灵活高效、模拟分析一体化等优点。

（2）宏观全脑网络尺度

相比在微（介）观神经元 / 神经环路尺度上的脑建模仿真工具，在宏观全脑尺度进行脑网络功能模拟和仿真进展缓慢，平台与工具也较少。这其中，虚拟大脑（TVB）根据宏观脑网络的解剖结构约束，建立不同脑区间的连接关系与延时条件，建立脑网络活动集成与模拟，包括建立局部连接和长程连接的集成、建立脑网络活动的模拟（微分方程组的数值求解），然后根据不同神经影像生理特性与成像模型，近似生成神经影像或信号，输出模拟的脑影像（sEEG、MEG、fMRI）等。使用 TVB 可以研究全脑网络的功能网络，并通过改变脑区节点或脑区间连接属性，模拟脑网络的"虚拟损伤"，探索脑网络变化（微分方程组的瞬时性与稳定性）与行为的对应关系。

1.4.2 脑机接口

如前所述，脑机接口技术根据研究的目标可以分成"脑控"和"控脑"。近期主要国内外研究进展如下。

（1）"脑控"技术

猕猴打乒乓球游戏。2021 年，美国脑机接口技术公司 Neuralink 在猕猴运动皮层植入电极。在实验开始阶段，猕猴使用控制杆与计算机互动，电极阵列记录了猕猴使用操纵杆打乒乓球游戏时的神经活动。研究人员建立了神经活动与猕猴预期动作之间关系的模型。之后，科学家们撤掉操纵杆，仅通过电极记录的脑活动和建立的模型，猕猴可以控制光标继续打乒乓游戏。

利用超声波成像控制机械臂。当前大部分侵入式"脑控"设备使用插入脑的微小电极。美国加州理工学院的研究人员利用超声波成像，开发出一种新型对脑侵入性较低的"脑控"技术，预测猴子的眼睛或手的"意向动作"，进一步控制机械臂或鼠标。

高宽带无线脑机接口系统。美国布朗大学研究团队研发了高宽带无线脑机接口系统，连续记录了 24 小时内人脑神经元电活动信号。这是高宽带无线脑机接口系统首次在人脑上实验，朝着脑机接口实际临床应用迈出了重要一步。

高龄患者的植入式脑机接口系统应用。浙江大学通过对脑内植入 Utah 阵列电极，帮助一位 72 岁高龄的高位截瘫志愿者，利用意念控制机械手臂的三维运动，实现进食、饮水和握手等一系列上肢重要功能运动，在"植入式脑机接口临床转化应用研究"上取得了重要的阶段性成果。

（2）"控脑"技术

使用深部脑电刺激控制清醒猕猴多脑区神经活动的时间演化。美国南加州大学的研究人员在猕猴脑内植入了多根电极，他们通过反馈实时改变刺激模式（包括刺激脉冲序列的频率和幅度），成功控制了多个脑区神经活动的动态变化，也就是说使得靶区的神经活动一直维持在一个特定的状态。

盲人重新感知到视觉。美国贝勒医学院的研究人员使用植入电极按动态的顺序在人脑的视觉皮层表面上施加电刺激，借此"画出"受试者能够看到的图形，并在正常人和盲人中完成测试。这种新的刺激范式让眼睛失明但视皮层保留较好的盲人重新感知到视觉图案。

抑郁症病人深部脑电刺激疗效与脑活动的状态有关。加州大学的研究者发现，抑郁病人的深部脑电刺激治疗效果与病人本身的状态有关，也就是如果把深部脑电刺激的治疗看作是一种对动态系统的调控的话，那么调控的效果与系统（脑）的初始状态有关。

事实上，近年来，随着复杂网络动力学的发展，科学家开始把复杂网络的控制理论和分析方法在"控脑"技术上进行了研究和应用。从脑结构网络的可控性，到经颅磁刺激对脑功能活动的调控，再到癫痫的调控治疗。这些工作提示，把脑看作一个动力学系统，使用复杂网络的控制理论也许是理解脑的动力学特性、发展"控脑"技术的一个重要方法。

2. 国内外研究进展比较

2.1　脑图谱绘制

我国在脑图谱研究方向上已经有十多年的积累，具备了完备的宏观、介观和微观多尺度脑图谱全链条数据处理与分析平台以及产学研用一体化的转化能力，成功绘制了全新的宏观尺度人类脑图谱——脑网络组图谱，建立了国内最高水平、最大高通量的大脑微观图谱重建与分析平台，而且具有完备的国内领先的类脑认知功能模拟与大数据智能处理能力。同时，我国在灵长类物种资源利用方面具有优势，拥有丰富的猴和树鼩资源。近年来，我国在非人灵长类转基因动物研究方面达到世界领先水平。将这种优势与非人灵长类动物的脑连接组研究及其生理验证结合起来，很可能极大推进我国在国际脑科学研究领域中的地位和作用。

但我们也应该看到，虽然近年来我国在动物疾病模型研制和平台建设方面强化了投入和布局，但与国外相比，目前仍缺乏国家级的动物模型中心。此外，我国虽然不是信息科学的强国，但是我国早已是信息科学的大国。众多的高校建立了相对完整的信息科学院系，国内也拥有众多从事信息科学相关研究的科研人员。通过政策和项目的引导，并结合一些重要的脑科学与神经科学研究的基础问题，发挥这些人才优势也将会改变目前国内严重依赖国外磁共振相关技术的局面，并可能创造新的脑科学学科发展方向。

我国在脑图谱绘制相关的神经科学技术方面，近几年发展迅速。例如在光镜显微图像自动三维重建方面，我国科学家走在世界前列。华中科技大学与海南大学的骆清铭团队，2010 年研发了的显微光学切片断层成像系统（MOST），在世界上首次获得了小鼠全脑连接图谱，并逐渐发展出了全链条"样本处理、三维高分辨全自动成像、大数据处理与可视化"的自主知识产权，居国际领先水平。近期，该团队提出了一种高清晰度、高通量的光学层析显微成像新方法——线照明调制光学层析成像（LiMo）。基于此进一步发展了高清荧光显微光学切片断层成像技术（HD-fMOST），将全脑光学成像从高分辨率提升到高清晰度的新标准。北京大学程和平团队成功研制出新一代高速高分辨微型化双光子荧光显微镜，并获取了小鼠在自由行为过程中大脑神经元和神经突触活动清晰、稳定的图像。近期，北京大学陈良怡团队研发了第二代微型化双光子荧光显微镜 FHIRM-TPM 2.0，其成像视野是第一代微型化显微镜的 7.8 倍，同时具备三维成像能力，获取了小鼠在自由运动行为中大脑三维区域内上千个神经元清晰稳定的动态功能图像，并且实现了针对同一批神经元长达一个月的追踪记录。在挑战脑功能大视野成像方面，清华大学戴琼海团队研制了实时超宽场高分辨率成像显微镜（RUSH），兼具 1 厘米 ×1.2 厘米超宽视场、全视场均一的 1.2 微米高分辨率、30 帧每秒高帧率，数据通量高达 51 亿像素每秒。这项工作通过清醒小鼠在体全脑皮层成像等生命科学实验，对以宽场高分辨动态成像为基础的脑动态网络结构、神经血管耦合机制、癫痫病理进行了探索。近期，该团队与中国科学院生物物理所李栋团队合作，综合测评了现有超分辨卷积神经网络模型在显微图像超分辨任务上的表现，提出傅立叶域注意力卷积和傅立叶域注意力生成对抗网络模型，在不同成像条件下实现最优的显微图像超分辨预测和结构光超分辨重建效果，并观测到线粒体内脊、线粒体拟核、内质网、微丝骨架等生物结构的动态互作新行为。北京大学李毓龙团队开发了先进的新型成像探针，用于在时间和空间尺度上解析神经系统的复杂功能，研究突触传递的调节机制，特别是在生理及病理条件下对神经递质释放的调节。目前，该团队率先开发出新型的可遗传编码的荧光探针，能够在生理和病理条件下高时空分辨率检测多巴胺、乙酰胆碱和去甲肾上腺素的释放，相关成果发表在国际学术期刊上。

以上都是目前我国在脑科学领域，尤其是多模态跨尺度脑图谱绘制方面的优势，但是与国外该领域的优势团队与最新研究进展相比，我国在核心技术的发展上，研究历史的积累与沉淀，还有不小的差距。目前国外实验室在很多领域仍然是引领者，例如在超高场磁共振成像设备的研制、介观光学成像设备的研发、微观脑图谱绘制以及实验室的运行体制上，尚缺乏大团队、企业化运作的科研机构。

2.2 神经网络信息处理机制

实验、理论、建模仿真被认为是自然科学研究的三种主要途径。一方面，生物神经系统非常复杂，随着日益发展的实验观测手段，会发现越来越复杂的实验现象，这些现象的理解需要理论和建模的指引，才能不至于陷入纷繁复杂的数据海洋而丧失方向。另一方面，理论和建模研究需要不断利用实验数据来修订、完善，才能避免建立脱离于实际的"空中楼阁"。实际上，科学方法论以及很多学科（比如物理学）的发展证实，最为有效的研究路径是通过理论和建模研究，提前给出实验的建议，从而开展假设驱动型的实验观察，从而证实或是证伪相关的理论，这一过程不断迭代，持续促进学科的发展。深入结合理论、计算与实验的路径可能是发现神经网络信息处理重要规律的关键所在。国内在实验神经科学方面有较强的研究力量，但是在结合理论与实验的一个关键领域——理论与计算神经科学，研究团队还相对较少，需要有计划地从培养青年人才入手，加快培育有利于交叉学科的研究环境。

2.2.1 脑认知检测与调控

在成像系统上，目前该领域临床上成熟的脑信号检测成像及神经调控系统，大部分都是国外的技术，包括上述提到的磁共振技术、脑电、脑磁、神经调控技术等。最近几年国内的脑信号检测设备制造领域有一些国产的企业逐步发展起来，包括联影医疗、迈瑞医疗等。在基础研究方面，国内在某些特定技术环节上有较强的技术创新能力。国家纳米科学中心方英团队 2019 年开发了神经流苏电极 Neurotassel，它由一系列具有柔性和高纵横比的微电极细丝组成，可以通过弹性毛细管相互作用自发地组装成细小的可植入纤维，为稳定的神经活动记录和神经修复提供了一种新方法。中国科学院上海微系统与信息技术研究所开发了超柔细神经探针及其微创植入技术，实现了对活体动物脑组织长期稳定的信号检测与记录。欧美发达国家除了单点的技术创新外，也有较多的团队研发完整的技术方案，例如美国马斯克领导的 Neuralink 公司于 2020 年 8 月宣布新设计的脑机接口（BMI），其电极阵列由线状聚合物制成，并开发了一种机器人植入方法，可以将大量精细而灵活的聚合物探针有效且独立地插入多个大脑区域，实现高效神经信息采集。

在方法体系上，基于图像 / 信号处理的神经建模分析方面，国内在许多领域都已经与国际水平并列甚至更领先。中国科学院自动化所蒋田仔团队在 2016 年成功发布了全新的人类脑网络组图谱，该网络组图谱突破了一百多年来传统脑图谱的绘制思想，引入了脑结构和功能连接信息对脑区进行精细划分和脑图谱绘制的全新思想和方法，绘制出 246 个精细脑区亚区，以及脑区亚区间的多模态连接模式，比传统的布罗德曼图谱精细 4 ~ 5 倍，这是相对于后来美国人脑连接组计划发布的脑图谱的所不具备的特征。近两年该团队在图谱的临床应用及跨物种比较研究方面也取得了系列进展。同时，在公开数据库建设方面，上海交通大学、清华大学等也都建立了公开的脑电图数据库，在该领域都受到广泛关注。

脑图像处理和脑网络分析方面,欧美起步较早,典型的软件系统如 SPM、FSL、AFNI 等均为欧美国家团队研发。不过,国内的许多团队研发的分析软件也产生了较大国际影响,尤其是基于脑影像数据的脑网络分析方面,包括中国科学院自动化研究所、北京师范大学、杭州师范大学、中国科学院心理学研究所、电子科技大学等团队。

在临床应用上,脑影像学在临床应用方面的研究,国内由于病例资源较为丰富,这方面的研究基本与国际水平相当。目前针对临床常见神经精神疾病的临床诊断及预测等都取得了系列重要进展,包括精神分裂症、阿尔兹海默症、抑郁症等。另外在正常人脑认知机理方面也取得了系列进展,包括正常人发育、老化过程,以及智商、奖赏功能等基于影像技术的定量刻画。

2.2.2 脑建模仿真与脑机接口

在脑建模与仿真方面,国内外均已研发多种微(介)观神经元 / 神经环路尺度的脑建模仿真平台和工具。这一方面国内外有一定的差距,例如模型的成熟度和并行处理的规模等。国内研究团队在脑建模仿真基础研究已开展了很多研究,但是在工具平台方面的投入方面需要加强。在宏观全脑尺度进行脑网络功能模拟和仿真方面,国内外进展均比较缓慢。如何刻画不同时空尺度脑网络的动力学特性,实现脑功能整体活动的模拟与仿真;如何对脑网络进行"虚拟损伤"和"虚拟调控",实现数值仿真和模拟实验;如何通过仿真解析脑信息处理规律等,已成为理解脑认知机理,研发新的脑疾病诊疗技术的重要科学问题和技术瓶颈。

在脑机接口方面,国内研究团队已经在"脑控"研发的多个方向取得进展,例如利用非侵入性的脑电图实现打字、控制轮椅,以及植入式脑机接口临床转化应用研究等。但是,在核心关键器件上仍然与国外存在较大差距,包括电极、放大器等。在"控脑"研究方面,国内外均是刚刚起步。

3. 发展趋势与展望

随着脑研究新技术和新工具的进步,脑图谱已经由早期印刷版二维图谱发展到现在的数字化三维、四维图谱;由基于尸体标本断面切片数据发展到基于活体影像学数据构建的图谱;由仅具有个体脑解剖结构信息的单一图谱到包含群体解剖结构及功能信息的多模态图谱。未来,为了更加深入地理解脑的功能,需要利用不同尺度、不同模态的信息,来绘制更加完善的人类脑图谱。

为了实现这一目标,未来面临的关键问题和挑战包括:如何整合不同尺度、不同模态信息构建多模态跨尺度脑图谱,并对其进行生物验证;基于全新脑图谱,如何从多层次(从人到动物,从临床到基础)、多模态(神经影像、遗传操作、神经干预和扰动等新技术)的角度解析重大脑疾病的神经机制,并形成全新的脑疾病诊疗范式。因此,新一代脑图谱的绘制将为探究大脑，这个最复杂器官的奥秘提供基础工具，也为各种脑部疾病的早期诊断和治疗提供潜在的解决方案。

　　脑科学实验、理论、计算建模的深度融合是未来学科发展的重要趋势。另外，将脑信息处理的机制研究与人工智能系统、算法的研究进行融合，这样一方面可以将脑对于智能系统的启发效应充分发挥，另一方面也可以为脑科学研究提供新的视角和比较对象。预计这一更大跨度的交叉领域将迎来迅速的发展，带来对于脑科学和智能技术均有重要意义的促进。

　　目前该领域的技术趋势是多模态高时间－空间精度的数据采集、多模态数据融合分析及大规模计算实时化、神经调控的精准化、检测和调控技术的小型化等。我国在脑认知检测与调控方面，硬件系统方面起步较晚并且基础相对薄弱，不过最近几年由于国家政策鼓励及应用需求驱动，发展趋势良好，虽然大部分只是在单点技术上的创新，但在系统解决方案（成熟的应用系统）方面也逐渐有一些创新产品，而且软件算法及临床应用方面一直与国际水平相当。我们也有较明显的优势，例如基于我国科研工作者研究提出的精细尺度的脑图谱，为脑科学研究提供了"地图"导航作用，比如结合颅内脑电记录的毫米级别的空间分辨率，我们可以从脑精细图谱水平探索和验证脑亚区的功能。考虑到我国庞大的人口基数，优异的全局组织协作能力，都可以更好地确保相关收集工作的开展；同时，随着我国人工智能产业的迅速发展（包括硬件系统及软件平台），有利于进一步实现大规模结构化数据采集、分布式并行计算平台的实现，将对脑科学、临床医学的发展，以及对人工智能产业反哺产生巨大的推动作用。

　　脑功能是在脑结构和认知需求的空间和时间约束下，由大量神经元在交互作用中产生的。当前，科学家已经在微观（神经元尺度）以及介观（神经元群尺度）开展了很多脑功能模拟和建模的研究。这些研究提出的模型不但促进了神经科学的发展，同时也推动了计算机科学和人工智能等众多学科的发展和应用。但是，在跨尺度（尤其在宏观全脑尺度）进行脑网络功能模拟和仿真仍进展缓慢，难以描述脑功能整体活动的动力学变化及其与行为的关系。结合微（介）观神经元／神经环路尺度以及宏观脑网络尺度，在多时空脑功能活动信息进行建模和仿真，开发针对性、集成化的平台和工具，将成为脑建模仿真技术发展的重要方向。不仅能够帮助更好的理解自主生物智能的涌现机制，验证认知神经科学原理，为人工智能的研究提供启发与参考，同时也能为理解脑疾病的发病机理，开发新型预防、诊断和治疗手段提供技术支撑。

4. 小结

　　人工智能的进展让人目不暇接，眼花缭乱，这主要得益于深度学习在各种应用场景的作用，以及日益强大的计算能力。尽管人工智能技术已经渗透各种应用场景和日常生活，但是，人工智能的基础理论与几十年前比并没有显著变化，人工智能未来在基础理论取得本质性突破，离不开脑科学和数学这两个领域的相关进展，这是应该大多数人的共识。数学对人工智能作用是毋庸置疑的，比如深度学习本质上就数学中的函数逼近问题。但是，脑科学在人工智能的新基础理论产生中如何发挥不可替代作用，现在对这个问题并没有形成共识。本专题介绍的多尺度脑网络组图谱、脑网络信息处理规律、脑认知检测与调控以及脑网络建模仿真与脑机接口必将为人工神经网络和类脑智能的体系结构设计提供真实的脑模型和脑启示。

参考文献

［1］ Fan L, Li H, Zhuo J, et al. The Human Brainnetome Atlas：A New Brain Atlas Based on Connectional Architecture［J］. Cerebral Cortex，2016，26（8）：3508-3526.

［2］ Wu D，Fan L，Song M，et al. Hierarchy of Connectivity-Function Relationship of the Human Cortex Revealed through Predicting Activity across Functional Domains［J］. Cerebral Cortex，2020，30（8）：4607-4616.

［3］ Liu C，Ye F Q，Newman J D，et al. A resource for the detailed 3D mapping of white matter pathways in the marmoset brain［J］. Nature Neuroence，2020，23（2）：271-280.

［4］ He B，Cao L，Xia X，et al. Fine-Grained Topography and Modularity of the Macaque Frontal Pole Cortex Revealed by Anatomical Connectivity Profiles［J］. Neurosci Bull，2020，36（12）：1454-1473.

［5］ Lv Q，Yan M，Shen X，et al. Normative Analysis of Individual Brain Differences Based on a Population MRI-Based Atlas of Cynomolgus Macaques［J］. Cereb Cortex，2021，31（1）：341-355.

［6］ Sjstedt E，Zhong W，Fagerberg L，et al. An atlas of the protein-coding genes in the human, pig, and mouse brain［J］. Science，2020（367）：64-82.

［7］ Zeng G，Chen Y，Cui B，et al.Continual learning of context-dependent processing in neural networks. Nature Machine Intelligence［J］，2019，1（8）：364-372.

［8］ Zhang W H，Wang H，Chen A，et al. Complementary congruent and opposite neurons achieve concurrent multisensory integration and segregation［J］. eLife Sciences，2019，8.

［9］ Ma Z, Turrigiano G G, Wessel R, et al. Cortical Circuit Dynamics Are Homeostatically Tuned to Criticality InVivo［J］. Neuron，2019，104（4）：655-664

［10］ Fosque L J，RV Williams-García，Beggs J M，et al. Evidence for Quasicritical Brain Dynamics. Physical Review Letters［J］. 2021，126（9）：098101.

［11］ Ezaki T，Reis E，Watanabe T，et al. Closer to critical resting-state neural dynamics in individuals with higher fluid intelligence［J］. Communications Biology，2020，3（1）：1-9.

［12］ Chen G，Gong P . Computing by modulating spontaneous cortical activity patterns as a mechanism of active visual processing［J］. Nature Communications，2019，10（1）：4915.

［13］ Cooley C Z，Mcdaniel P C，Stockmann J P，et al. A portable scanner for magnetic resonance imaging of the brain［J］. Nat Biomed Eng，2021，5（3）：229-239.

［14］ Ji Y H，Baek H J，Ryu K H，et al.One-Minute Ultrafast Brain MRI With Full Basic Sequences：Can It Be a Promising Way Forward for Pediatric Neuroimaging?［J］. AJR Am J Roentgenol，2020，215（1）：198-205.

［15］ Luo Y，Zhu L Z，Wan Z Y，et al. Data augmentation for enhancing EEG-based emotion recognition with deep generative models［J］. J Neural Eng，2020，17（5）：056021.

［16］ Dai K，Gratiy S，Billeh Y N，et al. Brain Modeling ToolKit：An open source software suite for multiscale modeling of brain circuits［J］. PLOS Computational Biology，2020，16（11）：e1008386.

［17］ Norman S L，Maresca D，Christopoulos V N，et al. Single-trial decoding of movement intentions using functional ultrasound neuroimaging［J］. Neuron，2021，109（9）：1554-1566.

［18］ Yang Y，Qiao S，Sani O G，et al. Modelling and prediction of the dynamic responses of large-scale brain networks during direct electrical stimulation［J］. Nature Biomedical Engineering，2021，5（4）：324-345.

［19］ Zhong Q，Li A，Jin R，et al. High-definition imaging using line-illumination modulation microscopy［J］. Nat Methods，2021，18（3）：309-315.

［20］ Zong W，Wu R，Chen S，et al. Miniature two-photon microscopy for enlarged field-of-view，multi-plane and long-term brain imaging［J］. Nat Methods，2021，18（1）：46-49.

［21］ J Fan，J Suo，J Wu，et al. Video-rate imaging of biological dynamics at centimetre scale and micrometre resolution ［J］. Nature Photonics，2019，13（11）：809-816.

［22］ Qiao C，Li D，Guo Y，et al. Evaluation and development of deep neural networks for image super-resolution in optical microscopy［J］. Nat Methods，2021，18（2）：194-202.

［23］ Fan L，Li H，Zhuo J，et al. The Human Brainnetome Atlas：A New Brain Atlas Based on Connectional Architecture ［J］. Cereb Cortex，2016，26（8）：3508-3526.

［24］ Wang H，Fan L，Song M，et al. Functional Connectivity Predicts Individual Development of Inhibitory Control during Adolescence［J］. Cereb Cortex，2021，31（5）：2686-2700.

［25］ Cheng L，Zhang Y，Li G，et al. Divergent Connectional Asymmetries of the Inferior Parietal Lobule Shape Hemispheric Specialization in Humans，Chimpanzees，and Macaque Monkeys［J］. eLife，2021，（67600）：10.

［26］ Li A，Zalesky A，Yue W，et al. A neuroimaging biomarker for striatal dysfunction in schizophrenia［J］. Nat Med，2020，26（4）：558-565.

［27］ Ding Y，Zhao K，Che T，et al. Quantitative Radiomic Features as New Biomarkers for Alzheimer's Disease：An Amyloid PET Study［J］. Cereb Cortex，2021，31（8）：3950-3961.

［28］ Ma L，Tian L，Hu T，et al.Development of Individual Variability in Brain Functional Connectivity and Capability across the Adult Lifespan［J］. Cereb Cortex，2021，31（8）：3925-3938.

［29］ Qi S，Schumann G，Bustillo J，et al. Reward Processing in Novelty Seekers：A Transdiagnostic Psychiatric Imaging Biomarker［J］. Biol Psychiatry，2021，90（8）：529-539.

机器感知与模式识别

  机器感知作为人工智能研究的一项重要内容，目的是使智能机器会看（图像识别、文字识别等）、会听（语音识别、机器翻译等）、会说（语音合成、人机对话等）、会学习等。研究机器感知的学科又称为模式识别。作为人工智能学科的主要分支之一，模式识别研究如何使机器（包括计算机）模拟人的感知功能，从环境感知数据中检测、识别和理解目标、行为、事件等模式。模式是感知数据（如图像、视频、语音、文本）中具有一定特点的目标、行为或事件，具有相似特点的模式组成类别。模式识别的能力普遍存在于人和动物的认知系统中，是人和动物获取外部环境知识，并与环境进行交互的重要基础。

  模式识别技术或模块是所有智能机器或智能系统（包括智能信息处理、智能机器人、无人系统等）中必不可少的部分。智能机器要感知周边环境，从环境获取信息或知识，或与人进行交互，都要通过模式识别。模式识别学科长期发展中也影响了人工智能其他分支领域的发展，并与其他分支渐趋融合。比如，机器学习领域的研究内容大部分与模式识别重叠，早期与模式识别一样主要关注分类问题，且在20世纪80年代独自成领域之后，研究的问题仍然与模式识别类似。

  20世纪50年代早期，模式识别是作为人工智能的一个分支同步发展的，马文·明斯基将模式识别与搜索、学习、归纳等并列为人工智能的几个主要方向之一。70年代开始，以傅京孙为代表的一些模式识别学者创办了国际模式识别大会，成立了国际模式识别协会，与主要关注符号智能的人工智能学术界分开发展。近十几年来，随着深度学习（深度神经网络）成为模式识别和人工智能多个分支领域的主流方法，模式识别的方法与其他分支渐趋统一，相关研究取得了长足进展。

  本专题简要阐述当前机器感知与模式识别领域的研究和应用状况，主要从基础理论与方法、计算机视觉、听觉信息处理、应用基础研究四个方面阐述进展和应用情况、面临的挑战和发展趋势等，供模式识别及其应用相关领域的人员参考。

1. 研究现状

1.1 模式识别基础理论

1.1.1 分类器学习

模式识别过程一般包括以下几个步骤：信号预处理、模式分割、特征提取、分类器设计、上下文后处理。分类器设计是其中的主要任务和核心研究内容。

分类器设计是在训练样本集合上进行机器学习和优化（如使同一类样本的表达波动最小或使不同类别样本的分类误差最小）的过程，通过设计合理的分类器结构，利用训练数据的经验风险最小化来学习分类器的参数，从而完成模式分类的任务。

分类器设计的学习方法分为无监督学习、有监督学习、半监督学习和强化学习等。无监督学习是在样本没有类别标记的条件下对数据进行模式分析或统计学习，如概率密度估计、聚类等。监督学习是利用标记样本训练得到一个最优模型（如调整参数使得模型对训练样本的分类性能最优），并利用该模型对未知样本进行判别。半监督学习是监督学习与无监督学习相结合的一种学习方法，使用大量的未标记样本和少量的标记样本来进行模式分析或分类器设计。强化学习是智能系统从环境到行为映射的一种学习方式，优化行为策略以使奖励信号（强化信号，通过奖惩代替监督）的累积值最大化。

最经典的分类器是贝叶斯决策模型，在每个类的先验概率以及条件概率密度基础上，通过贝叶斯公式计算出后验概率进行模式分类。当条件概率密度的函数形式符合数据的实际分布时，贝叶斯分类器是理论上最优的分类器。多数分类器可以看成是贝叶斯分类器的特例形式，如 K 近邻分类器、线性判别函数、二次判别函数等。此外，绝大多数分类器的设计方法均可从贝叶斯决策的角度进行分析和解释。

模式分类器的类型可以分为生成模型、判别模型以及混合生成 – 判别模型。通过估计概率密度然后进行模式划分的分类器被称为生成模型，如高斯密度分类器、贝叶斯网络等；直接学习鉴别函数或者后验概率进行特征空间划分的分类器被称为判别模型，如神经网络、支持向量机等。结合二者的优点，混合生成 – 判别学习的方法一般是先对每一类模式建立一个生成模型（概率密度模型或结构模型），然后用判别学习准则对生成模型的参数进行优化，如生成对抗网络。

近几年分类器学习的主要进展是发展了一些新的数据驱动学习方法。距离度量学习旨在学习一个显式或隐式的、区别于欧氏距离度量的样本间距离函数，使样本集呈现出更好的判别特性，主要包含马氏距离、闵氏距离、豪斯多夫距离、KL 距离、推土距离、切距离等。目前深度度量学习得到广泛研究，根据损失函数不同，有对比损失、中心损失、三元组损失、代理损失等方法。另外，在分类器设计中，人们还发展了代价敏感学习、类不均衡样本学习、多标签学习、弱标签学习等方法，用于改善各种实际问题中分类器的性能。代价敏感学习考虑在分类中不同分类错误导致不同惩罚力度时如何训练分类器，代价敏感学习方法主要包含代价敏感决策树、代价敏感支持向量机、代价敏感神经网络、代价敏感加权集成分类器、代价敏感条件马尔可夫网络、最优决策阈值、样本加权等方法。类不均衡样本学习考虑如何解决训练样本各类占比极度不平衡的问题，主要包含样本采样法、样本生成方法、原型聚类法、自举法、代价敏感法、核方法与主动学习方法等。多标签学习考虑样本具有多个类别标签的情形，人们从分类任务变换和算法自适应的角度发展出了分类器链、标签排序、随机K标签、多标签近邻分类器、多标签决策树、排序支持向量机、多标签条件随机场等方法。弱标签学习考虑样本标签存在标注量小、未标注量大、标注不精确等情形下的分类问题，主要包含小（零）样本学习、半监督字典学习、伪标签监督学习、教师学生网络半监督学习、弱监督学习等方法。

面向开放集的模式分类和类别增量学习近几年获得了越来越多的关注。开放集分类器在已知类样本上训练后，需要对已知类样本分类的同时拒识未知类别样本或异常样本。类别增量学习中，分类器在新类别样本上更新参数，如何克服对旧类别的遗忘是一个难题。

1.1.2　聚类

数据聚类的任务是根据样本的特性和模式分析的特定任务在（大量的）样本类别标签未知的条件下将数据集划分为不同的聚合子类（簇），使属于每一聚合子类中的样本具有相近的模式，不同聚合类之间的模式彼此不相似。传统的聚类方法包括层次法、密度法、网格法、模型法（如高斯混合模型）。在经典算法的基础上，人们发展出了多个变种聚类算法，包含模糊聚类法、迭代自组织数据分析法、传递闭包法、布尔矩阵法、直接聚类法、相关性分析聚类、基于统计的聚类方法、基于分裂合并的聚类数目自适应算法等。

大多数聚类方法假定聚合子类中的数据呈拟球形分布，但现实应用中的诸多数据分布在多个流形上或任意形状上。为解决非线性可分数据的聚类问题，人们发展出了谱聚类算法。谱聚类算法将数据集中的每个数据点视为图的顶点，数据点对的相似度视为相应顶点所连边的权重，并将数据聚类任务描述为一个图划分问题。代表性的谱聚类方法包含归一化切割、比例切割方法、多路谱聚类方法。另一种解决非线性可分数据的算法是同时采用密度和距离信息的密度峰值快速聚类算法。其基本思路是：对任意一个样本点，通过查找密度上比该样本点邻域密度更高同时相对较远的样本点作为该样本点的中心点，从而发现具有任意形状的聚类分布。

为了解决高维数据的聚类问题，通过摒弃高维数据中大量无关的属性，或者通过抽取高维空间中较低维特征表达空间来进行聚类，人们发展出了子空间聚类算法。子空间聚类方法主要包含K平面算法、K子空间算法、生成式子空间聚类、概率主成分分析、凝聚的有损压缩、图划分子空间聚类、低秩子空间聚类、鲁棒子空间聚类、贝叶斯非参子空间聚类、不变子空间聚类、信息论子空间聚类、稀疏子空间聚类等。

面对不同的任务形态和数据特性，在现有聚类算法的基础上人们从多方面发展了数据聚类方法，比如大规模数据聚类、集成聚类、流数据聚类和多视图聚类。大规模数据聚类主要包括并行聚类、大数据聚类等方法。集成聚类主要包括因子图集成聚类、局部加权集成聚类等方法。动态流数据聚类主要包括基于支持向量的流数据聚类、多视图流数据聚类等方法。针对多视图聚类问题，主要从如下几个角度开展算法研究工作：权衡视图内聚类质量与视图间聚类一致性、对视图和特征同时进行自适应加权、保证视图间的一致性和互补性、刻画多视图数据样本的非线性关系、构建反映类结构特征的完整空间表达等。多视图聚类主要包括基于相似性的多视图聚类、多视图子空间聚类、视图与特征自适应加权多视图聚类、协同正则化多视图聚类、信念传播多视图聚类、基于图学习的多视图聚类等方法。

1.1.3　特征表示与学习

特征表示与学习是模式识别的重要环节，模式分类的性能很大限度上决定于特征的表示和判别能力。特征学习方法包括特征选择和特征提取。特征选择是从给定的特征集合中选择出用于模型构建的相关特征子集的过程，一般采用启发式或随机搜索的策略来降低时间复杂度。传统的特征选择过程一般包括产生过程、评价函数、停止准则和验证过程四个基本步骤。针对这四个环节过去提出了大量有效的算法。基于稀疏学习的方法也被广泛应用在特征选择问题中，通过将分类器的训练和 L_1、L_2 以及 L_{21} 范数的正则化相结合，可以得到不同程度的特征稀疏性，从而实现特征选择。

特征提取的方法主要包含四类。其一是以子空间分析为代表的线性方法，包括主成分分析、线性判别分析、典型相关分析、独立成分分析等。其二是通过核方法的手段将上述线性子空间模型非线性化，主要代表性模型有核主成分分析、核线性判别分析、核典型相关分析、核独立成分分析等。其三是对数据的流形结构进行刻画的流形学习方法，假设所处理的数据点分布在嵌入于外维欧式空间的一个潜在的流形体上，代表性工作包括等度量映射、局部线性嵌入等。其四是以深度学习为代表的端到端特征学习方法，对大量的原始数据通过特定的网络结构以及训练方法，学习出有意义的特征表示，用于后续的分类、回归等其他任务。由于深度神经网络具备强大的非线性函数拟合能力，结合具体任务的目标损失函数，可以以数据驱动的方式学习到更加具备判别力的特征表示。

近年来，随着深度学习的发展，涌现出以自监督学习为代表的新型特征学习方法。机器学习中有两种基本的学习范式，一种是监督学习，一种是无监督学习。监督学习利用大量的标注数据来训练模型，通过不断的学习，最终可以获得识别新样本的能力。而无监督学习不依赖任何标签值，通过对数据内在特征的挖掘，找到样本间的关系。有监督和无监督最主要的区别在于模型在训练时是否需要人工标注的标签信息。大规模标注的数据集的出现是深度学习取得巨大成功的关键因素之一。然而监督式学习过于依赖大规模标注数据集，数据集的收集和人工标注需耗费大量的人力成本。自监督学习解决了这一难题，从大规模未标记数据中学习特征，无需使用任何人工标注数据。自监督学习主要是利用辅助任务从大规模的无监督数据中挖掘自身的监督信息，通过这种构造的监督信息对模型进行训练，从而可以学习到对下游任务有价值以及高泛化性的特征。代表性的自监督学习方法包括 MoCo、SimCLR、BYOL 等。

1.1.4　深度学习

20 世纪 80 年代，随着误差反向传播算法（BP 算法）被重新发现和广泛使用，多层神经网络的研究和应用得到高度关注。后来，人们发现当神经网络的层数超过 5 层时，其收敛性和泛化性都难以得到保证。2006 年，辛顿等人提出深度学习，通过逐层学习的方式克服层数很多的深度神经网络的收敛性问题。2012 年深度卷积神经网络在大规模图像分类竞赛 ImageNet 中取得巨大成功，带动了深度学习的研究与应用进入高潮。

深度神经网络的模型结构主要包括卷积神经网络（CNN）和循环神经网络（RNN）。卷积神经网络受生物视觉系统启发，适合处理图像数据。其在人工神经网络中引入局部连接和权值共享策略，大幅度缩减模型参数，提高训练效率，同时提取图像局部特征。同时，卷积神经网络引入多卷积核和池化策略，不仅缓解了神经网络的过拟合问题，还增强了神经网络的表示能力。卷积神经网络不仅在图像识别等计算机视觉任务中取得巨大成功，还被用于语音识别和自然语言理解，是深度学习的重要方法之一。

近年来，为了提升深度神经网络的训练收敛性和泛化性能，在模型设计和学习算法方面都提出了很多新方法。在函数结构方面，一个代表性的改进是利用 ReLU 激活函数替代了传统的 Sigmoid 激活函数，使得深度网络得以有效训练，另外一个代表性改进是残差网络通过引入跳跃式的连接提出残差网络有效缓解了梯度消失的问题，使得网络层数大大增加。在其他策略诸如更好的初始化如 Xavier，更好的归一化如 Batch Normalization，更多的网络结构如 VGGNet、ResNet、DenseNet、GoogleNet、神经架构自动搜索（NAS），以及更好的优化算法，如在亚当等的共同努力下，深度学习在显著扩展网络深度的同时也大大提升了模型的整体性能。

循环神经网络面向序列数据处理，在序列的演进方向（和反方向）各结点按链式方式并进行递归。循环神经网络具有记忆性、参数共享并且图灵完备，在序列非线性特征学习方面具有优势。长短期记忆网络是一种时间循环神经网络，旨在解决循环神经网络中存在的长时依赖问题和训练过程中可能遇到的梯度消失或爆炸问题。实践上，长短期记忆网络在多数任务上表现出超越隐马尔科夫模型的性能。另外，作为循环神经网络的扩展，递归神经网络也得到了发展和应用。递归神经网络是具有树状阶层结构，且网络结点按其连接顺序对输入信息进行递归的人工神经网络，目前已成为深度学习中的重要方法。

最近受到广泛关注的神经网络模型还包括图神经网络、引入注意力机制的 Transformer 等。为了减少神经网络学习对标注数据的依赖，提出了自监督学习。通过自监督学习得到的神经网络特征表示可以作为很多下游任务的初始模型，用少量标记数据调整部分参数之后即可得到优异的分类性能。

1.2　计算机视觉

计算机视觉研究对视觉感知数据（图像视频）的分析与理解，是模式识别领域的重要研究方向，涉及的问题很多，目前的研究热点包括目标检测与识别（分类）、图像分割、三维重建、视频分析与行为识别等。

1.2.1　目标检测与识别

目标识别通常假设图像中出现的目标只有一个，因此用一个分类器对图像进行分类即可。而目标检测通常需要同时处理图像中出现的多个目标，并且不仅要求识别出每个目标所属的类别，还需要进一步预测其尺寸和位置信息（通常以矩形框的形式来表示）。

传统目标识别方法通常包含两个主要阶段。第一阶段是特征表示，通过经验设计或自主学习的方式获得算子或滤波器，用来提取图像中具有判别性的局部特征。第二阶段是模式分类，在特征表示的基础上，设计从特征表示到目标类别的映射，代表性方法包括贝叶斯分类器、神经网络、支持向量机等。自 2012 年以来，以卷积神经网络为代表的深度学习模型采取端到端的联合特征学习和分类器学习，得到了更高的性能。特别是近年来，随着深度学习的普及，特征表示的主流模式已发展成为主要依靠数据驱动而非传统手工设计，并且最终目标识别的精度也很大程度上取决于训练数据规模和标注质量。自此，通用目标的识别问题基本上已经被解决，相关技术被广泛用于实际场景，例如人脸识别、植物识别、动物识别等。目前研究者们更多关注如何通过轻量化网络设计进行高效率目标识别，比较具有代表性的方法包括 MobileNet、ShuffleNet、IGCNet 等。此外，如何最大限度地减少有标记训练数据的规模，做到高精度的无监督、半监督或者自监督学习也是近年来的研究热点。

传统目标检测方法通常对图像中每个位置上各种尺寸的潜在候选框逐一判断是否存在目标，然后通过非极大抑制等方法筛选出置信度较高的若干候选框作为检测结果。早期的目标检测方法大多针对某个具体的目标类别进行设计，例如人脸检测、行人检测等。其中，针对人脸检测提出的 Adaboost 在多个不同的目标检测问题中验证了有效性，也得到了较为广泛的应用。自 2014 年之后，目标检测也全面进入深度学习时代，相关方法大致可分为两阶段目标检测方法和单阶段目标检测方法，这两类方法的主要区别在于如何生成候选目标框。具体来说，两阶段检测方法是先生成大量的候选目标框，然后对于每一个候选框利用 CNN 进行目标识别。与传统检测方法不同的是，基于深度学习的两阶段检测方法大多使用额外的深度神经网络来自动生成较少数量的候选目标框，在提升准确率的同时能够显著降低计算量。与两阶段检测方法不同，基于深度学习的单阶段检测方法首先将图片分成一系列网格并预设固定的模块框，通过将图像中的目标分配到不同的网格中进行分类，从而避免显式地生成大量候选目标框，由此模型效率得到进一步提升。两阶段检测方法中比较具有代表性的有 R-CNN、Faster R-CNN 系列方法，相对于单阶段检测方法精度更高，但是运行速度因为显式生成候选目标框的缘故要更慢一些。单阶段检测方法中比较具有代表性的工作有 SSD 和 YOLO 系列方法。近些年，如何进一步提升单阶段检测方法的精度和如何将这两类目标检测方法进行有机结合备受关注，相关技术也被逐渐用于医学图像分析、交通安全、工业生产等领域。

1.2.2　图像分割

图像分割的目标是将图像在像素层面划分为各具特性的区域并提取出感兴趣的目标。图像分割发展至今，主要包括四种任务类型：①普通分割，即将分属不同目标的像素区域分开，但是不区分不同目标的语义类别，例如把图像中前景（橙子和刀）与背景（桌面）分割开；②语义分割，即在普通分割的基础上进一步预测每个像素区域包含目标其所属的语义类别（不同的类别被标记为不同颜色），包括可数的目标（橙子和刀）和不可数的目标（桌面）；③实例分割，即在语义分割的基础上给每个可数的目标进行编号来进行区分；④全景分割，该任务可以看作是语义分割和实例分割的结合，即在图像中分割所有可数的和不可数的目标并预测相应的语义类别，同时还需要给每个可数目标进行编号。

传统图像分割方法通常采用无监督学习的方式来进行处理，大多基于图像像素的值、颜色、纹理等信息来度量不同像素之间的相似性，进而判断各个像素所属的类别。这些方法对于包含复杂视觉内容的图像来说，容易产生分割区域不完整、漏分割等问题。

自深度学习方法在目标识别和检测任务上取得巨大成功之后，多种新型深度模型也被提出并应用到了图像分割任务。而且除了普通分割之外，语义分割、实例分割和全景分割也得到了更多的关注和研究。其中语义分割方面具有里程碑意义的模型是 FCN，通过将传统卷积网络后端的全连接操作全部替换为卷积操作，可以高效地进行逐像素类别预测，并且避免了将二维特征图压缩成一维向量所带来的空间结构信息丢失的问题。为了同时保证准确率和预测分割图的分辨率，U-Net、DeconvNet、SegNet、HRNet 等模型采用了跨层关联的模式，通过渐进式融合跨层特征来恢复预测分割图的细节信息。DeepLab、PSPNet 等模型通过引入空洞卷积，使得模型能够输出较大的分辨率的分割图。随着图像分割的精度大幅提升，相关方法计算效率低下的问题也逐渐吸引了很多注意力。其中 ICNet、BiSeNet 等方法通过设计多分支网络结构，大幅提升了模型的计算效率。

实例分割既需要分割出物体语义还需要区分不同的实例，其中比较具有代表性的方法是 Mask-RCNN，该方法在目标检测方法 Faster-RCNN 的基础上增加了用于分割目标的分支，从而在每个检测框内都能够进行语义分割。考虑到目标检测方法中的感兴趣区域（ROI）操作限制了输出分割图像的精度，所以随着目标检测和语义分割方法的发展，FCOS、SOLO 等方法提出抛开 ROI 转而直接输出分割图。全景分割结合了语义分割和实例分割的特点，需要同时分割可数的和不可数的目标，并且要按照不同实例来进行区分。该任务虽然在 2018 年刚被首次提出，但是已经吸引了越来越多的研究人员投身其中，其中代表性的方法包括 PanopticFPN、Panoptic-Deeplab 等。这些方法主要依赖语义分割方法来分割不可数的目标，依赖实例分割方法分割可数的目标，然后再融合两者的预测结果得到最终的全景分割图。除了以上分割任务之外，在目前学术界还在深入研究更加精细化的图像分割技术，其中一个代表性的方向是 image matting，相关方法可以处理头发丝这种非常精细区域的分割。

1.2.3　三维重建

三维重建旨在通过多视角二维图像恢复场景三维结构，可以看作相机成像的逆过程。近年来，随着大规模三维重建应用需求的不断提升，三维重建的研究开始面向大规模场景和海量图像数据，主要解决大场景重建过程中的鲁棒性和计算效率问题。

通过多视角二维图像恢复场景三维结构主要包括稀疏重建和稠密重建两个串行的步骤。稀疏重建根据输入的图像间特征点匹配序列，计算场景的三维稀疏点云，并同步估计相机内参数（焦距、主点、畸变参数等）和外参数（相机位置、朝向）。稀疏重建算法主要包括增量式重建和全局式重建两类：增量式稀疏重建从两视图重建开始，不断添加新的相机并进行整体优化，渐进式的重建出整个场景和标定所有相机；全局式稀疏重建首先整体估计所有相机的空间朝向，之后整体计算所有相机的位置，最后通过三角化计算空间稀疏点云。在稀疏重建完成后，稠密重建根据稀疏重建计算的相机位姿，逐像素点计算密集空间点云。稠密重建的主要方法包括基于空间体素的方法、基于稀疏点空间扩散的方法、基于深度图融合的方法等。基于体素的方法首先将三维空间划分为规则三维格网（Voxel），将稠密重建问题转化为将每一个体素标记为内和外的标记问题，并通过图割算法进行全局求解，得到的内外体素交界面即为场景或物体的表面区域。基于特征点扩散的方法以稀疏点云为初始值，采用迭代的方式，通过最小化图像一致性函数优化相邻三维点的参数（位置、法向等），实现点云的空间扩散。基于深度图融合的方法首先通过两视图或多视图立体视觉计算每幅图像对应的深度图，然后将不同视角的深度图进行交叉过滤和融合得到稠密点云。

由于图像中弱纹理、重复纹理、特征匹配外点等干扰的影响，从图像重建的三维点云通常不可避免地存在缺失、外点、噪声等。同时，海量的三维点云也给数据存储、传输、漫游、渲染等带来了本质困难。因此，对很多应用而言，稀疏或稠密的三维点云并不是场景三维模型的理想表达方式，通常会采用点云网格化方法将其转化为封闭的三角网格模型，一方面减少数据体积，另一方面起到去除外点、封闭孔洞的目的。

在获取了场景的三维点云或三维网格表达后，针对场景三维感知和理解的具体需求，通常会为三维模型中的每一个几何基元（三维点、三角面片）赋予语义类别属性，实现对场景的三维几何和语义表达。同时，对于一些特定的应用领域，如三维地理信息（3D GIS）、建筑信息建模（BIM）、无人系统高精地图（HD Map）等，通常需要进一步把特定的语义部件转化为更加紧致和标准化的矢量模型，如建筑物的单体矢量模型、室内基本部件的矢量模型、高精地图的车道线级矢量模型等。

近年来，随着深度学习方法的快速发展，深度学习也开始在三维重建领域发挥作用，包括从单目图像恢复深度、单幅图像焦距推断、端到端相机位姿估计、立体视觉匹配、多视图立体重建等。但目前这类基于学习的三维重建方法通常还无法超越几何视觉方法的精度和鲁棒性，因此在三维重建领域，深度学习目前更多的是起到提高数据鲁棒性和提高内点率的作用，如通过基于学习的特征描述、特征对应、图像检索、密集匹配等算法提高几何重建算法对光照变化、弱纹理等情况的计算鲁棒性。

1.2.4 行为与事件分析

行为与事件分析是高层计算机视觉的重要任务。行为分析是利用计算机视觉信息（图像或视频）来分析行为主体在干什么，相对于目标检测和分类来说，人的行为分析涉及对人类视觉系统的更深层的理解。事件是指在特定条件或外界刺激下引发的行为，是更为复杂的行为分析，包括对目标、场景及行为前后关联的分析。事件分析是行为分析的高级阶段，能够通过对目标较长时间的分析给出语义描述。行为识别可以是事件分析的基础，但事件分析也具有其特殊性，仅仅依赖于行为识别并不能很好地解决事件分析。行为与事件分析的核心任务是对其包含的行为或事件进行分类，以及在空间、时间对其定位及预测等。

行为分析任务的一般流程包括两个步骤：特征提取和分类。过去行为识别研究中提出了大量有效的特征提取方法。近十年以来基于深度学习的方法在各种各样的视觉任务中取得了突破，也被广泛应用于行为分析任务中。基于 2D 卷积神经网络的行为识别方法采用 2D 卷积网络提取视频特征，根据是否使用光流特征，可以分为双流方法和单流方法。双流方法用视频的 RGB 和光流两个通道描述视频序列，最后使用两个通道的加权平均结果作为对整个视频的预测结果。TSN 基于双流网络提出了一种简单有效的方法来建模长时运动信息，该网络将输入视频沿时间维度均匀划分为多个片段并从每个片段中采样一帧输入网络，最后将多帧的结果进行融合得到整个视频的预测结果。在 TSN 的基础上，TLE 在网络中引入了线性编码（如 Fisher 向量编码、VLAD 编码等）来更加有效地融合多帧的结果。单流方法通常设计专用的操作来增强模型提取时序特征的能力，如 TSM 提出了一种移位操作用于聚合时序信息，该操作不需要额外的参数及计算，因此可以高效地进行行为识别。TEA 提出了一种运动指导的通道注意力机制，可以使网络根据运动信息关注更加重要的通道特征。基于三维卷积神经网络的方法将 2D 卷积神经网络直接扩展到 3D 卷积神经网络，将整个视频作为整体输入 3D 深度卷积神经网络中，实现端到端的训练。I3D 将 2D CNN 在 ImageNet 上的预训练权重用作 3D 网络的初始化参数，大大降低了 3D 网络的训练难度。为了建模远距离时空信息，Non-local 提出了一种类似于自注意力的方式来建模远距离时空点之间的相关关系并根据相关关系实现远距离特征融合。Slowfast 网络提出了快慢分支来建模不同的信息，慢分支的输入帧率低以捕捉精细的表观信息，快分支的输入帧率高以捕捉运动信息，另外快慢分支之间存在横向连接，用于快慢分支之间特征的融合。ECO 将 2D 卷积和 3D 卷积组合在同一个网络里以降低网络的计算量，ECO 首先使用 2D 网络独立提取多帧图像的特征，之后将得到的特征组成一个特征序列送入 3D 网络进行建模。基于递归神经网络的方法对视频每帧上提取的深度特征在时间序列上建模，例如先用卷积网络提取底层视觉特征，然后使用 LSTM 对底层视觉特征进行高层级建模。另外，很多方法通过增加空间、时间或通道注意力模块，使网络关注到更有判别性的区域，从而提高识别性能。也有方法利用图卷积神经网络建模高层特征及特征的关系，来提高模型的表达能力，然而由于人体骨架数据的结构显著性，图卷积神经网络在基于骨骼数据的行为识别中使用更为广泛。最后，这些基于神经网络的方法，往往会融合基于密集运动轨迹方法进一步提升最后的性能。

1.3 语音识别

语音识别是指利用计算机，自动地将人类的语音转换为其对应的语言符号的过程。经典的自动语音识别系统主要包括四个部分：特征提取、声学模型、语言模型和解码搜索。传统的语音识别方法主要基于隐马尔科夫模型（HMM）、混合高斯密度模型、统计语言模型等。2010 年之后，随着深度学习的兴起自动语音识别技术取得重大突破。2011 年，微软的俞栋等将深度神经网络成功应用于语音识别任务中，在公共数据集上的词错误率相对下降了 30%。近年来，随着各种深度神经网络模型的提出以及语音识别开源工具 Kaldi 的发布，促使语音识别系统在公共数据集上的 WER 不断降低。联结时序分类被提出用于端到端声学模型，该模型摒弃了隐马尔可夫模型，直接对声学特征进行建模，不仅克服了高斯混合模型 – 隐马尔可夫模型生成强制对齐信息带来的误差，而且简化了声学模型的训练步骤。近几年，一系列完全采用深度神经网络的端到端语音识别系统被很多学者关注。端到端系统语音语言联合建模，体积更小，便于应用在终端，并且还可以大大简化训练流程。端到端语音识别模型主要可以概括为两类：基于注意力机制的编码器解码器模型（LAS）和循环神经网络转换器（RNN–Transducers）。2015 年，LAS 被提出声学特征编码为隐变量，然后利用条件化的语言模型逐字地生成标注序列。2018 年学者提出 RNN–Transducers 利用多层感知机融合声学预测和语言预测，训练时极大化所有可能的对齐情况，但是这种端到端模型不能进行流式解码。一些学者在尝试研究流式的端到端语音识别，2019 年，基于自注意力机制的编码器解码器模型（SA–Transducers）被提出用于解决这个问题。此外，端到端模型需要大量语音 – 文本成对数据训练模型才能实用，但语音数据标注成本较高，因此基于额外语言模型进行重打分的融合方法、基于合成数据的方法以及迁移学习的方法被提出，用以从大规模纯文本数据中的知识提升模型效果。

1.4 应用基础研究

模式识别的应用方向主要包括生物特征识别、文字识别、遥感图像分析、医学图像分析、多媒体数据分析等。面向应用，结合模式识别基础理论与方法、图像处理和计算机视觉等开展了大量的研究工作，取得了很大的进展。其中，生物特征识别、文字识别更多地采用了模式分类和机器学习技术。

1.4.1 生物特征识别

（1）面部生物特征识别

人体多种模态的生物特征信息主要分布于面部（人脸、虹膜、眼周、眼纹）和手部（指纹、掌纹、手形、静脉）。相比手部生物特征，面部的人脸、眼周和虹膜等特征具有表观可见、信息丰富、采集非接触的独特优势，在移动终端、中远距离身份识别和智能视频监控应用场景具有不可替代的重要作用，因而得到了学术界、产业界乃至政府部门的高度关注。

人脸识别的研究可以追溯到 20 世纪 60 年代末期，研究多是基于面部关键位置形状和几何关系或者模板匹配的方式设计特征提取器，再利用机器学习的算法进行分类从而识别身份信息。2000 年之后，人脸图像手工特征设计逐渐成为人脸识别的热点话题，2012 年深度学习被引入人脸识别领域后，特征提取转由神经网络完成，深度学习在人脸识别上取得了巨大的成功。目前，基于深度神经网络的人脸识别方法已成为研究热点，代表性工作包括 DeepFace、FaceNet、ArcFace 等，基于深度学习的识别算法在非受控环境的数据库 LFW 上达到了超越人类识别水平。为了提高深度学习计算效率，中科院自动化所借鉴视觉认知机理、引入定序测量机制到深度神经网络，提出了轻量级的 Light CNN 人脸识别模型。为了提升复杂场景下人脸识别算法的性能，中科院自动化所基于生成对抗网络提出了一系列人脸图像合成与编辑方法，显著提升了人脸识别对姿态、分辨率、年龄、美妆、遮挡、表情等问题的鲁棒性。人脸活体检测是人脸识别技术中用于鉴别识别对象是否为活体的技术，现在逐渐成为人脸识别应用安全的瓶颈问题，人脸视频真伪可以通过检测人脸的动态眨眼摇头等，但是这种需要用户配合的方式耗时长且用户体验差，而静默活体检测对于用户友好且耗时短，因此成为当前的重要研究方向。传统静默防伪方法基于纹理分析、高频图像特征等，而目前深度学习成为静默活体检测的重点，例如朴素二分类方法、分块卷积网络方法、深度图回归方法、深度图融合 rPPG 回归方法等，当前如何解决各种条件下人脸活体检测方法的泛化能力还是一个难点问题。

虹膜识别是面部生物特征识别中的另外一个重要研究方向，相比于人脸识别，虹膜识别的精准度更高且防伪性能更好。虹膜识别研究主要集中在采集设备及识别算法方面，近些年 LG、Panasonic、IrisGuard、IrisKing 等公司设计了一系列近距离虹膜图像采集设备。为了提高虹膜成像的便捷性同时为了拓展虹膜识别的应用范围，越来越多的机构开始着手远距离虹膜图像获取的研究，美国 AOptix 公司的 InSight 系统可以实现 3 米远的虹膜清晰成像。中科院自动化所提出基于光机电和多相机协同的虹膜识别系统，在虹膜图像获取装置中嵌入目标检测、质量评价、超分辨率、人机交互、活体判别等算法，赋予机器智能化获取虹膜图像的能力，实现了虹膜成像从近距离（0.3米）到远距离（3米）、从单模态（单目虹膜）到多模态（高分辨人脸和双目虹膜）、从"人配合机器"到"机器主动适应人"的创新跨越，并研制成功4D光场虹膜成像设备，通过高分辨率光场相机、四维光场获取与数据处理、重对焦、深度估计、超分辨等核心算法的系统研究，实现了虹膜/人脸成像从小景深到大景深、从单用户到多用户、从二维到三维的重大技术跨越，建设的CASIA虹膜图像数据库在170个国家和地区的3万多个科研机构和企业推广应用。

虹膜识别算法的两个主要步骤是虹膜区域分割和虹膜纹理特征分析。虹膜区域分割大致可以分为基于边界定位的方法和基于像素分类的方法。中科院自动化所受启于人类视觉机理，提出使用定序测量滤波器描述虹膜局部纹理，并设计了多种特征选择方法确定滤波器最优参数；首次将深度学习应用于虹膜识别，提出了基于多尺度全卷积神经网络的虹膜分割方法和基于卷积神经网络的虹膜特征学习方法；系统研究了基于层级视觉词典的虹膜图像分类方法，显著提升了虹膜特征检索、人种分类和活体检测精度。

（2）手部生物特征识别

手部生物特征主要包括指纹、掌纹、手形以及手指、手掌和手背静脉，这些生物特征发展早期主要采取结构特征进行身份识别，例如指纹和掌纹中的细节点、静脉中的血管纹路、手形几何尺寸等，但是近些年来基于纹理表观深度学习的方法在手部生物特征识别领域得到快速发展。

指纹识别技术主要包括三方面内容，即指纹图像采集、指纹图像增强和指纹的特征提取及匹配。近些年，非接触式的3D指纹采集系统也被提出以改善用户体验与识别精度，轮廓法、多视图法、阴影法、调焦法、结构光法、激光雷达等手段都出现了一些研究。指纹图像增强主要包括图像平滑（去燥与指纹纹路拼接）、图像二值化（前后景分离）和细化（指纹骨架获取）三部分。频域滤波、Gabor变换和匹配滤波器等传统图像处理方法可以有效地去除指纹图像中的噪声，检测、补全指纹纹路中的断点并进行细化。随着深度学习的发展，深度卷积网络凭借其强大的特征提取能力，在扭曲指纹图像校正等指纹图像增强的相关问题中得到广泛应用。指纹图像特征提取与匹配方法可以大体分为方向场特征法与特征点法两类。方向场描绘了指纹图像的纹脊和纹谷分布，是指纹图像匹配的重要依据。有很多方法被提出以减小噪声对于方向场计算的影响并且提高运算效率。特征点指的是指纹图像中常见的纹路模式，包括拱形、帐弓形、左环形、右环形、螺纹形等主要指纹纹型。特征点的区域分布特征和旋转不变性等特性也常被用来提高识别算法的鲁棒性。深度学习技术的引入，显著提高了特征提取的抗噪声性能。

掌纹是位于手指和腕部之间的手掌皮肤内表面的纹路模式，在分辨率较低的掌纹图像里比较显著的特征包括主线、皱纹线和纹理，在高分辨率的掌纹图像里我们还可以看到类似于指纹图像里的细节特征。已有的掌纹识别方法根据特征表达方法可大致分为三类：基于结构特征的掌纹识别方法，基于表象分析的掌纹识别方法，基于纹理分析的掌纹识别方法。近年来，深度学习技术同样成功引入掌纹识别领域，推动了掌纹识别技术的发展。Liu 等人利用 ImageNet 预训练的 AlexNet 进行掌纹图像的深度特征提取，Sun 等人则利用 VGG 提取掌纹特征，并对不同层的特征表征进行了对比评估，而 Zhang 等人则利用了 Inception 结构和 ResNet 结构的卷积神经网络结构提取掌纹特征。掌纹识别传统方法通常采用距离度量衡量特征相似性，二值编码和角度距离因为其便捷性和易存储性收到了广泛关注和应用。随着深度学习的发展，Zhong 等人利用孪生网络进行联合学习特征表征以及使用相似性度量准则的方法，增大类间间隔的同时和约束类内距离，提高掌纹识别精确度。

（3）行为生物特征识别

行为生物特征识别是通过个体后天形成的行为习惯如步态、笔迹、键盘敲击等进行身份识别。

步态识别是指通过分析人走路的姿态以识别身份的过程，它是唯一可远距离识别且无需测试者配合的行为生物特征。为了发挥步态的远距离识别优势，需要同时解决行人分割和跨视角步态识别两大难题。中科院自动化研究所自 2013 年起提出了一系列解决方法，其中代表性的创新方法是基于上下文的多尺度人形分割网络，通过采用多个尺度的图像作为输入，来训练卷积神经网络预测图像的中心点，能够有效克服不同背景、衣服各异、姿态变化、不同尺度等影响。基于特征的步态识别方法通常从步态剪影中提取得到，通过处理一个剪影序列（通常为一个步态周期）可以生成特定的步态模板。常见的步态特征模板包括 GEI，GEnI，GFI 以及 CGI 等。基于大规模的步态识别数据集与端到端训练的深度神经网络模型可以学习到更好的特征表达。DeepCNN 提出采用一种基于深度卷积神经网络 CNN 的框架学习成对的 GEI 之间的相似度，从而实现跨视角步态识别，取得了当前最好的识别准确率，在 CASIA-B 步态数据集上实现了 94% 的跨视角识别准确率。近些年复旦大学尝试将步态剪影序列看作一个图像集并从中直接学习步态表达，而不再直接使用步态能量图 GEI，在多个公开的跨视角步态数据集上取得了当前最优的性能。

行为生物特征中的另一项代表技术是笔迹鉴别，由于其具有易采集性、非侵犯性和接受程度高的优点，在金融、司法、电子商务、智能终端有重要的应用需求。笔迹鉴别的对象是手写文档或签名（针对签名的笔迹鉴别又称为签名认证），数据采集形式可以是联机（用手写板或数码笔记录书写时的笔画轨迹）或者脱机（对写在纸上的笔迹扫描或拍照获得图像）。近年来，深度卷积神经网络也越来越多地用于笔迹鉴别的特征提取。对签名验证，常用孪生卷积神经网络对两幅签名图像同时提取特征并计算相似度，特征与相似度参数可端到端训练。

1.4.2 文字识别

人类社会生活中和互联网上存在大量的文字和文档图像（把文字和文档通过扫描或拍照变成图像）。把图像中的文字检测识别出来，转化为电子文本，是计算机文字处理和语言理解的需要。这个过程称为文档图像识别，简称文档识别或文字识别，或称为光学字符识别。

单字识别作为一个分类问题，其方法大致可分为三类：统计方法、结构方法、深度学习方法。统计方法中，对文字图像归一化、特征提取、分类三个主要环节都提出了很多有效的方法。以全连接多层感知器、卷积神经网络等为代表的神经网络模型在 20 世纪 90 年代起已经开始在文字识别领域得到成功应用。特别是在 2013 年以后，深度神经网络（主要是深度卷积神经网络）逐渐占据主导地位，通过大数据训练对特征提取和分类器联合学习明显提高了识别精度，目前性能已全面超越传统方法。

文本行识别比单字识别更有实用价值。由于字符形状、大小、位置、间隔不规则，字符在识别之前难以准确切分，因此字符切分和识别必须同时进行，这也就是文本行识别的过程。过去的主要方法是基于过切分的方法和基于隐马尔科夫模型。2006 年之后，基于长短时记忆循环神经网络和联结时序分类解码的 RNN+CTC 模型在英文和阿拉伯文手写识别中性能超越 HMM，逐渐成为手写词识别和文本行识别的主导方法。结合 CNN（用于图像特征提取）和 RNN 的 CRNN 在场景文本识别中取得成功并推广到手写文本识别。近年来，受到机器翻译及自然语言处理领域中提出的注意力序列解码机制的启发，注意力模型也被广泛应用到文本行识别领域之中，尤其是场景文本识别。此外，基于滑动窗 CNN 分类的方法可完全摆脱 RNN 的循环操作，并行化加速训练和识别过程，在多语言（包括中文）文本行识别中都非常有效。

文档图像版面分析旨在对文档图像中的文本和图形（插图、表格、公式、签名、印章等）区域进行分割并分析不同区域之间的关系。版面分析方法可分为三类：自上而下、自下而上和混合方法。自下而上的方法从图像基本单元（像素、连通成分）从小到大聚合为文本行和区域，对图像旋转、变形、不规则区域等具有更强的适应能力。用条件随机场对连通成分进行分类，可以分割复杂版面的文档，除了图文区域分割，还可区分印刷和手写文字。最近提出的图模型和全卷积神经网络方法具有很强的从数据学习的能力，因而适应不同风格的文档产生更好的分割性能。

场景文本检测可以看成一个特殊的版面分析问题，由于其技术挑战性和巨大的应用需求，最近 10 年成为研究热点，取得了很大进展。相关方法也可分为自下而上和自上而下两类方法。自下而上的方法基于文字或连通成分检测，然后聚合成文本行，典型的如 SegLink。自上而下的方法用类似目标检测直接检测文本行，给出文本行的边界，但针对任意方向文本行和长宽比，需要设计特殊的模型和学习方法，如 EAST、直接回归方法。最近对形状弯曲的所谓任意形状文本检测吸引了很多研究，典型的方法如 TextSnake、自适应区域表示等。

2. 未来挑战和发展趋势

2.1 模式识别基础理论

现有的模式识别大多建立在样本充分的假设和贝叶斯决策理论的基础之上。即使在样本较充分的情形下，理想贝叶斯分类器逼近问题也一直未得到完全解决。这一问题在小规模样本条件下和信息不充分条件下显得更加突出。相反，人类对此则比较擅长。因此，除了拓展现有方法之外，尤其需要引入类人模式识别机理，发展高效的模式描述与分类方法。

当前，基于深度学习的模式识别方法显示了明显的优势，但深度学习模型显示可解释性、小样本泛化性、鲁棒性差等缺陷。同时，现有的模式识别方法大多建立于静态的统计或明晰的模式结构信息之上。但是，这些假定往往与实际应用中的开放环境相去甚远。在开放环境下，与同一模式相关的数据类型通常是混杂的、时变的且呈现出多源异构特性；模式类别和结构也是动态变化的；同时，模式信息的不充分性和不确定性变得十分普遍。目前，尚缺乏普遍有效的理论与方法来处理模式类别、类条件概率密度函数和模式结构时变的情形。

2.1.1 模式识别的认知机理与计算模型

近年来基于深度学习（深度神经网络）的模式识别方法在各个任务（主要是基于监督学习的分类任务）中都取得了重大突破。然而，在面向真实场景中对信息语义的理解层面上，仍存在大量难题和不足。复杂场景中的模式识别任务包含了关系挖掘、问答/对话、视听觉协同、动机与学习等，它们需要实现对信息的选择与过滤、信息的保留与维持以及信息的推理，而这些都是很重要的认知机制与认知过程，主要涉及认知中的注意、记忆、学习与推理。人类认知具有语义理解、多模态信息处理、小规模样本泛化、自主学习、实时更新、鲁棒描述与识别等诸多优点。但是，前期研究通常忽略了一个重要事实，即现在广泛使用的深度神经网络仅仅是对人脑中的单一认知机制进行粗略建模，而系统地研究大脑认知机制对于信号处理的重要性是不言而喻的。因此，研究认知计算理论与方法将会推动模式识别领域的变革性发展。

2.1.2 基于不充分信息的模式识别

在现实应用中，由于各种原因对模式的观测往往不充分，通常情况下仅能获得有关同类模式的有限样例。同时，受技术条件限制，所获取的模式信息可能不完备。另外，模式所关联的时空环境具有不确定性，决策环境的先验信息难以精确描述。这些不确定性因素导致人们在应用当前普遍遵循的贝叶决策理论与技术方法进行模式分类时存在决策器泛化能力不足的风险。数据信息的不充分性主要表现在以下几个方面：标记信息不充分，关系信息不充分，目标类信息不充分。不充分信息条件下的模式识别需要发展新的决策理论与方法体系。在研究途径上、在理论上，需要在现有的贝叶决策理论框架基础上发展结构化统计和知识推理型模式分类理论体系；在方法上，需要发展弱信息条件下的强模式识别方法、小规模样本模式识别方法、关系模式识别方法、信息不对称条件下的模式识别方法、生物启发的模式识别，并在实际应用中对理论与方法不断进行验证和更迭。

2.1.3　开放环境下的自适应学习

现有的统计模式识别方法大多是在贝叶斯统计决策理论框架下按照最小错误率或最小（结构）风险规则建立而来。在该框架中，类先验和类条件概率密度函数是静态不变的。这种静态性假定同类样本独立同分布且具有一致的应用环境。然而，在开放环境下，样本分布呈现持续动态变化，因此独立同分布的假设往往不复存在；随着新的模式不断出现，类别集也发生变化。但是，贝叶斯统计决策理论框架所建立的模式分类方法大多是类封闭的，缺乏新类自主发现能力。面向这些问题，需要研究开放环境下的自适应学习，以满足开放环境下模式识别所面临的新特点、新模式和新挑战。面向混杂流数据和多类型环境，开放环境下的学习需要突破传统的一次性训练、增量训练到主动训练、演化与迭代技术范式，实现学习器的环境动态自适应性。在开放环境下，模式系统识别主要面临噪声与任务鲁棒性低、环境自适应能力差、多模态数据应用不充分等难题，需要在知识表示、模型设计和学习算法方面探索新的途径。

2.1.4　模式结构解释和结构模型学习

模式结构解释是指对输入模式内部的组成元素及元素间关系进行的分析。很多模式识别应用问题不仅要求模型给出预测或识别结果，同时还需要模型对预测给出解释。比如在医疗问题中，模型不仅需要给出诊断结果，更重要的是给出支持结论的证据或原因。结构解释通常包含对模式内部的构成元素进行分析，对元素间的因果关系、组成关系、几何关系等进行建模，本质上，能够提供一种对模式的深层理解。面向模式结构解释和结构模型的学习，如何结合各种模型的优势设计结构模式识别模型、如何对复杂非结构化数据进行结构解释、如何通过数据驱动在样本和监督信号较少的情况下高效学习模型和参数，是需要解决的重要问题。

2.2　计算机视觉

面向复杂开放场景下的视觉感知与理解，需要从数据获取（成像）、生物启发视觉计算、多传感器融合、复杂场景理解、复杂行为理解等方面开展深入研究。

2.2.1　新型成像条件下的视觉

以计算摄像学为典型代表的新型成像技术，使研究者能够从重构的高维高分辨率光信号中恢复出目标场景本质信息，包括几何、材质、运动以及相互作用等，解决目前计算机视觉研究中普遍存在的从三维场景到二维图像信息缺失的病态问题，使机器对物理空间和客观世界有更全面的感知和理解。最近几年，新型计算成像设备不断涌现，有着广泛的应用，在某些方面有着传统相机所没有的优势。由这些相机产生的图像数据与传统的图像有着差异，是对空间中光场不同的部分采样，在这些图像下的视觉理论算法研究，将是未来的新方向。这些新型图像数据的处理，需要与该相机所执行的任务密切相关，需要面向一定的应用来探索其理论与算法，可以在某些方面来解决传统相机下所不能很好解决的问题。未来，计算成像学的研究仍然会在硬件与计算机视觉算法方面得到越来越多的重视，包括新型计算成像设备与新型镜头的硬件研究，新型设备和镜头下的计算机视觉算法研究，软硬一体化多新型成像融合研究。

2.2.2　生物启发的计算机视觉

生物视觉系统是人类已知的最为强大和完善的视觉系统，其结构特点和运行机制对计算机视觉模型有重要的启发意义。生物启发的计算机视觉研究如何将人脑视觉通路的结构、功能、机制引入到计算机视觉的建模和学习中来，求解当前计算机视觉研究中的难题。生物启发的计算机视觉是计算机视觉与神经科学的交叉学科，在这方面理论的突破，可使得计算机视觉与生物的智能更加靠近。当前脑科学对人脑视觉通路机理的发现仍然不足，特别是高层视觉通路的工作机理和神经证据极其有限，制约了生物启发的计算机视觉研究深入发展。从生物视觉机制中寻求启发，发展新型视觉计算模型，已经呈现出一定的潜力。例如对注意、记忆等大脑认知机制建模，能够显著提升深度神经网络求解视觉问题的性能。然而总体上这些研究尚处于较为零散、不成体系的探索中，尚未形成具有共识性的科学问题和研究倾向，未来还有很大的发展空间。

2.2.3　多传感器融合的三维视觉

图像三维重建和视觉定位算法的精度很大程度上来源于底层图像特征提取和匹配的精度。因此，当场景中存在弱纹理或重复纹理区域时，底层特征提取和匹配的精度会显著降低，进而导致三维重建和视觉定位结果中出现错误、缺失、漂移等问题。近年来，随着传感器技术的发展，结构光、TOF、LIDAR、IMU 等主动传感器日益小型化和低成本化，发挥各种传感器的优势，融合图像和其他主动传感器进行三维重建和视觉定位是三维视觉领域未来的一个重要发展方向。多传感器的综合使用可以有效避免图像底层信息不可靠和不稳定带来的问题。然而，现有的多传感器融合方法大多建立在传感器严格同步，且相对位姿已预先标定的前提下。但由于相机、LIDAR、IMU 等传感器的数据采集速率差异很大，很难在硬件层面做到严格的数据同步。此外，不同模态传感器的相对位姿标定通常也比较复杂的，且标定精度通常难以保证。因此，多传感器融合三维重建和视觉定位需要研究传感器非同步和无标定情况下的鲁棒计算方法，构造统一的计算框架对多源信息进行有效融合。

2.2.4　动态复杂环境下的视觉场景理解

视觉场景理解包括对物体的分割、检测、分类、学习、定位、跟踪、对环境结构的重建、物体的形状恢复、各种物体之间的方位关系、运动趋势、行为分析等。当场景中包含高动态的复杂情景时，面临高动态的光照变化时，将对场景理解造成很大的挑战。已有的针对静止场景下的视觉场景理解方法在高动态、遮挡、光照巨变等复杂场景下，还不能直接使用。在目标分割方面，未来问题主要是侧重研究视频目标分割，动态视频中的目标分割才刚刚起步。在对场景的语义、形状位置的理解方面，在遮挡、光照巨变等情形下，可考虑三维重建下进行。研究高动态场景造成的模糊、复杂场景遮挡、光照巨变等条件下的语义识别，形状计算、位置姿态估计等可考虑建立知识库的方式进行。同时，这些复杂的任务理解，可以通过采用专用的新型相机来进行突破和解决。

2.2.5　复杂行为语义理解

复杂行为语义理解要解决的问题是根据来自非限定环境下的传感器（摄像机）的视频数据，通过视觉信息的处理和分析，识别人体的动作，并在识别视频中背景、物体等其他信息的辅助下，理解人体复杂行为的目的、所传递的语义信息。复杂行为可能涉及多个动作、人体与人体 / 物体 / 环境等的交互，有些行为侧重状态、有些侧重过程，并且类内变化大、多样性强，只利用底层特征来判断会产生很大误差，需要进行高层建模和推理。因此，复杂行为的语义理解是一个具有挑战性的问题。将复杂高层行为语义理解任务进行结构基元分解和交互关系分析将是一种重要的研究途径。另外，随着深度传感器的发展，可以获取越来越多的多模态视频数据包括 RGB、depth、skeleton 等，这些不同模态的数据各有优缺点，可以根据任务及不同行为的特点，充分利用或融合各种模态的数据，以提高复杂行为的语义理解的性能。

2.3　听觉信息处理

在真实场景中，麦克风接收到的语音信号可能同时包含多个说话人的声音以及噪声、混响和回声等各种干扰，人类的听觉系统可以很容易地选择想要关注的内容，但是对于计算机系统来说就显得十分困难，这就是所谓的"鸡尾酒会问题"。如何有效地提升复杂信道和强干扰下的语音的音质，进一步探索复杂场景下的听觉机理，对语音声学建模和语音识别均具有很重要的意义。此外，重口音、口语化、小语种、多语言等复杂情况，也对语音模型的训练带来很大挑战，这种复杂性，使得语音数据变得稀疏，现有的方法难以形成泛化能力很强的模型。因此，如何有效解决这些复杂情况下的语音识别问题依然具有很高的挑战性和研究价值。

2.4　应用基础研究

模式识别研究与应用近年来取得了很多令人瞩目的成就，在社会经济发展和国家公共安全等领域应用日益广泛。比如语音识别、图像识别、视频理解、生物特征识别、文字识别、多媒体信息分析、智能医疗、机器翻译、遥感图像处理等都是目前发展较快的模式识别应用技术领域。可以预见，在未来高度"智能化 + 信息化"的世界中，模式识别将变得无处不在，其基础理论研究会越来越深入，应用场景会越来越复杂，应用领域会越来越宽广，从而对特定的模式识别技术会要求越来越高。下面分别从生物特征识别与伪造、医学图像分析、文档图像识别、网络关联事件分析等角度介绍几个重要的应用技术研究趋势。

2.4.1 非受控环境下的可信生物特征识别

虹膜、人脸、指纹等可信生物特征已成为人们进入万物互联世界的数字身份证。主流生物特征识别经过系统研究积累了丰富的理论和方法，在严格受控的条件下可以正确识别高度配合的用户，但是在生物特征图像受到内在生理变化（如眨眼、斜视、姿态、表情、运动等）和外界环境变化（如光照、遮挡、距离等）时生物识别的性能急剧下降，不能满足现实世界非受控环境下身份识别的需求。另外生物特征识别系统安全性，例如活体检测、模板保护等也是急需解决的重要问题。面对弱光照、低质量、非配合、高动态等复杂场景下多源异质的多模态生物特征，如何设计最优的信息融合模型精准刻画不同个体之间、真假数据样本之间的差异，突破现有生物特征识别的"感知盲区""决策误区"和"安全红区"，实现等错误率逼近于零的精准身份识别，是可信生物特征识别拟解决的关键科学问题，需要重点解决非受控条件下的精准成像、精准识别和精准鉴伪问题。可信生物特征识别的技术路线是提出基于多模态、多层次、多协同信息融合策略的精准身份识别方法，通过计算成像和融合模型的协同创新突破现有生物特征识别的性能瓶颈。

2.4.2 生物特征深度造假和鉴伪

随着图像生成模型（GAN、VAE 等）的快速发展，计算机合成生物特征图像，尤其是合成人脸的逼真度越来越高，在欺骗人眼的同时对互联网内容可信性造成了巨大冲击。最新的人工智能技术可以让普通人方便地制作换脸视频或生成高清人脸图像，这就是被称为"深度伪造"的一系列技术。其严峻性在于简易、开源、效果极佳的软件赋能大量普通用户方便地制作并传播伪造内容，同时对伪造内容的鉴伪也成为图像取证领域亟待解决的重大问题。生物特征深度造假和鉴伪的技术难点与研究重点在于如何从正反两方对抗中提出鲁棒可解释的有效取证方法并探究二者的博弈平衡。重点要克服以下问题：取证模型的泛化能力不足，基于深度模型的取证方法可解释性差，基于多线索的取证方法适用范围受限等。另外，鉴伪与造假之间的交互对抗框架尚未成型，目前两个研究领域各自独立发展，且取证研究远滞后于造假技术，需要以对抗的视角整体审视深度造假与鉴伪，将二者加入对抗学习的框架中使二者相互促进，不断进化。

2.4.3 医学图像高精度解释

模式识别的一个重要应用方向是对医学图像进行高精度解释。然而，对医学图像进行高精度解释，需要使模式识别算法适用于多源异构、缺少标注的小样本数据应用场景。典型的应用场景往往具有样本量有限、特征高维异构、机器学习得到的模型泛化能力比较弱等不利因素，对模式识别算法设计提出了巨大的挑战。制约模式识别进一步在医学图像临床落地应用的要点就是解决融合临床场景的多源、异构、高维、多模态的异质大数据的获取和标准化，实现诊疗过程关键信息的智能交互、全数据链贯通、患者信息多模态全景呈

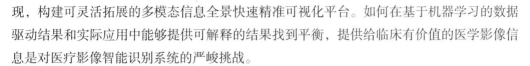

现，构建可灵活拓展的多模态信息全景快速精准可视化平台。如何在基于机器学习的数据驱动结果和实际应用中能够提供可解释的结果找到平衡，提供给临床有价值的医学影像信息是对医疗影像智能识别系统的严峻挑战。

2.4.4 复杂文档识别与重构

作为模式识别领域分支之一的文字识别和文档分析方向取得了巨大进展。文档识别的最终目标是正确分割和识别文档中所有的文本和图形符号信息，把文档版面结构全部内容电子化。准确的识别和版式重构将使得文档识别技术在文字无处不在的现实社会得到普遍应用。未来的研究目标重点在于克服现有技术的不足：复杂版面分析能力不足；识别精度和置信度不够；小样本泛化能力不足；图形符号识别性能不足；文档图像的内容理解与认知能力不足。解决这些问题，需要充分利用不同类型、不同标记程度的文档数据和先验知识，结合自然语言处理新技术，构建从感知到认知的端到端文档图像分析、识别、理解统一框架。利用多种学习方式构建模型，研究符合类人直觉的置信度建模方法和可解释机器学习方法等。

2.4.5 异构空间网络关联事件分析与协同监控

现实世界中的复杂事件往往存在于不同的异构空间。例如社会热点事件同时存在于物理空间和网络空间，这两个社会空间既相对独立又关联耦合。由于异构空间的事件数据具有数据量大、多模态、语义抽象、非结构化等特点，异构网络空间关联事件分析与协同监控的一个重要研究方向是结合网络空间信息的综合性、便捷性和物理空间的本地性进行事件的智能理解与应用。因此，如何结合社会科学与认知科学的最新进展，对异构空间大数据进行协同感知，如何在多模态的数据上对复杂事件进行检测、跟踪，如何构建面向异构空间的知识表示模型从而对关键事件进行协同关联与演化分析，将会是未来研究的工作重点。

3. 小结

模式识别领域的研究内容包括模式识别基础（模式分类、聚类、机器学习）、计算机视觉、听觉信息处理、应用基础研究（生物特征识别、文字识别、多媒体数据分析等），有多方面、多层次、深入的基础理论方法和关键技术问题，同时在国家安全、国民经济和社会发展领域又有广泛的应用需求。过去半个多世纪以来，模式识别理论与方法体系得到了巨大的发展，很多关键技术得到了成功应用。近几年来，随着互联网、物联网、云计算、大数据、深度学习等技术和方法、平台的发展，模式识别也迎来一个新的快速发展时期，"大数据＋深度学习"框架推动了模式识别方法快速发展、性能快速提升，带动了应用的实现和推广。快速发展的同时，我们也能看到，模式识别基础理论和关键技术仍然面临一系列挑战。尤其是与人的精准感知、自主学习、综合理解等能力相比，目前机器模式识别学习和学习能力仍存在很多不足。需要我们在基础理论和方法，包括模式识别的认知基础和受认知机理启发的计算模型与方法等方面，开展深入、长远的基础研究。在关键技术方面，要敢于挑战难题，面向实际应用，深入研究应用的各个层面，提出和实现系统性解决方案。

参考文献

［1］ Zhou Z H. A brief introduction to weakly supervised learning［J］. National Science Review，2018，5（1）：44-53.

［2］ Yang H M，Zhang X Y，Yin F，et al. Robust classification with convolutional prototype learning［C］. IEEE Conference on Computer Vision and Pattern Recognition，2018，3474-3482.

［3］ Parisis G I，Kernker R，Part J L，et al. Continual lifelong learning with neural networks：A review［J］. Neural Networks，2019（113）：54-71.

［4］ LeCun Y，Bengio Y，Hinton G. Deep learning［J］. Nature，2015，521（7553）：436-444.

［5］ He K，Zhang X，Ren S，et al. Deep residual learning for image recognition［C］. IEEE Conference on Computer Vision and Pattern Recognition，2016，770-778.

［6］ Huang G，Liu Z，Van Der Maaten L，et al. Densely connected convolutional networks［C］. IEEE Conference on Computer Vision and Pattern Recognition，2017，4700-4708.

［7］ Chen T，Kornblith S，Norouzi M，et al. A simple framework for contrastive learning of visual representations［C］. International Conference on Machine Learning，2020，1597-1607.

［8］ Grill GB. Bootstrap your own latent：A new approach to self-supervised learning［C］. Advances in Neural Information Processing Systems，2020.

［9］ Krizhevsky A，Sutskever I，Hinton G. Imagenet classification with deep convolutional neural networks［C］. Advances in Neural Information Processing Systems，2012，1097-1105.

［10］ Ren S，He K，Girshick R，Sun J. Faster r-cnn：Towards real-time object detection with region proposal networks［J］. IEEE Trans. Pattern Analysis and Machine Intelligence，2017，39（6）：1137-1149.

［11］ Long J，Shelhamer E，Darrell T. Fully convolutional networks for semantic segmentation［C］. IEEE Conference on Computer Vision and Pattern Recognition，2015，3431-3440.

［12］ Ronneberger O，Fischer P，Brox T. U-net：Convolutional networks for biomedical image segmentation［C］. International Conference on Medical Image Computing and Computer-Assisted Intervention，2015，234-241.

［13］ Chen L C，Papandreou G，Kokkinos I,et al. Deeplab：Semantic image segmentation with deep convolutional nets，atrous convolution，and fully connected crfs［J］. IEEE Trans. Pattern Analysis and Machine Intelligence，2017，40（4）：834-848.

［14］ He K，Gkioxari G，Dollár P,et al. Mask r-cnn［C］. IEEE International Conference on Computer Vision，2017，2961-2969.

［15］ Tian Z，Shen C，Chen H，et al. Fcos：Fully convolutional one-stage object detection［C］. IEEE/CVF International Conference on Computer Vision，2019，9627-9636.

［16］ Schonberger JL，Frahm JM. Structure-from-motion revisited［C］. IEEE Conference on Computer Vision and

Pattern Recognition, 2016, 4104–4113.

[17] Yao Y, Luo Z, Li S, et al. Mvsnet: Depth inference for unstructured multi–view stereo [C]. European Conference on Computer Vision, 2018, 767–783.

[18] Sarlin PE, DeTone D, Malisiewicz T, et al. Superglue: Learning feature matching with graph neural networks [C]. IEEE/CVF Conference on Computer Vision and Pattern Recognition, 2020, 4938–4947.

[19] Simonyan K, Zisserman A. Two–stream convolutional networks for action recognition in videos [C]. Advances in Neural Information Processing Systems, 2014.

[20] Ji S, Xu W, Yang M, Yu K. 3D convolutional neural networks for human action recognition [J]. IEEE Trans. Pattern Analysis and Machine Intelligence, 2012, 35（1）: 221–231.

[21] Taigman Y, Yang M, Ranzato MA, et al. Deepface: Closing the gap to human–level performance in face verification [C]. IEEE Conference on Computer Vision and Pattern Recognition, 2014, 701–1708.

[22] Deng J, Guo J, Xue N, et al. Arcface: Additive angular margin loss for deep face recognition [C]. IEEE/CVF Conference on Computer Vision and Pattern Recognition, 2019, 4690–4699.

[23] Liu N, Li H, Zhang M, et al. Accurate iris segmentation in non–cooperative environments using fully convolutional networks [C]. International Conference on Biometrics, 2016, 1–8.

[24] Cao K, Jain A K. Automated latent fingerprint recognition [J]. IEEE Trans. Pattern Analysis and Machine Intelligence, 2018, 41（4）: 788–800.

[25] Hafemann L G, Sabourin R, Oliveira L S. Characterizing and evaluating adversarial examples for offline handwritten signature verification [J]. IEEE Trans. Information Forensics and Security, 2019, 14（8）: 2153–2166.

[26] Zhang X Y, Bengio Y, Liu C L. Online and offline handwritten chinese character recognition: A comprehensive study and new benchmark [J]. Pattern Recognition, 2017, 61: 348–360.

[27] Shi B, Bai X, Yao C. An end–to–end trainable neural network for image–based sequence recognition and its application to scene text recognition [J]. IEEE Trans. Pattern Analysis and Machine Intelligence, 2016, 39（11）: 2298–2304.

信息检索

　　信息是人类文明发展的重要资源，获取信息是人类感知、学习和理解世界的第一步。随着互联网技术的迅猛发展，信息资源的爆炸式增长不可避免地造成了信息过载问题。为了缓解人类有限认知能力与海量信息之间的矛盾，提升人类获取并利用信息的效率，信息检索技术应运而生。信息检索技术关系到社会整体的信息处理水平与利用效率，对信息化社会发展有着重要意义。

　　广义的信息检索包括对信息资源的存储与整理，对用户信息需求的理解与分析，以及使用相应算法与模型对用户所需资源进行检索与排序的整个过程。20世纪末以来，谷歌和百度等商用检索系统（即搜索引擎）已成为人们获取信息的主要渠道，不仅使得人们的信息获取能力有了飞跃式的进步，也为整个社会创造了巨大的财富。

　　近年来，信息检索的发展方向十分丰富，关注的范围也很广泛，信息检索前沿研究沿着几个方向持续深入：①从信息检索的各个环节来看，包括对异质信息资源的理解与使用、对用户信息需求与行为的建模、对检索算法与模型的构建、对系统性能和检索效果的评价等；②从信息获取与应用的场景来看，包括从桌面搜索向移动搜索的转变、从传统网页搜索向各种垂直领域多媒体搜索（如图片、音乐等）的演化、从通用搜索引擎向各种特定领域搜索（如法律、健康等）的深入等；③对于基础理论的探究以及与其他领域的结合也是信息检索关注的方向，例如对用户隐私、伦理、公平性等方面的探究以及与推荐、对话、问答、人机交互等相关技术的结合。

1. 信息需求与行为建模

　　用户作为信息检索产品的消费者，是信息检索整个过程中最为重要的一环。然而，用户的体验与反馈往往是难以实时获得的，因此注重对用户与检索系统的交互过程进行研究，通过用户建模的方式来描述、预测、解释和模拟真实用户在进行搜索时的行为，并以此为根据来设计、评价、改进和优化搜索引擎。基于这一背景，以用户为中心，对用户的信息需求与检索行为进行分析建模，一直都是信息检索领域的研究热点之一。

1.1 信息需求理解

充分理解用户的搜索意图，明确其信息需求是为用户提供高质量检索结果的前提。早在 1997 年，马里兰大学的研究者就在信息检索场景中提出了信息需求的概念，他们认为信息需求是用户感知到的对信息的需求，这种需求导致了用户去使用信息检索系统。作为用户检索的诱因，对其进行充分的理解有助于帮助提高用户的体验和对检索系统的满意度。IBM 公司的学者率先基于搜索日志，通过随机选取的查询词分析和直接从用户处收集的显式反馈的分析，提出了一个 Web 搜索的意图分类法，即导航类、信息类和事务类，这一经典的分类方法也被沿用至今。

自 Web 搜索的意图分类方法提出以来，很多研究者针对用户的搜索意图进行了进一步研究。例如对不同查询意图下的用户行为特征进行分析，以此来辅助对意图的自动分类；对用户在查询会话中的查询词重构过程进行分析，以此来建模用户在搜索过程中的意图变化以及对意图分类进行细化与完善。其中，通过分析用户的搜索目标以及对日志中查询词的手动分类，有研究者提出了比已有意图分类法更细化的子分类法，提升了意图分类的精确度。后续研究明确了构成用户信息需求的两个维度，即"什么"和"为什么"，进一步验证了用户在搜索过程中信息需求的多样化。值得一提的是，南密西西比大学的研究者综合以往的意图理解相关工作，对意图分类进行了全面的讨论，并提出了一个分类框架，为进一步探索工作任务、搜索任务和交互式信息检索之间的关系提供了基础。

除了传统的基于文本的 Web 搜索，研究者也对异质化的图片、视频等搜索场景下的搜索意图进行了研究。由于在这些场景下，搜索结果的呈现方式以及用户的行为模式都与传统的 Web 搜索有很大不同，用户潜在的搜索意图也会不同，一些针对特定搜索场景的搜索意图分类方法相继提出。例如在图像搜索中被广泛认可的经典意图分类方法，将搜索意图分为导航类、事务类、知识导向类和图像定位类。清华大学的研究者从用户进行图片搜索的原因角度入手，改善了该分类方法，将搜索意图分为探索 / 学习类、定位 / 获取类和娱乐类，并证明了该分类可以被较好地预测。

1.2 用户行为建模

鉴于用户在信息检索过程中所处的核心地位，用户行为建模对于检索系统的设计与评价都起到了至关重要的作用。以往的研究提出了多种用户行为模型，并在不同的检索任务中加以利用。康奈尔大学的学者发现用户检验行为受位置偏置影响，用户的注意力在靠前位置的结果上的停留时间较长。微软研究院的研究人员提出级联假设，认为用户主要是从上到下依次检验搜索结果页面的每个结果。现代搜索引擎返回的搜索结果页面上往往存在大量异质的垂直结果，清华大学学者利用眼动追踪设备对用户的搜索浏览行为进行了深入地分析，他们发现不同展现类型的垂直结果对用户的视线注视行为有着很大的影响，并将其刻画为展现形式偏置对用户检验行为的影响。

　　基于用户的检验 – 点击行为模式，一系列点击模型被提出。通过使用点击模型对用户点击行为进行建模，搜索引擎可以从大规模点击日志中获取隐式相关反馈，改进搜索引擎结果排序性能。例如，雅虎研究人员通过实验研究发现，用户检验某个位置的结果的概率不仅和当前该结果所处的位置相关，同时还和该结果与用户上一次点击的结果的距离有着非常重要的关联，由此提出了用户浏览模型；同样来自雅虎其他研究者则是提出了动态贝叶斯网络点击模型，该模型首次将用户的浏览过程中的满意度行为引入模型描述中。随后，清华大学学者提出的移动点击模型等进一步引入了更为复杂的垂直结果偏置，更有效地对用户在异质化搜索页面上的点击行为进行建模。而随着深度学习的快速发展，一些工作也尝试利用深度神经网络对用户的点击行为进行建模。荷兰阿姆斯特丹大学的研究者提出的神经点击模型，使用一个循环神经网络来学习对预测用户点击有帮助的隐状态表示；新提出的点击序列模型则是采用了一个编码器 – 解码器结构，来预测用户与搜索结果交互的顺序和点击行为。

　　近年来，随着搜索引擎公司越来越重视用户体验，一些工作开始尝试基于用户行为信息，对用户使用搜索引擎时的满意度进行分析。微软在用户满意度预测方面发表了非常有影响力的早期工作，发现用户的搜索活动与用户满意度之间有很强的关联性。马萨诸塞大学的学者估计了满意和不满意的点击各自的停留时间分布，并发现点击层面的满意度与点击停留时间有很强的关联性。清华大学的研究者研究了鼠标移动模式与用户满意度之间的关系，他们建立了一个基于鼠标移动模式的模型来预测用户满意度。

　　此外，检索评价的相关工作为了与真实用户满意度尽量吻合，在评价指标的设计中引入用户行为模型也是一直以来的研究热点。微软的研究人员在检验行为之外还考虑了用户的点击行为，并基于动态贝叶斯网络点击模型设计了相应的评价指标。特拉华大学的学者对评价指标的用户行为模型进行了整理和总结，提炼了构成评价指标的基础模型框架。也有一些评价指标考虑了相对更为复杂的用户行为模型，认为用户的检验概率会受到用户的预期以及用户已经检验过的结果影响，例如清华大学提出的 BPM、墨尔本大学提出的 INST 以及思克莱德大学提出的 IFT 等一系列新的评价指标。

　　总的来说，对用户与检索系统交互过程研究的主要内容包括定性地理解用户使用检索系统的意图以及定量地对用户在检索过程中的交互行为进行建模。该方面的研究工作对提供个性化搜索体验、改进搜索排序性能和进行搜索引擎性能评价起到了重要作用。

2. 异质信息理解与神经检索模型

2.1 异质信息理解与使用

随着大数据时代的到来，基于文本、图像、视频等不同模态的数据正以前所未有的速度增长。这样的多模态数据呈现出异质化的特性，使得用户很难有效地搜索到感兴趣的信息。对基于不同模态的异质数据进行理解和建模有利于提升搜索引擎的性能，提高搜索用户满意度。除了多模态信息之外，知识图谱等信息也被引入信息检索模型，用于优化搜索结果排序效果。在本节中，我们首先介绍利用多模态信息进行检索模型构建的相关研究工作，接着介绍将知识信息引入信息检索模型的研究工作。

2.1.1 基于多模态信息的检索模型

对多模态信息进行建模的研究工作按照所考虑的异质信息维度，主要可以分为三个类别：考虑不同模态的内容信息、考虑搜索结果页面上的异质信息、考虑搜索结果所在网页内容的异质信息。

考虑不同模态的内容信息。这部分的研究工作也被称为跨模态检索，跨模态（如图像到文本或文本到图像）的检索方法可以分为基于相关性、语义关系和哈希等方法。基于相关性的方法利用卡农相关分析（CCA）及其相关变体，如核 CCA 和归一化 CCA，以获取文本和视觉模态之间的线性或非线性相关性，从而对图像内容和文本内容进行双向排序。基于语义关系的方法利用了稠密的多模态表示向量和深度神经网络架构。首先，不同模态的信息被表示为稠密向量，例如对于图像而言，最常用的方式为使用针对图像对象识别任务的深度神经架构的倒数第二层中的激活函数输出，这些架构通常由卷积滤波层、归一化层、最大池化层和全连接层组成。接着通过非线性的映射层，将独立获得的图像和单词嵌入转换为同一语义空间中的多模态嵌入表示。韦恩州立大学的研究者提出了一种门控神经架构，将图像和查询以及多模态检索单元映射到同一个低维嵌入空间中，并在这个空间中进行语义匹配。该架构就是典型的基于语义关系的方法。基于哈希的跨模态检索方法使用哈希函数，将原始空间中的图像和文本映射到二进制编码的汉明空间中，这样，原始空间中对象之间的相似性在汉明空间中能够得到保留。同时，一些基于哈希的方法也利用深度 CNN 来创建图像的稠密表示。近似近邻（ANN）搜索算法与适当的索引技术相结合，可以在汉明空间中实现快速和准确的检索。因此，ANN 经常被用于跨模态哈希方法中。例如南京大学的研究者使用 ANN 用于加速使用 CNN 获得二进制哈希编码的检索。

考虑搜索结果页面上的异质信息。当前的搜索引擎将异质结果（如网页、新闻、图像、视频、商品信息、知识卡片和地图等）进行聚合，生成搜索结果页面。聚合后的搜索结果页面具有不同的视觉模式、文本语义和展现结构。通过对搜索结果页面上的异质信息和布局结构进行建模，能够更好地提升搜索引擎在结果排序方面的性能。清华大学的研究人员提出了联合相关性估计模型（JRE）和基于树的深度神经网络（TreeNN）来对网页搜索结果页面的异质信息进行建模，其中 JRE 模型从搜索结果的截图中学习视觉模式，从 HTML 源代码中建模结果展现结构，并考虑了基于文本内容的语义信息。与 JRE 不同，TreeNN 模型采用早期融合架构，在一开始就融合了文本、视觉、结构信息，TreeNN 模型利用 HTML 解析树，当得到包含文本或图像的叶子节点的特征后，采用递归神经网络计算根节点的特征向量。密歇根大学的研究人员尝试对全页面的布局进行优化，所提出的模型可以学习 SERP 上异质搜索结果的最佳呈现方式，以实现搜索用户满意度的最大化。在互联网图像检索领域，来自清华大学的研究人员将网格化布局信息引入了图像结果重排序模型，取得了更好的排序效果。

考虑结果所在网页的异质信息。结果所在的原始网页具有结构化的布局，以不同的风格组织了大量的异质信息。这些异质信息以及网页自身的布局能够在一定程度上反映其与搜索查询的相关程度。例如对于 adhoc 查询而言，原始网页带有表格或者列表信息则在很大程度上是不相关的。马萨诸塞大学的研究人员构建了一个基于网页质量的搜索结果排序模型。在该模型中，网页质量与网页的可读性、布局和导航便捷性等因素组成。更进一步，中国科学院大学的研究人员探索了原始网页的视觉特征，通过从原始网页的截图上获取视觉特征信息，对该网页的相关性进行判断。

2.1.2 基于知识信息的检索模型

早期的信息检索主要依靠词袋模型进行文本表示，通过字级别上的统计信息衡量文本之间的匹配程度。随着深度学习的发展，利用分布式向量进行语义相关性计算的方法也逐渐应用到了信息检索中。相比于词袋模型，分布式向量的方法进一步地考虑相似词之间的关系。为了进一步准确地估计文本之间的关系，知识信息也被应用到了检索建模中。

近年来流行的知识表示方法主要可以分为两大类：通过知识图谱引入先验知识作为补充信息，通过预训练方法从大规模数据中学到知识的隐性表示。

卡内基·梅隆大学的研究人员在基于知识表示的信息检索做了许多研究，2017 年提出了 ESR 模型，借助知识图谱在实体空间中对查询和文本进行表示，然后通过他们的知识图谱嵌入表示建立语义连接，从而优化查询的效果。将知识信息引入信息检索中。但是这个方法仅对查询中的实体进行了建模，从而忽视了查询词本身的文本信息。因此，他们进一步提出了一种将词袋和知识图谱链接到的实体相结合，共同构建查询表示的方法，在知识表示的检索模型中取得了更好的排序性能。清华大学在 2018 年上提出了利用神经网络自动提取知识图谱的语义信息的检索模型 EDRM，该方法具有较好的泛化能力，相较于原来的神经信息检索模型有更好的排序效果。在信息较难提取的情况（如查询文本长度较短）下，该方法 EDRM 相较于原来的神经信息检索模型有较大突破，这说明该模型可以在信息较少的情况下结合知识图谱中的信息提高查询的效果。

这些方法将知识图谱作为先验知识引入信息检索模型中取得了较好的效果，证明实体语义对于理解查询意图、优化排序结果有很大的帮助。随后的研究借鉴了这些工作，在不同的搜索领域上得到了实践，例如中国人民大学基于知识的个性化搜索领域的成果、清华大学将知识图谱用在可解释推荐上的成果。这些工作建立了更丰富、更智能化的知识指导式信息检索模型。

随着 BERT 等预训练模型横空出世，NLP 方向迎来了一波革命，预训练模型在各类任务上均取得了惊人的成绩。随着各类预训练任务层出不穷，也有部分研究者考虑如何在 BERT 这一类模型中引入或者强化知识图谱中包含的信息，进而增强 BERT 对背景知识或常识信息的编码能力。较早的考虑将知识引入预训练模型的论文工作是来自清华大学和华为的合作，论文中提出了一种 ERNIE 的框架，利用了从知识库中提出的高信息量的实体信息，通过特殊的语义融合模块，来增强文本中对应的表示。首先通过实体链接算法，将 Wikipedia 文本中包含的实体与 Wikidata 中的实体库构建关联，然后采用 TransE 算法，对 Wikidata 中的实体 embedding 进行预训练，进而得到其初始的表示。该方法在多个 NLP 任务上进行微调，并在多个数据集上获得了 State-of-the-art 的结果。由北京大学和腾讯提出 K-BERT 则是较早的考虑将知识图谱中的边关系引入预训练模型的工作。该论文主要通过修改 Transformer 中的 attention 机制，通过特殊的 mask 方法将知识图谱中的相关边考虑到编码过程中，进而增强预训练模型的效果。首先利用 CN-DBpedia、HowNet 和 MedicalKG 作为领域内知识图谱，对每一个句子中包含的实体抽取其相关的三元组，这里的三元组被看作是一个短句（首实体，关系，尾实体），与原始的句子合并一起输入给 Transformer 模型，最终在 8 个开放域任务和 4 个特定领域任务下取得了一定的提升。随着预训练模型的大规模普及，知识图谱的应用也得到拓展。未来想必会出现更丰富、更智能化的知识、常识指导式信息检索模型，进一步提升检索模型的效果。

总结来看，异质信息的引入能帮助更好地理解用户意图，提供给用户多源信息。开展的相关工作极大丰富了信息检索模型的扩展空间，带来了效果上的提升，同时也为用户带来了更加多样、满意的结果。

2.2 神经信息检索模型

在信息检索领域，过去的几十年中，从传统的启发式方法、概率方法到现代的机器学习方法，各种检索模型的技术取得了长足进步。近年来，随着深度学习技术的发展，深度神经网络在语音识别、计算机视觉和自然语言处理方面取得了令人振奋的突破，将浅层或深层神经网络应用于信息检索的工作也在不断增加。信息检索任务的核心是排序模型，传统的学习排序模型在人工提取的特征上采用机器学习技术进行排序优化。相比之下，神经网络模型的强大之处在于能够从原始输入中学习文本等内容的高级抽象表示，有更强的表示能力，可以弥合查询和文档之间的语义鸿沟，同时避免了人工提取特征的许多限制。基于神经网络的检索模型被应用于很多不同任务，例如 Ad-hoc 检索，问答系统、交互式检索等。

神经网络检索模型最开始应用于通过查询词文本对网页文档文本内容进行检索的任务。在 2013 年的时候，微软的研究者提出 DSSM 模型来解决 Ad-hoc 检索任务，这也许是第一个成功地将神经网络用于文本检索任务的模型。2014—2015 年，关于神经网络检索模型的研究开始获得了越来越多的关注。这期间出现了由哈尔滨工业大学和华为诺亚方舟实验室的研究者合作提出的 ARCI、ARCII 模型，中国科学院计算技术研究所研究者提出的 MatchPyramid 模型等代表性工作，这些研究工作主要聚焦于短文本排序任务，例如 TREC QA 问答任务。从 2016 年开始，神经网络检索模型开始取得了繁荣的发展，具体适用的场景和任务不断扩展，方法也变得多样。接下来，我们将对不同类型的检索模型进行介绍。

2.2.1 基于表示和交互的检索模型

基于表示的检索模型的基本假设是，查询和文档之间的相关性取决于输入文本的语义表示。因此，此类模型通常定义复杂的表示函数去分别学习查询文本和文档文本的语义，并使用一些简单的评估函数（例如余弦相似度或多层感知机）以产生最终的相关性得分。其中，DSSM 模型利用全连接网络用于文本的表示学习。之后，卷积神经网络也被用于文本表示学习，这类工作比较有代表的如 ARCI 模型、复旦大学研究者提出的 CNTN、微软研究院提出的 CLSM 等模型。由于循环神经网络本身结构适合于处理自然语言，另外一些工作尝试用循环神经网络去表示文本，例如微软研究院的研究者提出的 LSTM-RNN 模型和中国科学院计算技术研究所研究者提出的 MV-LSTM 模型。

而基于交互的检索模型的基本假设是，相关性本质上是度量输入文本之间的关联程度，因此直接从查询和待检索文档的交互中学习相关性，而不是从各文本单独的表示中学习将更为有效。在这类模型当中，中国科学院计算技术研究所研究者提出的 DRMM、卡内基·梅隆大学和清华大学等研究机构合作提出的 K-NRM 模型等直接去计算输入文本单词之间的距离或相似度（余弦相似度、点积等）。而另一些模型做了进一步的扩展，它们通过神经网络从数据当中学习交互相似度的函数，例如 ARCII 模型和中国科学院计算技术研究所研究者提出的 Match-SRNN 模型。

2.2.2 对称和非对称体系结构的检索模型

在检索任务中，经常会面临不同结构、不同特性的数据。例如在搜索引擎检索当中，查询词一般是自然语言或者关键词，而待检索的文档篇幅较大且组织结构各异。这些"异质化"的数据对检索任务带来了很大的挑战。基础的神经网络检索模型，例如基于表示的 DSSM、CLSM、LSTM-RNN 模型以及基于交互的 Match-SRNN、ARCII、MatchPyramid、华为诺亚方舟实验室研究者提出的 DeepMatch 模型等，都是假设输入的两个待匹配文本是同质的，所以对于两个文本的处理方式是类似的，在模型输入中交换两个文本的顺序并不会引起输出预测的改变。这类模型称为对称体系结构的检索模型，比较适合应用于社区问答任务，因为问题和答案都是长度类似的自然语言形式。

为了处理异质化的文本输入，研究者提出了另一种非对称体系结构的检索模型。在这类模型中，对于两个文本输入的处理采用了不同的方式，这样可以区别异质输入的不同属性特征，使得检索模型所能处理的文本类型更为丰富。这一类模型中比较有代表性的方法有 DRMM、K-NRM，以及中国科学院计算技术研究所研究者提出的 HiNT 模型。

2.2.3 单粒度和多粒度检索模型

最开始的文本匹配模型假设可以通过文本的高级抽象表示来评估相关性，这些方法称为单粒度检索模型，包括对称体系结构的 DSSM 和 MatchPyramid 模型，非对称结构的 DRMM 和 HiNT 模型，以及基于表示的 ARCI 和 MV-LSTM 模型，还有基于交互的 K-NRM 和 Match-SRNN 模型。在这些模型中，输入文本被单纯地当作单词的集合或者序列来处理，文本的语言结构并没有被考虑进去。但是很明显，这是一种很简单、基础的假设。语言有着丰富的语义结构，而不仅仅是单词集合。

因此，研究者提出另一类多粒度的检索模型，在对文本进行特征提取的时候，将高层语义表示和低层语义表示统一考虑进来，在不同层级的文本表示中隐含语义结构，对文本之间的相关性进行度量。这类方法的代表工作包括来自慕尼黑大学的研究者提出的 MultigranCNN 模型，以及来自蒙特利尔大学和微软研究院的研究者合作提出的 MACM 模型等。另一类直接考虑文本多粒度的方法是显式地将文本表示为单词、短语、句子等不同粒度，然后再分别提取语义信息进行处理。这一类方法有卡内基·梅隆大学和清华大学合作提出的 Conv-KNRM 模型，腾讯和阿尔伯塔大学研究者合作提出的 MIX 模型等。

2.2.4 深度强化学习检索模型

基于匹配的检索模型主要是度量查询和文档之间的相关性，然后按照相关性从高到低的顺序进行排列，将得分最高的结果返回给用户。但是随着搜索引擎结果多样性和异质性的增强，对结果按照相关性进行线性排列的方式忽略了结果之间丰富的交互影响。因此，有研究者提出，将排序任务作为一个序列化决策过程来考虑结果之间的交互影响，通过马尔科夫决策过程进行建模，并利用强化学习的方法进行解决。这些工作中，中国科学院计算技术研究所的研究者提出了 MDPRank 模型，将查询结果依次填充到列表中，并且在每一步计算 NDCG 指标作为该步决策的奖励。阿姆斯特丹大学的研究者进一步在排序过程中考虑文档偏好顺序和位置偏好顺序两种因素，提出了 DRM 模型，同样通过强化学习的序列化决策过程对排序进行优化。除了结果相关性，结果的展示形式和展示位置同样对于检索模型的表现有着重要影响，密歇根大学等研究机构提出，可以同时考虑结果展现样式和结果相关性对结果页面进行全局优化。然而，强化学习检索模型面临的一个很重要的问题是在线训练。因为强化学习策略需要不断试错并获得用户反馈，这会对在线系统例如商业搜索引擎产生巨大的负面影响。为了避免这一问题，之前的模型都是采用人工标注数据进行离线学习。为了能够实现在线训练强化学习排序策略的目标，来自清华大学的研究者提出了构建虚拟环境的方法，利用用户检索日志构建虚拟用户来模拟用户和搜索引擎的交互行为，并对排序策略给出反馈，达到模拟在线训练的目标。

2.2.5 稠密向量检索模型

现有的搜索引擎大都采用二阶段的排序模式，其中第一阶段的检索主要是为了召回小部分的候选文档，第二阶段对候选文档进行重新排序。尽管在过去的若干年中，研究者们利用神经网络提出了各种重排序模型，传统的基于关键词匹配的检索算法依然主导着第一阶段。然而关键词匹配没有利用语义信息，可能存在语义相关但是词语不匹配的问题，因而其性能可能受到限制。为了解决这一问题，最近越来越多的研究者们希望使用神经网络模型来进行第一阶段的检索。这些工作主要是使用深度神经网络把查询和文档编码成实数值向量，并使用两个向量的内积或者余弦相似度作为查询和文档的相关性得分。由于传统方法可以看作是长度为词表大小的稀疏向量的内积，于是为了和传统方法区别开来，这一类新兴的第一阶段检索方法被称为稠密向量检索。

稠密向量检索的兴起并非偶然，而是得益于表示学习与最小近邻搜索两方面技术的成熟。在表示学习方面，从 2013 年谷歌提出 Word2Vec，到 2018 年谷歌提出 BERT 以及之后预训练模型的飞速发展，表示学习获得了长足的进步。把文本编码成语义向量，并且使用向量内积或者余弦相似度衡量文本相似度变得越来越容易。稠密向量检索也离不开高效的检索方式，这被学界称为最小近邻搜索。这一领域也发展了十余年，学者们提出了很多方法进行高效准确的向量检索。在 2019 年，脸书发布了 Faiss 向量检索库。这个库集成了非常多的向量检索方法，检索效率高，并提供了简单易用的接口供研究者们使用。Faiss 库的发布，大大推动了稠密向量检索的发展，很多进行稠密向量检索的工作都是基于 Faiss 库的。

研究者们目前还在探索如何训练高效准确的模型进行稠密向量检索。首先，在 2020 年的开端，脸书发表了自己的社交平台上如何进行稠密向量检索的。这篇文章可以说是稠密向量检索的一个起点。紧接着，谷歌把稠密向量检索应用到了开放式问答任务上，表明稠密向量检索能够带来比传统模型非常显著的提升。由于之前学界普遍使用传统模型进行第一阶段的检索，这一工作引发了很大的关注。注意到问答任务上稠密向量检索的巨大成功，信息检索领域的学者们也开始把稠密向量应用到文本检索上。最终在 2020 年的后半年，百度通过使用稠密向量检索，在段落检索 benchmark 数据集上取得了第一名。这项工作消除了很多 IR 研究人员对稠密向量检索的质疑，引发了更多关注。自此，稠密向量检索已经成为 IR 领域非常火热的话题。

稠密向量检索具有广阔的应用前景。很多研究者把它视为传统检索模型的等价品甚至是替代品。由于深度学习，尤其是表示学习，在计算机视觉、推荐系统等领域的巨大成功，研究者们相信稠密向量检索能够有非常优越的性能并能够革新现有的搜索技术。在未来，搜索引擎不需要使用二阶段的检索方案（先召回再重排），而是使用稠密向量检索进行一步的搜索。这能够进一步提升检索的效率。不仅如此，由于传统的检索技术没有考虑语义信息，因此召回的文档相关性可能会较低，限制了搜索结果的质量。而稠密向量检索则不同，它是特地为语义匹配而设计，因此能够得到更好的搜索结果。可见，稠密向量检索能够带来诸多好处，这也是它目前受到诸多研究者们关注的原因。

总结来看，近年来神经网络算法的兴起进一步革新了搜索引擎的技术，提升了用户的实际体验也被广泛应用于真实系统，特别是稠密向量检索有望改进搜索引擎的整体框架，从召回－排序的两阶段方法变为一步式的端对端模型。

3. 小结

综上，搜索已成为海量互联网用户主动获取信息的主要途径，也是必不可少的基础服务之一，极大地提升了用户信息获取的效率。近年来，学术界与工业界在模型评价与用户理解、异质信息理解与融合、模型机制创新等方面开展了大量工作，取得了显著的成果。

但也存在着一系列待解决的问题，需要结合经济学、认知学等理论，利用各种设备，进一步分析个体用户信息需求的产生、用户行为的选择以及用户满意度的判断等过程背后的认知机理，提升神经检索模型的可解释性研究。相较于机器学习模型，神经检索模型在结果排序等任务上取得了更好的表现。然而此类模型的黑盒性质使得其可解释性不佳。加强模型的可解释性将有助于更好地优化结果排序。

参考文献

［1］ Shneiderman B，Byrd D. A user-interface framework for text searches［J］. Communications of the Acm，1998，41（4）：95-98.

［2］ Broder A. A taxonomy of web search ［J］. ACM Sigir forum，2002，36（2）：3-10.

［3］ Xie X，Liu Y，De Rijke M，et al. Why people search for images using web search engines ［C］//Proceedings of the Eleventh ACM International Conference on Web Search and Data Mining. 2018：655-663.

［4］ Jansen B J，Spink A，Narayan B. Query modifications patterns during web searching ［C］//Fourth International Conference on Information Technology. IEEE，2007：439-444.

［5］ Li Y，Belkin N J. A faceted approach to conceptualizing tasks in information seeking ［J］. Information processing & management，2008，44（6）：1822-1837.

［6］ Rose D E，Levinson D. Understanding user goals in web search ［C］//Proceedings of the 13th international conference on World Wide Web. 2004：13-19.

［7］ Kofler C，Larson M，Hanjalic A. User intent in multimedia search：a survey of the state of the art and future challenges ［J］. ACM Computing Surveys（CSUR），2016，49（2）：1-37.

［8］ Cunningham S J，Nichols D M. How people find videos［C］//Proceedings of the 8th ACM/IEEE-CS joint conference on Digital libraries. 2008：201-210.

［9］ Hanjalic A，Kofler C，Larson M. Intent and its discontents：the user at the wheel of the online video search engine［C］//Proceedings of the 20th ACM international conference on Multimedia. 2012：1239-1248.

［10］Lux M，Kofler C，Marques O. A classification scheme for user intentions in image search［M］//CHI'10 Extended Abstracts on human factors in computing systems. 2010：3913-3918.

［11］Granka L A，Joachims T，Gay G. Eye-tracking analysis of user behavior in WWW search［C］//Proceedings of the 27th annual international ACM SIGIR conference on Research and development in information retrieval. 2004：478-479.

［12］Craswell N，Zoeter O，Taylor M，et al. An experimental comparison of click position-bias models［C］//Proceedings of the 2008 international conference on web search and data mining. 2008：87-94.

［13］Wang C，Liu Y，Zhang M，et al. Incorporating vertical results into search click models［C］//Proceedings of the 36th international ACM SIGIR conference on Research and development in information retrieval. 2013：503-512.

［14］Dupret G E，Piwowarski B. A user browsing model to predict search engine click data from past observations［C］//Proceedings of the 31st annual international ACM SIGIR conference on Research and development in information retrieval. 2008：331-338.

［15］Chapelle O，Zhang Y. A dynamic bayesian network click model for web search ranking［C］//Proceedings of the 18th international conference on World wide web. 2009：1-10.

［16］Mao J，Luo C，Zhang M，et al. Constructing click models for mobile search［C］//The 41st International ACM SIGIR Conference on Research & Development in Information Retrieval. 2018：775-784.

［17］Borisov A，Markov I，De Rijke M，et al. A neural click model for web search［C］//Proceedings of the 25th International Conference on World Wide Web. 2016：531-541.

［18］Borisov A，Wardenaar M，Markov I，et al. A click sequence model for web search［C］//The 41st International ACM SIGIR Conference on Research & Development in Information Retrieval. 2018：45-54.

［19］Fox S，Karnawat K，Mydland M，et al. Evaluating implicit measures to improve web search［J］. ACM Transactions on Information Systems（TOIS），2005，23（2）：147-168.

［20］Kim Y，Hassan A，White R W，et al. Modeling dwell time to predict click-level satisfaction［C］//Proceedings of the 7th ACM international conference on Web search and data mining. 2014：193-202.

［21］Liu Y，Chen Y，Tang J，et al. Different users，different opinions：Predicting search satisfaction with mouse movement information［C］//Proceedings of the 38th international ACM SIGIR conference on research and development in information retrieval. 2015：493-502.

［22］Moffat A，Zobel J. Rank-biased precision for measurement of retrieval effectiveness［J］. ACM Transactions on Information Systems（TOIS），2008，27（1）：1-27.

［23］Yilmaz E，Shokouhi M，Craswell N，et al. Expected browsing utility for web search evaluation［C］//Proceedings of the 19th ACM international conference on Information and knowledge management. 2010：1561-1564.

［24］Carterette B. System effectiveness，user models，and user utility：a conceptual framework for investigation［C］//Proceedings of the 34th international ACM SIGIR conference on Research and development in information retrieval. 2011：903-912.

［25］Zhang F，Liu Y，Li X，et al. Evaluating web search with a bejeweled player model［C］//Proceedings of the 40th International ACM SIGIR Conference on Research and Development in Information Retrieval. 2017：425-434.

［26］Bailey P，Moffat A，Scholer F，et al. User variability and IR system evaluation［C］//Proceedings of The 38th International ACM SIGIR conference on research and development in Information Retrieval. 2015：625-634.

［27］Azzopardi L，Thomas P，Craswell N. Measuring the utility of search engine result pages：an information foraging based measure［C］//The 41st International ACM SIGIR conference on research & development in information retrieval. 2018：605-614.

［28］ Yao T，Mei T，Ngo C W. Learning query and image similarities with ranking canonical correlation analysis［C］// Proceedings of the IEEE International Conference on Computer Vision. 2015：28-36.

［29］ Balaneshin-kordan S，Kotov A. Deep neural architecture for multi-modal retrieval based on joint embedding space for text and images［C］//Proceedings of the Eleventh ACM International Conference on Web Search and Data Mining. 2018：28-36.

［30］ Jiang Q Y，Li W J. Deep cross-modal hashing［C］//Proceedings of the IEEE conference on computer vision and pattern recognition. 2017：3232-3240.

［31］ Zhang J，Liu Y，Ma S，et al. Relevance estimation with multiple information sources on search engine result pages［C］// Proceedings of the 27th ACM International Conference on Information and Knowledge Management. 2018：627-636.

［32］ Liu Y，Zhang J，Mao J，et al. Search result reranking with visual and structure information sources［J］. ACM Transactions on Information Systems（TOIS），2019，37（3）：1-38.

［33］ Wang Y，Yin D，Jie L，et al. Optimizing whole-page presentation for web search［J］. ACM Transactions on the Web，2018，12（3）：1-25.

［34］ Xie X，Mao J，de Rijke M，et al. Constructing an interaction behavior model for web image search［C］//The 41st International ACM SIGIR Conference on Research & Development in Information Retrieval. 2018：425-434.

［35］ Bendersky M，Croft W B，Diao Y. Quality-biased ranking of web documents［C］//Proceedings of the fourth ACM international conference on Web search and data mining. 2011：95-104.

［36］ Fan Y，Guo J，Lan Y，et al. Learning visual features from snapshots for web search［C］//Proceedings of the 2017 ACM on Conference on Information and Knowledge Management. 2017：247-256.

［37］ Xiong C，Power R，Callan J. Explicit semantic ranking for academic search via knowledge graph embedding［C］// Proceedings of the 26th international conference on world wide web. 2017：1271-1279.

［38］ Liu Z，Xiong C，Sun M，et al. Entity-duet neural ranking：Understanding the role of knowledge graph semantics in neural information retrieval［J］. arXiv preprint arXiv：1805.07591，2018.

［39］ Devlin J，Chang M W，Lee K，et al. Bert：Pre-training of deep bidirectional transformers for language understanding［J］. arXiv preprint arXiv：1810.04805，2018.

［40］ Zhang Z，Han X，Liu Z，et al. ERNIE：Enhanced language representation with informative entities［J］. arXiv preprint arXiv：1905.07129，2019.

［41］ Bordes A，Usunier N，Garcia-Duran A，et al. Translating embeddings for modeling multi-relational data［J］. Advances in neural information processing systems，2013，26.

［42］ Liu W，Zhou P，Zhao Z，et al. K-bert：Enabling language representation with knowledge graph［C］// Proceedings of the AAAI Conference on Artificial Intelligence. 2020，34（3）：2901-2908.

［43］ Xu B，Xu Y，Liang J，et al. CN-DBpedia：A never-ending Chinese knowledge extraction system［C］// International Conference on Industrial，Engineering and Other Applications of Applied Intelligent Systems. Springer，Cham，2017：428-438.

［44］ Huang P S，He X，Gao J，et al. Learning deep structured semantic models for web search using clickthrough data［C］// Proceedings of the 22nd ACM international conference on Information & Knowledge Management. 2013：2333-2338.

［45］ Hu B，Lu Z，Li H，et al. Convolutional neural network architectures for matching natural language sentences［C］// Advances in neural information processing systems. 2014：2042-2050.

［46］ Pang L，Lan Y，Guo J，et al. Text matching as image recognition［C］//Proceedings of the AAAI Conference on Artificial Intelligence. 2016，30（1）.

［47］ Qiu X, Huang X. Convolutional neural tensor network architecture for community-based question answering ［C］// Twenty-Fourth international joint conference on artificial intelligence. 2015.

［48］ Shen Y, He X, Gao J, et al. A latent semantic model with convolutional-pooling structure for information retrieval ［C］// Proceedings of the 23rd ACM international conference on conference on information and knowledge management. 2014: 101-110.

［49］ Palangi H, Deng L, Shen Y, et al. Deep sentence embedding using long short-term memory networks: Analysis and application to information retrieval ［J］. IEEE/ACM Transactions on Audio, Speech, and Language Processing, 2016, 24（4）: 694-707.

［50］ Wan S, Lan Y, Guo J, et al. A deep architecture for semantic matching with multiple positional sentence representations ［C］//Proceedings of the AAAI Conference on Artificial Intelligence. 2016, 30（1）.

［51］ Guo J, Fan Y, Ai Q, et al. A deep relevance matching model for ad-hoc retrieval ［C］//Proceedings of the 25th ACM international on conference on information and knowledge management. 2016: 55-64.

［52］ Xiong C, Dai Z, Callan J, et al. End-to-end neural ad-hoc ranking with kernel pooling ［C］//Proceedings of the 40th International ACM SIGIR conference on research and development in information retrieval. 2017: 55-64.

［53］ Wan S, Lan Y, Xu J, et al. Match-srnn: Modeling the recursive matching structure with spatial rnn ［J］. arXiv preprint arXiv: 1604.04378, 2016.

［54］ Lu Z, Li H. A deep architecture for matching short texts ［J］. Advances in neural information processing systems, 2013, 26: 1367-1375.

［55］ Fan Y, Guo J, Lan Y, et al. Modeling diverse relevance patterns in ad-hoc retrieval ［C］//The 41st international ACM SIGIR conference on research & development in information retrieval. 2018: 375-384.

［56］ Yin W, Schütze H. Multigrancnn: An architecture for general matching of text chunks on multiple levels of granularity ［C］//Proceedings of the 53rd Annual Meeting of the Association for Computational Linguistics and the 7th International Joint Conference on Natural Language Processing（Volume 1: Long Papers）. 2015: 63-73.

［57］ Nie Y, Sordoni A, Nie J Y. Multi-level abstraction convolutional model with weak supervision for information retrieval ［C］//The 41st International ACM SIGIR Conference on Research & Development in Information Retrieval. 2018: 985-988.

［58］ Dai Z, Xiong C, Callan J, et al. Convolutional neural networks for soft-matching n-grams in ad-hoc search ［C］// Proceedings of the eleventh ACM international conference on web search and data mining. 2018: 126-134.

［59］ Chen H, Han F X, Niu D, et al. Mix: Multi-channel information crossing for text matching ［C］//Proceedings of the 24th ACM SIGKDD international conference on knowledge discovery & data mining. 2018: 110-119.

［60］ Wei Z, Xu J, Lan Y, et al. Reinforcement learning to rank with Markov decision process ［C］//Proceedings of the 40th International ACM SIGIR Conference on Research and Development in Information Retrieval. 2017: 945-948.

［61］ Oosterhuis H, de Rijke M. Ranking for relevance and display preferences in complex presentation layouts ［C］// The 41st International ACM SIGIR Conference on Research & Development in Information Retrieval. 2018: 845-854.

［62］ Mikolov T, Chen K, Corrado G, et al. Efficient estimation of word representations in vector space ［J］. arXiv preprint arXiv: 1301.3781, 2013.

［63］ Mikolov T, Sutskever I, Chen K, et al. Distributed representations of words and phrases and their compositionality ［C］// Advances in neural information processing systems. 2013: 3111-3119.

［64］ Blei D M, Ng A Y, Jordan M I. Latent dirichlet allocation ［J］. the Journal of machine Learning research, 2003, 3: 993-1022.

［65］ McAuley J, Leskovec J. Hidden factors and hidden topics: understanding rating dimensions with review text ［C］// Proceedings of the 7th ACM conference on Recommender systems. 2013: 165-172.

［66］Chen C，Zhang M，Liu Y，et al. Neural attentional rating regression with review-level explanations［C］// Proceedings of the 2018 World Wide Web Conference. 2018：1583-1592.

［67］He X，Liao L，Zhang H，et al. Neural collaborative filtering［C］//Proceedings of the 26th international conference on world wide web. 2017：173-182.

［68］He X，Zhang H，Kan M Y，et al. Fast matrix factorization for online recommendation with implicit feedback ［C］//Proceedings of the 39th International ACM SIGIR conference on Research and Development in Information Retrieval. 2016：549-558.

［69］Cañamares R，Castells P. Should I follow the crowd? A probabilistic analysis of the effectiveness of popularity in recommender systems［C］//The 41st International ACM SIGIR Conference on Research & Development in Information Retrieval. 2018：415-424.

［70］Cañamares R，Castells P，Moffat A. Offline evaluation options for recommender systems［J］. Information Retrieval Journal，2020，23（4）：387-410.

［71］Dacrema M F，Cremonesi P，Jannach D. Are we really making much progress? A worrying analysis of recent neural recommendation approaches［C］//Proceedings of the 13th ACM Conference on Recommender Systems. 2019：101-109.

［72］Lu H，Zhang M，Ma S. Between clicks and satisfaction：Study on multi-phase user preferences and satisfaction for online news reading［C］//The 41st International ACM SIGIR Conference on Research & Development in Information Retrieval. 2018：435-444.

［73］Gedikli F，Jannach D，Ge M. How should I explain? A comparison of different explanation types for recommender systems［J］. International Journal of Human-Computer Studies，2014，72（4）：367-382.

［74］Tintarev N，Masthoff J. Explaining recommendations：Design and evaluation［M］//Recommender systems handbook. Springer，Boston，MA，2015：353-382.

［75］Donkers T，Loepp B，Ziegler J. Explaining Recommendations by Means of User Reviews［C］//IUI Workshops. 2018.

［76］Symeonidis P，Nanopoulos A，Manolopoulos Y. MoviExplain：a recommender system with explanations［C］// Proceedings of the third ACM conference on Recommender systems. 2009：317-320.

［77］Berkovsky S，Taib R，Conway D. How to recommend? User trust factors in movie recommender systems［C］// Proceedings of the 22nd International Conference on Intelligent User Interfaces. 2017：287-300.

［78］Papadimitriou A，Symeonidis P，Manolopoulos Y. A generalized taxonomy of explanations styles for traditional and social recommender systems［J］. Data Mining and Knowledge Discovery，2012，24（3）：555-583.

［79］Bilgic M，Mooney R J. Explaining recommendations：Satisfaction vs. promotion［C］//Beyond personalization workshop，IUI. 2005，5：153.

［80］Wang X，He X，Cao Y，et al. Kgat：Knowledge graph attention network for recommendation［C］//Proceedings of the 25th ACM SIGKDD International Conference on Knowledge Discovery & Data Mining. 2019：950-958.

推荐系统

随着互联网的普及，信息技术极大地方便了人们的生产生活，但同时也带来了信息爆炸问题。互联网上存储了来自各种渠道不可计数的信息，从历史到科技、从娱乐到电商，人们获取自己需要的信息变得越来越困难。以搜索引擎为代表的信息检索是人们主动从互联网上获取信息的一种重要方式，但它依赖于用户主动输入的关键词，需要用户有明确的信息需求，检索系统只能被动地提供信息。个性化推荐系统则提供了一种让系统能够主动提供信息的方式，不依赖于用户输入，系统能够分析用户特征，主动推送用户可能感兴趣的个性化信息，有利于挖掘用户的潜在需求。如今个性化推荐系统已经成了用户日常工作生活中获取信息不可或缺的服务，新闻推荐系统可以给用户推送各种用户可能感兴趣的新闻；音乐推荐系统可以给用户提供个性化电台服务，播放和推荐可能喜欢的歌；电商推荐系统可以根据用户行为分析用户喜好，推荐可能会买的商品。作为重要的人工智能技术应用场景之一，个性化推荐近些年来在国内外产业界和学术界都得到了极大的关注。国际顶级信息检索会议上推荐方向论文的投稿与发表连创新高，其中用户行为分析、场景信息利用、深度推荐模型等都是当前重要的研究方向。在此处，我们使用"项目"一词来指代推荐场景下的待推荐项。

1. 用户兴趣建模与结果评价

推荐系统通过分析用户历史交互行为数据，挖掘和建模用户兴趣，从海量的信息资源库中检索符合用户偏好的内容，主动进行信息推荐以满足用户的需求，实现用户与信息的高效匹配。在推荐系统的构建过程中，对用户兴趣的建模以及对结果的评价是最核心的组成部分。自推荐系统提出以来，研究者围绕两个核心研究方向开展了持续丰富的探究工作。

　　用户兴趣建模的目标是预测用户对于尚未交互过项目的偏好情况。总体上，根据所基于的信息类型，可分为基于内容、基于协同过滤以及混合式等多种方式。其中，基于内容的建模方法认为用户对项目的偏好主要取决于项目自有的内容信息，例如类型、功能、质量等。因此，基于内容的方法通常会引入项目和用户的属性和内容语义特征，基于用户对其他项目的历史交互偏好来进行兴趣建模。近年来，许多基于内容的建模方法利用了用户对项目的评论内容来提升兴趣刻画的效果，广泛应用话题模型，特别是隐狄利克雷分配模型等算法进行评论的特征提取和用户的兴趣表示。斯坦福大学学者提出了隐特征和隐话题算法，结合评论的话题分布来刻画项目和用户的向量表示，实现对用户兴趣更精准的预测。清华大学的研究者进一步提出了基于评论有用性的推荐算法 NARRE，使用注意力机制自适应地学习项目评论的权重，刻画差异化的有用性，显著地提升了评分预测任务的性能。评论等内容语义信息的引入缓解了兴趣建模任务中面临的用户数据稀疏性问题，也提升了建模的可解释性。

　　基于协同过滤的兴趣建模方法的思路与基于内容的方法有较大不同，认为有相似交互历史的用户对于其他项目也会有相似的偏好。麻省理工学院和多伦多大学的研究人员使用矩阵分解算法，从用户评分矩阵数据中学习用户和项目的隐式语义表示，在评分预测任务中取得了显著的改进，成为后续用户建模和推荐算法的经典做法。在此基础上，新加坡国立大学的研究团队提出了基于神经网络的矩阵分解算法，最大程度地利用了用户对项目的评分矩阵数据。

　　在建模过程中，研究者发现数据的稀疏性是制约推荐效果的核心问题，仅利用评分数据不足以充分刻画用户的兴趣。为了补充用户的偏好数据，更全面地刻画兴趣，研究者尝试引入更多样化的信息，包括跨领域的用户行为、社交关系、知识图谱等。首先，部分工作尝试将用户在其他领域中的交互数据作为额外信息结，结合到当前领域进行使用。其中面临的挑战是跨领域数据间的差异性，如何进行迁移和融合成为关键问题。核心的思路是通过多领域间共有的重叠数据实现对领域的对齐，将用户兴趣表示进行变换和迁移。复旦大学和香港科技大学合作首次尝试了在协同过滤算法中通过优化评分矩阵的生成过程实现迁移学习，同时提升了在多个领域的用户兴趣表示和评分预测任务效果。进一步地，香港科技大学的研究者优化了跨领域信息对齐步骤的效果，尝试采用少量公共内容完成用户兴趣迁移学习，优化了跨领域数据的使用。基于迁移学习对跨领域用户行为的引入显著缓解了数据稀疏问题。

　　除了引入用户在其他领域的交互数据，部分算法也尝试了使用其他异质信息来补充建模用户的兴趣。近期的研究工作基于用户很可能与朋友具有相似兴趣的假设，提出可引入用户的社交关系的建模方法。吉林大学学者最早提出了信任矩阵分解算法，在传统矩阵分解的过程中加入额外的用户关系矩阵。浙江大学团队进一步考虑了用户间社交关系的紧密程度，提升了对社交关系数据的使用效果，表明了异质的社交关系数据能够帮助对用户兴趣的建模。

除了构成了推荐系统学习部分的用户兴趣建模，评价则是系统的优化部分。评价对推荐系统的提升和发展至关重要，但面临着许多亟待解决的挑战性问题。根据评价所处的阶段和依赖的数据，可以将其分为离线和在线评价两部分。推荐系统的离线评价基于用户历史交互数据进行，具有成本低、可复用等优点，被广泛用于算法调优和模型选择。但离线评价方法受到许多因素的影响，例如热门度偏置和展现偏置等，近年来越来越多的研究者关注并尝试解决评价所面临的偏置问题。马德里自治大学研究团队通过模拟实验探究了推荐展现数据中的热门度偏置对离线评价结果的影响，发现传统离线评价结果与真实系统表现之间存在显著的差异。他们进一步对离线评价中的不同设置进行了全面的探究，发现在不同设置下评价结果的不稳定性。米兰理工大学的研究人员检验了近年来提出的多种推荐算法，发现推荐系统离线评价结果的鲁棒性和可复现性仍面临极大的问题，需要更一致可靠的评价方法。

除了离线评价，基于用户实际行为反馈的在线评价方法被广泛应用于真实的推荐系统应用中，例如点击率、浏览深度、阅读时长等指标。但行为与用户真实体验之间存在不一致性问题，导致在线评价结果与用户真实满意度存在偏差。清华大学学者显式量化了用户行为与实际偏好体验之间的差异，通过引入导致差异的质量、上下文等因素，对行为信号进行了修正并据此大幅改进了传统在线评价指标与满意度的一致性。

随着推荐系统在用户各方面生活中扮演着越来越重要的角色，用户的需求也更加多元化，除了推荐的准确性以外，用户还关注多样性、新颖性、可解释性、公平性等多维度。近年来，研究者在提升推荐算法准确性的同时，越来越关注于在推荐的同时提供相应的解释，以提出令人信服的推荐，提升用户的接受度和满意度。已有工作已经提出了多样化的解释形式，包括文本和图像等。其中，最常见的解释方式是基于用户或项目间的相似度，广泛应用于亚马逊、网飞等在线推荐系统中。研究者发现，展现该类型解释可以提高用户感知到的推荐透明性，但也会导致可信度的下降。近期，研究者通过引入项目的内容语义信息、知识图谱等额外信息，生成包括知识等更丰富的解释。其他更多的信息和形式也陆续应用到解释生成中，例如口碑和社交关系等信息。然而，目前提出的可解释性推荐仍缺少统一性的标准评价方法，制约了该方向的发展，亟待相关研究工作的开展。

除了可解释性以外，推荐系统的公平性日益得到用户及研究者的关注和担忧。在已有工作中，研究者发现推荐系统对于不同性别、年龄的用户的推荐效果不一致，表明了用户不公平问题的存在。系统的不公平性会导致用户群体间差异拉大，不利于系统生态的健康发展。推荐系统中的公平性定义总体可分为个体公平性和群体公平性。个体公平性要求相似的个体得到相似的对待，而群体公平性则要求不同群体的用户得到一致的对待。大多数群体公平性研究工作基于性别、年龄、种族等敏感属性来划分用户群体。美国博伊西州立大学的研究者对比了不同性别和年龄的用户在常见推荐数据集中所收到的推荐效果差异，发现男性用户获得更好的推荐效果，且广泛存在于各种推荐算法中。为了解决不公平性问题，研究者从不同的角度给出了多种解决方案：首先，基于数据的优化，试图调整训练数据的分布以减少推荐的不公平性；其次，基于模型的优化，在损失函数中增加公平性约束或优化模型结构来提高公平性。除了定义、衡量和解决方法，目前仍缺少对导致推荐不公平性的原因的建模，从此角度可以更深入地理解公平性问题，发展新的优化方法。

作为推荐系统的核心问题，用户兴趣建模获得了众多研究者的关注，从内容和协同过滤等思路入手，近年来在传统的矩阵分解等方法的基础上，引入评论等内容语义信息、跨领域的行为数据、社交关系等异质多模态数据，显著提升了用户兴趣建模的准确性和可解释性。而围绕推荐系统的评价，近年来研究者尝试解决离线评价中面临的偏置问题，以及评价结果与用户真实满意度之间的不一致问题，为改进用户建模和推荐算法起到了重要作用。

2. 场景信息增强的推荐

随着信息技术的发展以及个性化推荐在各个领域的应用，用户与项目之间的交互有了更为丰富的含义。从项目的展现形式来看，用户获取项目信息的途径从以前的纯文本发展到如今图文结合甚至短视频（直播）的形式。对于推荐系统来说，场景中可利用的信息种类也越来越丰富，除了文本、图片、视频等多模态信息，用户间社交关系、项目知识图谱等结构化的知识信息都可以被用来增强个性化推荐，在提升推荐精度的同时帮助提升推荐模型的可解释性。

2.1 引入多模态信息的推荐

早期的推荐系统模型主要基于协同过滤，少数基于内容的方法由于算力受限建模也较为简单。近些年由于硬件技术发展、运算速度提升，产生了一系列融合多模态信息的推荐方法。尤其是深度学习方法的广泛应用使得多模态信息的建模和融合变得更加容易。推荐中的多模态信息多种多样，包括文本、图片、视频等。文本信息主要包括以文本为内容的项目（如新闻），以及用户对项目的评论，例如美国芝加哥大学的研究团队提出的DeepCoNN模型，使用用户、项目评论文本的双塔结构刻画用户对项目的偏好，是最早基于评论文本的深度推荐模型之一。2015年，加利福尼亚大学圣选戈分校学者收集了亚马逊电商平台的数据，建模了从衣服、化妆品到玩具、电子产品等领域的图片数据，从图片中提取了项目的风格信息，通过图片建模了项目之间的替代关系，为后续基于项目图片推荐系统奠定了基础。典型的视频推荐系统是由YouTube公司开发的，融合了视频内容、标签、标题等多模态信息，取得了非常好的推荐效果，被许多其他公司所参考。

2.2　引入社交关系的推荐

除了多模态信息外，用户的社交关系也是研究者和产业界尝试利用的重要信息。在推荐系统中，许多利用社交关系的方法会假设用户的朋友所喜欢和关注的内容或项目，用户本身可能也会感兴趣。早期融合社交关系的方法主要基于隐向量模型，例如香港中文大学的研究团队在 2008 年提出的 SoRec 模型，是典型的借助用户社交关系去填充用户项目矩阵的方法，可以缓解数据稀疏问题。该研究团队还在 2009 年提出利用社交关系建模用户朋友的信任程度，信任度越高的朋友所提供的偏好信息越多越可靠，这提供了另一条利用社交关系进行推荐的思路。进入深度学习时代以后，近年来一些主流的方法是使用图神经网络来建模用户社交关系及项目关系，融合了"用户 – 用户"和"用户 – 项目"图网络，建模图中的高阶关联关系完成推荐。近年来也有工作对电商直播这种新颖的用户 – 项目交互模式开展研究，在这种模式下用户和不同主播之间的关注关系很大程度上影响用户对于项目的交互行为，研究发现引入这种社交关系可以显著提升个性化推荐的效果，为直播场景下的推荐算法设计提供了新的方向。

2.3　可解释性推荐

个性化推荐系统通常利用了机器学习技术，但是许多机器学习模型，尤其是当前被广泛使用的人工神经网络，难以对预测结果做出解释，不能解释为什么给用户做出这样的推荐。这不但影响了推荐系统的可靠性，也使得用户难以信任系统结果。较早研究可解释推荐的是美国明尼苏达大学的研究团队，早在 2000 年，他们就尝试对协同过滤的结果做出解释后展现给用户，使得用户对推荐结果的接受程度明显增加。并且在 2009 年提出了自动对推荐结果做出解释的方法，主要思路是对项目打标签并根据用户对标签的偏好来推荐。之后一些研究者尝试利用用户评论提升推荐可解释性，因为用户对项目的评论既体现了用户的偏好，也包含了对项目属性的描述。比较有代表性的工作是 2013 年美国斯坦福大学研究组提出的 HFT 模型，利用评论文本对用户和项目的表示中每个隐变量做出主题级别的解释。除此之外，清华大学团队 2014 年提出了 EFM 模型尝试结合情感分析，从短语级别对推荐结果做出解释。进入深度学习时代之后，他们还于 2018 年提出了比较有代表性的评论级别的可解释深度推荐模型，在推荐项目的同时给出有用的评论，对后续深度可解释推荐模型有较大借鉴意义。

2.4　知识增强的推荐

近年来融合知识的人工智能模型得到了广泛关注。早期的人工智能主要基于符号和规则（第一代人工智能），针对目前数据驱动为主的人工智能（第二代人工智能），研究者普遍认为知识驱动是下一代人工智能（第三代人工智能）的重要发展方向。这里知识既包括从数据中挖掘出的逻辑推理与因果关联，也包括数据本身所包含的额外知识。目前的研究主要集中于如何利用额外的知识信息上，如项目所涉及实体之间的常识知识（如电影演员、导演），以及项目本身之间的相关关系（如互补、替代）。在实际生活中，用户往往会倾向于选择和已交互内容有关系的项目，因此有工作尝试在推荐系统中引入包括项目关系在内的知识图谱。电子科技大学团队提出基于知识的协同推荐模型，在电影推荐的场景下除了利用电影封面、描述等多模态信息，还利用了电影题材、导演、演员等结构化的知识信息，通过 TransR 知识图谱嵌入的方法来增强项目的表示，是最早在推荐领域中引入知识信息的工作之一。后续引入项目知识图谱的工作大多建立在三元组结构化信息的基础上进行知识图谱嵌入，格拉斯哥大学的研究人员则提出从关系类型和关系取值两个方面用四元组来描述项目之间的关系，丰富了基于关系协同过滤的内涵，并且利用注意力机制对关系的重要性进行建模，增强了推荐的可解释性。在从数据中挖掘逻辑推理与因果关系方面，清华大学提出用逻辑表达式描述推荐问题，并通过神经网络建模基本的逻辑变量和运算符，为知识增强的个性化推荐提供了新的方向。

综上所述，推荐系统中丰富的场景信息为推荐算法的设计提供了更为广阔的空间，同时也取得了显著的性能提升。在如今服务垂直化的背景下，场景信息增强对于推荐系统的实际应用尤为重要。不同产品的业务场景往往存在较大差异，合理利用独特的场景信息才能使得推荐服务更好地为产品赋能，这也促使研究者不断探索在推荐系统中利用场景信息的各种可能。

3. 基于神经网络的推荐方法

时至今日，深度学习与神经网络模型已经成为推荐领域当之无愧的主流。与传统的机器学习模型相比，神经网络模型的表达能力更强，能够挖掘出更多数据中潜藏的信息。同时，神经网络模型的结构非常灵活，可以根据任务场景和数据特点灵活调整模型结构，使模型与应用场景更加契合。技术上，神经网络推荐模型借鉴并融合了深度学习在图像、语音及自然语言处理等方向上的发展成果，在模型结构上进行了快速的演化。

3.1 建模高阶特征交互

神经网络的主要优势在于能够建模用户－项目及项目之间的高阶特征交互，实现更精准的特征建模，提升模型表达能力。从最简单的单层神经网络模型 AutoRec（自编码器推荐）到经典的深度神经网络结构 Deep Crossing（深度特征交叉），其主要的改进方式在于增加深度神经网络的层数和结构复杂度。

神经网络模型在推荐系统上的初步尝试是 2015 年由澳大利亚国立大学提出的 AutoRec，它将自编码器的思想和协同过滤结合，提出了一种单隐层神经网络推荐模型，基本原理是利用协同过滤中的共现矩阵，完成用户向量或者项目向量的自编码，再利用自编码的结果得到用户对项目的预估评分，从而进行推荐排序。AutoRec 使用单隐层自编码器泛化用户或项目评分，使模型具有一定的泛化和表达能力，由于其模型结构比较简单，存在一定的表达能力不足的问题。

微软于 2016 年提出的 Deep Crossing 模型是一次深度学习架构在推荐系统上的完整应用。在模型结构上，Deep Crossing 采用了"表示学习 + 多层神经网络"的经典结构，原始特征经过表示后输入到神经网络层，通过多层残差网络对特征向量各个维度进行交叉组合，使得模型能够捕捉更多非线性特征和组合特征的信息。这类模型主要改变神经网络中特征交互的方式，例如新加坡国立大学的研究人员于 2017 年提出基于深度学习的协同过滤模型 NCF。在结构上，NCF 用"多层神经网络 + 输出层"的结构替代了矩阵分解模型中的内积操作，让用户向量和项目向量做更为充分的交叉，得到更多有价值的信息，并且也引入了更多的非线性特征，让模型的表达能力更强。

传统推荐模型因子分解机模型较矩阵分解方法引入了二阶交互，而在深度学习时代有了诸多后续版本，包括 FNN、NFM、DeepFM 等。FNN 是由伦敦大学的研究人员于 2016 年提出，模型结构是一个类似 Deep Crossing 的经典神经网络结构。其特点在于使用 FM 模型训练好的各特征隐向量来初始化表示层的参数，相当于在初始化神经网络参数时引入了有价值的先验信息。FNN 把 FM 的训练结果作为初始化权重，并没有对神经网络的结构进行调整。2017 年由哈尔滨工业大学和华为公司联合提出了 DeepFM，将 FM 的模型结构与 Wide&Deep 模型进行了整合。DeepFM 对 Wide&Deep 模型的改进之处在于，其用 FM 替换了原来的 Wide 部分，加强了浅层网络部分特征组合的能力，同时，DeepFM 的改进也使得 Wide 部分具备自动的特征组合能力。2017 年新加坡国立大学的研究人员提出了 NFM，利用神经网络更强的表达能力改进 FM。具体做法是在进行两两表示向量的元素积操作后，对交叉特征向量取和，并将该向量输入上层的多层全连接神经网络。

3.2 混合模型

除了使用神经网络充分挖掘特征，使用深层神经网络与浅层特征交互融合的方法也得到了大量关注。该类模型主要指 Wide&Deep 模型以及后续的变种如 Deep&Cross 等，其思路是组合多种不同特点的神经网络来提升模型的综合能力。

Wide&Deep 模型自提出以来就在业界发挥着巨大的影响力，是由单层的 wide 部分和多层的 Deep 部分组成的混合模型。其中 wide 部分是让模型具有较强的记忆能力，Deep 部分是让模型具有泛化能力。因此，该模型迅速成为业界主流模型，并产生了大量以之为基础结构的混合模型。Wide&Deep 模型的提出不仅综合了"记忆能力"和"泛化能力"，而且开启了不同网络结构融合的新思路，在此之后，有越来越多的工作集中于分别改进 Wide&Deep 中的 Wide 部分或是 Deep 部分。Wide&Deep 模型取得成功的关键在于：抓住了业务问题的本质特点，能够融合传统模型和神经网络模型的优势；模型简单，比较容易在工程上实现、训练和上线，这加速了其在业界的推广应用。

3.3 注意力机制与推荐模型的结合

近年来，注意力机制广泛地应用于深度学习的各个领域并取得了巨大的成功，包括自然语言处理，语音识别以及计算机视觉。近年来许多工作尝试将注意力机制引入推荐模型中，从而进一步发掘用户对项目的个性化偏好和关注。代表性工作包括使用注意力机制改进 FM 的 AFM 模型以及利用注意力来提供评论级别解释的 NARRE。

AFM 是 2017 年由浙江大学提出的，它可以看作是 NFM 工作的延续，基于假设不同的交叉特征对于结果的影响程度不同。具体来说，AFM 模型引入注意力机制是通过在特征交叉层和最终的输出层之间加入注意力网络来实现的，注意力网络的作用是为每一个交叉特征提供权重。

NARRE 是清华大学的研究人员在 2017 年提出的一个基于评论有用性的可解释推荐模型。用户在信息平台上撰写的评论表现出用户的偏好和项目的特征，但是有些评论包含的信息多，有些评论包含的信息很少，定义为评论的有用性有差异。该工作中通过融合注意力机制来自适应的学习评论权重，并且提出用高权重的评论来为用户提供评论级别的推荐结果解释。该方法第一个提出将"评论级"解释应用到用户结果展示中的研究，不同于以往工作中使用的词级及短语级解释。

3.4 图神经网络与推荐模型的结合

图神经网络的核心观点是通过节点信息的迭代传播使整张图达到收敛并在图收敛的基础上进行预测和分类任务。这类模型主要是将目前在表示学习中取得非常不错的表现的图神经网络应用于神经网络推荐模型中，近年来比较有代表性的图神经网络推荐工作包括 NGCF 以及 LightGCN。

NGCF 是 2019 年由新加坡国立大学提出的将图神经网络与协同过滤相结合的代表性模型，用户和项目的共现矩阵可以看作是一个图结构，在这个图上，用户第 l 阶的表示可以通过项目第 l–1 阶的表示聚合得到，项目的表示同理。在得到用户和项目的表示后通过内积来预测用户对于项目的偏好。随后，中国科学技术大学的研究人员在 2020 年提出 LightGCN，并发现简化图神经网络中的非线性函数和自交层可以进一步提升推荐效果并减少训练复杂度。

此外，图神经网络的方法也与知识图谱有了很好的结合，二者在数据组织和处理上有着天然的匹配和一致性，相关工作在上一节中已有提及，在此不再赘述。

3.5　强化学习与推荐模型的结合

强化学习是近年来非常热门的研究话题，在学习过程中会完成收集外部反馈，改变自身状态，再根据自身状态对下一步的行动进行决策，在行动后持续收集反馈的循环。这类模型将强化学习应用于推荐领域，强调模型的在线学习与实时更新，能够通过长期的持续更新，为用户提升更好的信息推荐服务。

深度强化学习推荐系统框架是基于强化学习的经典过程提出的。2018 年，由宾夕法尼亚州立大学和微软亚洲研究院的学者提出了推荐领域的强化学习模型 DRN，是一次将强化学习应用于新闻推荐的尝试。强化学习在推荐系统中的应用扩展了推荐模型的建模思路，与之前深度学习模型的不同之处在于变静态为动态，对数据实时性的利用能力大大加强，其缺点在于线上部分比较复杂，工程实现难度较大。

综上所述，深度学习在推荐领域已经取得了非常广泛的应用，很大程度上推动了近年来推荐性能的提升。随着深度学习技术的持续发展，深度推荐模型也没有停下前进的脚步。近几年，深度推荐模型呈现出高速迭代的特点，并且应用场景越来越广，仍将是推荐系统主要的研究方向之一。

4. 小结

总的来说，推荐系统提供了一种主动给用户呈现信息的方式，能够更好地发掘用户兴趣，根据用户的实际意图提供更适合的产品及服务，帮助缓解泛信息化时代普遍面临的信息过载问题。为了提高个性化推荐系统的性能，近年来学术界和工业界都进行了很多的尝试。一方面研究者探索各种场景信息（如社交关系、多模态信息、知识图谱）来增强用户兴趣与意图建模，利用各种新兴的深度学习技术对不同信息进行建模成为一个典型的研究方向；另一方面也有很多工作集中在推荐结果评价上，除了传统的排序性能，其他不同侧面的评价也受到越来越多的关注（如可解释性、公平性），亟须更为全面的评价体系来衡量推荐系统的结果。除了推荐结果的评价以外，当前的推荐系统研究还面临诸多挑战。例如推荐算法的可复现性问题，随着场景的复杂化，推荐实验的设定分歧点越来越多，不同算法往往因为实验细节不同而难以对比，看似百花齐放的深度推荐模型背后可能隐藏着长时间的停滞不前。此外，当前深度推荐模型的研究往往局限于迁移已有的技术，缺乏针对推荐领域的顶层方法设计。

对于推荐系统来说，作为和人们生活息息相关的一项智能服务，未来的发展方向也将很大程度上跟随社会发展的脚步。随着"以人为本"观念的不断深入，如何去除推荐系统中的偏置以及缓解公平性问题将成为研究者持续关注的热点；为了建立推荐系统与用户之间的信任，更加智能的可解释推荐模型也是非常重要的一个方向；同时随着信息技术的发展，推荐场景的演进对如何融入新型场景信息（如直播）提出了全新的需求，将成为产业界关注的焦点之一。此外，在推荐系统的鲁棒性、冷启动等传统问题上也有待研究者进行更深入的探究。

参考文献

［1］ Wang X，Wang D，Xu C，et al. Explainable reasoning over knowledge graphs for recommendation ［C］// Proceedings of the AAAI Conference on Artificial Intelligence. 2019，33（1）：5329-5336.

［2］ Ekstrand M D，Tian M，Azpiazu I M，et al. All the cool kids，how do they fit in?：Popularity and demographic biases in recommender evaluation and effectiveness ［C］//Conference on fairness，accountability and transparency. PMLR，2018：172-186.

［3］ Dwork C，Hardt M，Pitassi T，et al. Fairness through awareness ［C］//Proceedings of the 3rd innovations in theoretical computer science conference. 2012：214-226.

［4］ Pedreschi D，Ruggieri S，Turini F. Measuring discrimination in socially-sensitive decision records ［C］// Proceedings of the 2009 SIAM international conference on data mining. Society for Industrial and Applied Mathematics，2009：581-592.

［5］ Kamishima T，Akaho S，Asoh H，et al. Recommendation independence ［C］//Conference on Fairness，Accountability and Transparency. PMLR，2018：187-201.

［6］ Kamishima T，Akaho S. Considerations on recommendation independence for a find-good-items task ［J］. 2017.

［7］ Zhu Z，Hu X，Caverlee J. Fairness-aware tensor-based recommendation ［C］//Proceedings of the 27th ACM International Conference on Information and Knowledge Management. 2018：1153-1162.

［8］ Yao S，Huang B. Beyond parity：Fairness objectives for collaborative filtering ［J］. arXiv preprint arXiv：1705.08804，2017.

［9］ Rastegarpanah B，Gummadi K P，Crovella M. Fighting fire with fire：Using antidote data to improve polarization and fairness of recommender systems ［C］//Proceedings of the Twelfth ACM International Conference on Web Search and Data Mining. 2019：231-239.

［10］ Zheng L，Noroozi V，Yu P S. Joint deep modeling of users and items using reviews for recommendation ［C］// Proceedings of the tenth ACM international conference on web search and data mining. 2017：425-434.

［11］ McAuley J，Targett C，Shi Q，et al. Image-based recommendations on styles and substitutes ［C］//Proceedings of the 38th international ACM SIGIR conference on research and development in information retrieval. 2015：43-52.

［12］ He R，McAuley J. Ups and downs：Modeling the visual evolution of fashion trends with one-class collaborative filtering ［C］//proceedings of the 25th international conference on world wide web. 2016：507-517.

［13］ Davidson J，Liebald B，Liu J，et al. The YouTube video recommendation system ［C］//Proceedings of the fourth ACM conference on Recommender systems. 2010：213-216.

［14］ Ma H，Yang H，Lyu M R，et al. Sorec：social recommendation using probabilistic matrix factorization ［C］// Proceedings of the 17th ACM conference on Information and knowledge management. 2008：931-940.

［15］ Ma H，King I，Lyu M R. Learning to recommend with social trust ensemble ［C］//Proceedings of the 32nd international ACM SIGIR conference on Research and development in information retrieval. 2009：203-210.

［16］ Fan W, Ma Y, Li Q, et al. Graph neural networks for social recommendation ［C］//The World Wide Web Conference. 2019：417-426.

［17］ Yu S, Jiang Z, Chen D D, et al. Leveraging Tripartite Interaction Information from Live Stream E-Commerce for Improving Product Recommendation ［J］. arXiv preprint arXiv：2106.03415, 2021.

［18］ Herlocker J L, Konstan J A, Riedl J. Explaining collaborative filtering recommendations ［C］//Proceedings of the 2000 ACM conference on Computer supported cooperative work. 2000：241-250.

［19］ Vig J, Sen S, Riedl J. Tagsplanations：explaining recommendations using tags ［C］//Proceedings of the 14th international conference on Intelligent user interfaces. 2009：47-56.

［20］ Zhang Y, Lai G, Zhang M, et al. Explicit factor models for explainable recommendation based on phrase-level sentiment analysis ［C］//Proceedings of the 37th international ACM SIGIR conference on Research & development in information retrieval. 2014：83-92.

［21］ 张钹, 朱军, 苏航. 迈向第三代人工智能 ［J］. 中国科学：信息科学, 2020, 50（9）：1281-1302.

［22］ Wang C, Zhang M, Ma W, et al. Make it a chorus：knowledge-and time-aware item modeling for sequential recommendation ［C］//Proceedings of the 43rd International ACM SIGIR Conference on Research and Development in Information Retrieval. 2020：109-118.

［23］ Wang C, Ma W, Zhang M, et al. Toward Dynamic User Intention：Temporal Evolutionary Effects of Item Relations in Sequential Recommendation ［J］. ACM Transactions on Information Systems（TOIS）, 2020, 39（2）：1-33.

［24］ Zhang F, Yuan N J, Lian D, et al. Collaborative knowledge base embedding for recommender systems ［C］//Proceedings of the 22nd ACM SIGKDD international conference on knowledge discovery and data mining. 2016：353-362.

［25］ Lin Y, Liu Z, Sun M, et al. Learning entity and relation embeddings for knowledge graph completion ［C］//Twenty-ninth AAAI conference on artificial intelligence. 2015.

［26］ Xin X, He X, Zhang Y, et al. Relational collaborative filtering：Modeling multiple item relations for recommendation ［C］//Proceedings of the 42nd International ACM SIGIR Conference on Research and Development in Information Retrieval. 2019：125-134.

［27］ Shi S, Chen H, Ma W, et al. Neural logic reasoning ［C］//Proceedings of the 29th ACM International Conference on Information & Knowledge Management. 2020：1365-1374.

［28］ Sedhain S, Menon A K, Sanner S, et al. Autorec：Autoencoders meet collaborative filtering ［C］//Proceedings of the 24th international conference on World Wide Web. 2015：111-112.

［29］ Shan Y, Hoens T R, Jiao J, et al. Deep crossing：Web-scale modeling without manually crafted combinatorial features ［C］//Proceedings of the 22nd ACM SIGKDD international conference on knowledge discovery and data mining. 2016：255-262.

［30］ Zhang W, Du T, Wang J. Deep learning over multi-field categorical data ［C］//European conference on information retrieval. Springer, Cham, 2016：45-57.

［31］ He X, Chua T S. Neural factorization machines for sparse predictive analytics ［C］//Proceedings of the 40th International ACM SIGIR conference on Research and Development in Information Retrieval. 2017：355-364.

［32］ Guo H, Tang R, Ye Y, et al. DeepFM：a factorization-machine based neural network for CTR prediction ［J］. arXiv preprint arXiv：1703.04247, 2017.

［33］ Cheng H T, Koc L, Harmsen J, et al. Wide & deep learning for recommender systems ［C］//Proceedings of the 1st workshop on deep learning for recommender systems. 2016：7-10.

［34］ Wang R, Fu B, Fu G, et al. Deep & cross network for ad click predictions ［M］//Proceedings of the ADKDD'17. 2017：1-7.

［35］ Xiao J，Ye H，He X，et al. Attentional factorization machines：Learning the weight of feature interactions via attention networks［J］. arXiv preprint arXiv：1708.04617，2017.

［36］ Wang X，He X，Wang M，et al. Neural graph collaborative filtering［C］//Proceedings of the 42nd international ACM SIGIR conference on Research and development in Information Retrieval. 2019：165-174.

［37］ He X，Deng K，Wang X，et al. Lightgcn：Simplifying and powering graph convolution network for recommendation［C］// Proceedings of the 43rd International ACM SIGIR conference on research and development in Information Retrieval. 2020：639-648.

［38］ Zheng G，Zhang F，Zheng Z，et al. DRN：A deep reinforcement learning framework for news recommendation［C］// Proceedings of the 2018 World Wide Web Conference. 2018：167-176.

自然语言处理与理解

　　自然语言处理是人工智能领域的重要研究方向之一。语言作为人类思维表达和日常交流的重要媒介，是人类区别于其他动物的本质特征。自然语言是人类特有的高级智力活动，承载了复杂的信息，具有高度的抽象性。从计算机诞生之日起，让计算机具备理解和处理人类自然语言的能力就成为人们追求的目标。

　　自然语言处理具有典型的边缘交叉学科特色，涉及语言科学、计算机科学、数学、认知科学、逻辑学、心理学等诸多学科，一般分为两个部分——自然语言理解和自然语言生成。自然语言理解的目的是让计算机通过各种分析与处理，理解人类的自然语言（包括其内在含义）。自然语言生成则更关注如何让计算机自动生成人类可以理解的自然语言形式或系统。

　　人工智能自下向上可以分为运算智能、感知智能和认知智能。运算智能指机器的记忆、运算能力；感知智能指机器的视觉、听觉、触觉等感知能力；认知智能包括理解、运用语言的能力，掌握、运用知识的能力以及在语言和知识基础上的推理能力。

　　目前人工智能的发展已基本实现了运算智能，机器存储和运算数据的能力已远远超过人类的现有水平；感知智能也取得了许多重要突破，在业界多项权威测试中，很多人工智能系统都已经达到甚至超过了人类水平，如人脸识别、语音识别等感知智能技术已广泛运用在图片处理、安防、教育、医疗等多个领域；以自然语言处理为核心的语言智能处理是实现认知智能的重要手段和关键基础。人工智能在认知智能层面上尽管已有所作为，但在自然语言处理与理解领域，无论是其基础性的语言分析技术，还是具体的语言智能应用产品与系统的设计和研制，都依然面临很多困难与挑战。其中，数据（无论规模还是质量）依赖问题、模型可解释性问题、先验知识整合利用问题、多模态数据统一表示建模问题、真实场景系统鲁棒性问题等，都是本领域中亟待进一步突破的关键问题。

　　伴随着人工智能起起落落的发展历程，自然语言处理在长达半个多世纪的发展过程中曾经历了以基于规则方法为主的理性主义与基于统计方法为主的经验主义之争，现阶段已形成了理性主义方法与经验主义技术相辅相成、互相融合发展的趋势。近年来，随着深度学习热潮的到来，因其强大的学习机制在一定程度上缓解了原有自然语言处理方法的数据稀疏问题，吸引了越来越多研究者的关注，自然语言智能处理进入基于深度学习的时代（图 1）。

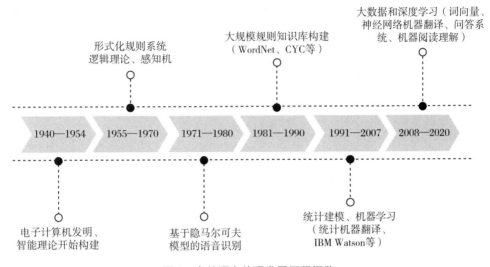

图 1 自然语言处理发展历程概览

近年，基于神经网络的自然语言处理出现了包括神经网络语言模型、词向量、注意力机制和预训练语言模型等一系列具有重要影响力和代表性的成果，深刻影响了自然语言处理的研究方法和未来的发展方向，极大地推动了自然语言处理技术的创新和面向实用的语言智能产品与系统的落地。

尽管深度学习目前已经成为自然语言处理与理解领域的主流方法。但计算机的"理解能力"究其本质是认知类问题的解决能力，我们不能被强大算力支撑下模型性能大幅提升的表象所迷惑。在未来很长一段时间里，自然语言处理领域中的诸多研究工作将主要集中在认知智能层面上的基本理论、技术方法以及系统研发的进一步探索和突破上，研究以自然语言理解为核心的认知理论与关键技术、探索深层次语言分析技术、基于知识指导的语言生成技术、面向多任务多场景多模态、高鲁棒性的语言智能处理系统实现，仍将是本领域学术界与产业界共同努力的方向。

1. 语言分析技术

语言分析是自然语言处理的核心基础环节。根据不同的任务需求，人们对特定语种进行不同层次的分析处理，可以实现语言理解和语言生成等目标。主要包括词法分析、句法分析、篇章及语义分析等。

1.1 词法分析

词法分析是自然语言处理中的关键基础性技术之一，主要是指利用计算机程序将输入的句子从字符序列转换为单词和词性序列的过程。不同于英语等西方语言，汉语书面语没有明显的空格标记，词是最小的能够独立运用的语言单位，文本中的句子以字符串的形式出现。因此，汉语自然语言处理的首要工作就是确定字符串的分隔边界，将字符串切分为单独的词语完成句子的切分，并在此基础上进行其他更深层次的语言分析和语言工程应用。词法分析主要包括自动分词和词性标注。

1.1.1 自动分词

从 20 世纪 80 年代开始，汉语分词研究就已经开始并延续至今。在研究过程中，先后出现的主要分词方法包括基于词典的分词方法、基于统计的分词方法和基于神经网络的分词方法等。基于词典的分词方法又称为机械分词方法。此类方法基本思想是按照一定的策略将待分析的文本（如汉语字符串序列）与一个分词词典（机器词典）中的词条进行匹配，若在词典中找到了字符串，则成功识别出一个词，依次识别出所有的词即完成了分词任务。从 20 世纪 90 年代开始，随着统计方法的盛行，基于统计模型的分词方法出现，其基本思想是根据文本中的字符串在语料库中出现的统计频率来决定其是否构成词，其假设前提是认为字与字相邻共现的频率或概率能够反映它们成为词的可信度。此类方法中比较有代表性的有基于 N-Gram 语言模型的分词方法、基于隐马尔可夫模型的分词方法、基于条件随机场的分词方法等。

分词方法的多样性也极大地促进了分词工具（或集成了分词功能的平台）的产生与发展，如中科院计算所 NLPIR、哈工大 LTP、清华 THULAC、斯坦福 Segmenter 以及微软 GitHub 上开源的 HanLP 和 jieba 分词等。

随着深度学习的兴起，近年来出现了基于卷积神经网络、长短时记忆网络、门控循环单元及将神经网络 CRF 融合（如双向 LSTM+CRF）等不同神经网络架构的分词方法，引起了国内外诸多研究者的关注（图 2）。

1.1.2 词性标注

词性标注也是自然语言处理的一项基础性技术。词性标注的目的是对句子中每一个词赋予一个类别（词性标记），如名词、动词、形容词或其他词性。词性标注的难点在于自动完成兼类词的词类歧义消除（词义消歧），具体任务是通过某种学习策略，使得计算机能够根据上下文自动地识别出带歧义的词。词性兼类在中英文的文本处理中非常普遍，常见的词性兼类表现为多种形式，不同词性兼类的比例不甚相同。统计表明，中文词的动词 / 名词词性兼类占全部词性兼类的比例接近 50%，如果连同形容词 / 副词词性兼类也算上，

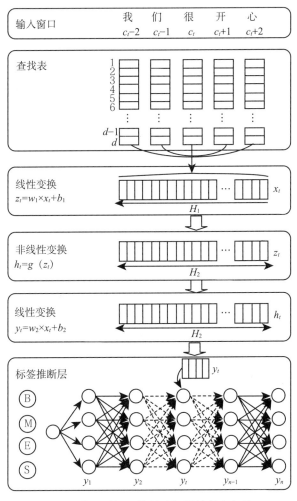

输入窗口　　我　们　很　开　心
　　　　　　c_t-2　c_t-1　c_t　c_t+1　c_t+2

查找表

线性变换
$z_t=w_1×x_t+b_1$
H_1

非线性变换
$h_t=g(z_t)$
H_2

线性变换
$y_t=w_2×x_t+b_2$
H_2

标签推断层
y_t

图 2　基于神经网络的分词器的基本架构

则所占比例将超过 60%。

　　一般地，完成词性标注任务的前提是已经具有一个合理的、完整的标注集。英语中常用的标注集主要是布朗语料库标注集，含 87 个标签和宾州树库标注集，含 45 个标签。常用的汉语标注集包括北大《人民日报》语料库词性标注集和中科院计算所汉语词性标注集等。

　　常见的词性标注方法主要包括基于规则的词性标注方法、基于统计的词性标注方法、基于神经网络的词性标注方法等。基于规则的词性标注方法因表达清晰，易于实现，在中英文处理中都曾经非常盛行。其基本思想是按兼类词的搭配关系和上下文语境人工构建的各种词类消歧规则完成词性标注。此类方法中规则集的精确程度和规模将直接影响标注性能。由于规则的语言现象覆盖度有限，因此规则库的编写和维护工作成本很高，且规则间的优先级和冲突问题也难以很好地解决。随着语料库规模的增大，人工提取规则的方法无法满足真实需求，基于机器学习的规则自动提取方法应运而生。其基本思想是，首先通过初始状态标注器对未标注的文本初步标注，然后将其与正确标注文本进行比较，学习器从错误中习得规则，从而形成排序规则集，修正已标注文本，促使标注结果更接近参考答案。从 20 世纪 90 年代 NLP 领域开始逐渐转向采用基于统计的方法进行研究，对词性标注的研究也不例外。常见的统计模型有 N-Gram 模型、HMM、CRF 等。在基于统计的词性标注方法中，采用的统计模型不同，则所表现出来的标注准确性也有所不同。随着深度学习的广泛应用，基于神经网络的词性标注也成为近年来的流行方法，其中应用较为广泛的包括基于 CNN、基于 LSTM、基于混合神经网络的词性标注方法，也有研究尝试多策略的方法，如将神经网络模型与 CRF 模型融合，将 CRF 放置在神经网络的输出层之上，得到最后的词性标注序列，进一步提升词性标注性能。

传统上，分词和词性标注是作为自然语言处理的两个基础任务。具体实现上，一种技术路线是将它们看作相互独立的任务，采用基于管道的模式先分词再词性标注，显而易见此种模式很容易造成误差的逐级传递。由于分词和词性标注二者间具有高度关联性，另一种技术路线是将二者联合起来进行训练，联合模型的优点是可以同步处理多项任务，使各任务的中间结果相互利用，促进性能提升。目前在深度学习和神经网络模型的框架下，研究者也继续在这一路线上开展着分词和词性标注的相关工作。

1.2 句法分析

句法分析同样是自然语言处理的基础关键技术之一。句法分析虽然不是自然语言处理任务的最终目标，但往往是实现最终目标的关键环节，与很多后续任务和真实应用密切相关。其基本任务是确定句子的句法结构或句子中词之间的依存关系。句法分析一般分为句法结构分析和依存关系分析。

句法结构分析是对输入句子判断其构成是否合乎给定的语法，或分析合乎语法的句子的句法结构。句法结构一般用树状数据结构表示，通常被称为句法分析树。其中，以获取整个句子的句法结构为目的的句法分析被称为完全句法分析，以获得局部成分为目的的句法分析被称为局部分析或浅层分析。常见的句法结构分析方法可以分为基于规则、基于统计和基于深度学习的句法结构分析方法。基于规则的方法利用手工编写的规则分析出输入句子所有可能的句法结构，对于特定领域和应用需求，利用有针对性的规则能够较好地处理句子中的部分歧义和一些超语法的语言现象。鉴于基于规则句法结构分析方法可移植性差、主观性强等局限，20 世纪 80 年代开始出现了基于统计的句法结构分析方法的研究。其中最具代表性的方法是基于概率的上下文无关文法。

句法结构分析通常以整个句子为分析单位，但在一些任务场景中，并不需要分析整个句子的句法结构，仅需要分析出句子中某些词语之间的依赖关系。在自然语言处理中，将用词与词之间的依存关系来描述语言结构的框架称为依存语法，又称从属关系语法。利用依存语法进行句法分析是 NLP 领域广泛被采用的关键技术。依存语法与短语结构语法相比，其最大优势是直接按照词语之间的依存关系操作。依存语法几乎所有的语言知识都体现在词典中，不太适用于词性和短语类等句法语义范畴。由于依存树比短语结构分析树更直接，且具有更高的分析效率，因此已经成为目前本领域主要的句法分析方法。

早期的依存分析方法主要是基于规则的分析方法，包括类似 CYK 算法的动态规划算法、基于约束满足的方法和确定性分析策略等。随着基于统计自然语言处理技术的兴起，先后出现了在形式化依存语法体系中融入基于语料库统计知识的依存句法分析方法，主要包括生成式依存分析方法、判别式依存分析方法和确定性依存分析方法等。类似于分词和词性标注的联合模型的研究工作，也产生了将分词、词性标注与依存句法分析的联合模型的研究工作。其基本技术路线都是首先利用分词和词性标注等信息，将其转换为向量表示，然后作为输入和辅助信息，用于后续的分析任务。

为了促进多语言句法分析器的开发、更好地开展跨语言学习及从语言类型学角度开展句法分析研究的需要，以提供一个通用类别和指南清单，促进跨语言类似结构一致性标注为基本理念的通用依存句法分析被提出。这是一个为多种语言开发的、具有跨语言一致性的树库标注项目，同时允许特定语言的扩展。通用依存句法分析的标注规范是基于斯坦福大学开发的句法分析器、谷歌公司的通用句法标记集和中间语言形态句法学的标记集。2013 年，通用句法树库项目首次将斯坦福句法分析器和谷歌通用句法标记集结合在一起，并发布了 6 种语言的树库。后续又补充加入了形态学特征和词性标记集，于 2014 年发布了新的标注规范。新通用版本的目标是增加或改进关系，以更好地适应不同语言的语法结构，并清理了原始版本中的一些特征。目前已公开发布了涵盖 70 多种语言的 120 多个树库，在自然语言处理领域产生了较大的影响。自然语言处理领域国际会议 CoNLL 在 2017 和 2018 年的评测项目中均开展了面向生文本的多语言通用依存分析任务，吸引了全球多家研究机构参与，进一步促进了通用依存句法分析的发展。

受深度学习技术发展的广泛影响，基于神经网络的依存句法分析研究也备受关注。近年的研究多将深度神经网络应用到依存句法分析中，采用分布式词向量作为输入，利用 DNN 根据少量的核心特征（词和词性）自动提取复杂的特征组合，减少了人工参与的特征设计，使依存句法分析在性能上有了较大提升，取得了比传统模型更好的效果。

基于神经网络依存句法分析领域的两大主流方法分别是基于转移和基于图的依存句法分析方法。基于转移的依存句法分析方法是构建一条从初始转移状态到终结状态的转移动作序列，在构建过程中逐步生成依存树。其依存句法分析模型的目标是得到一个能够准确预测下一步转移动作的分类器。基于图的依存句法分析方法将依存句法分析转换为在有向完全图中求解最大生成树的问题，是基于动态规划的一种图搜索算法。两种方法都需要依赖传统模型依靠人工设计的特征模板提取特征，因此存在明显不足：特征提取过程受限于固定的特征模板，难以获取真正实际有效的特征；特征模板的设计依赖于多领域的知识，只有通过特征工程进行不断的实验选择才能提升准确率；所提取的特征数据稀疏且不完整。

近几年，基于图结构的句法分析开始出现并日益流行。如，布拉格语义依存树、基本依存结构、通用概念认知标注、抽象语义表示等。抽象语义表示是一种新型的句子语义表示方式，由美国宾夕法尼亚大学的语言数据联盟、南加州大学、科罗拉多大学等科研机构的多位学者共同提出。与传统的基于树的句法语义表示方法不同，抽象语义表示使用单根有向无环图来表示一个句子的语义。句子中的实词抽象为概念节点，实词间的关系抽象为带有语义关系标签的有向弧，同时忽略虚词和形态变化体现的较虚的语义。这种表示方法相比树结构拥有较大的优势：第一，单根结构保持了句子的树形主干；第二，有向无环图使用图结构可以较好地描写一个名词由多个谓词支配所形成的论元共享等现象；第三，抽象语义表示还允许补充出句中隐含或省略的成分，以还原出较为完整的句子语义。根据汉语特点，国内研究人员提出了中文抽象语义表示的表示方法和标注规范，构建了中文抽象语义表示语料库，并研究汉语复句等语言学现象。

1.3 篇章及语义分析

语义分析指运用各种技术手段（如机器学习方法），学习与理解一段文本所表示的"含义"，一直是自然语言处理的核心问题。篇章是由子句、句子、段落等组成单位通过多种关系组合而成的相对完整的语言整体，语言的研究如果超出了句法所能解释的范畴，就进入篇章研究的范围。从语言学角度，能够影响句子形式或意义的句子以外的因素和手段都是篇章语言学研究的内容；从自然语言处理角度，当歧义无法在句子层面排除时，就可能涉及了篇章级的处理任务。

根据理解对象的语言单位不同，语义分析又可进一步分解为词汇级语义分析、句子级语义分析以及篇章级语义分析。一般来说，词汇级语义分析关注的是如何获取或区别单词的语义，句子级语义分析则试图分析整个句子所表达的语义，而篇章语义分析是指超越单个句子范围的分析，包括句子（语段）之间的关系以及关系类型的划分，段落之间的关系的判断，跨越单个句子的词与词之间的关系分析、话题的继承与变迁、指代/共指消解等。

语义分析的目标是通过建立有效的模型和系统，实现在各个语言单位（包括词汇、句子和篇章等）的自动语义分析，从而实现理解整个文本表达的真实语义。开展语义分析研究具有重要的理论和应用意义。理论上讲，语义分析涉及语言学、计算语言学、人工智能、机器学习等多个学科，是一个典型的多学科交叉研究课题，开展这项研究有利于推动相关学科的发展，揭示人脑实现语言理解的奥秘。在应用层面，高效的语义分析有助于促进机器翻译、语义搜索、自动问答等其他自然语言处理下游任务的快速发展。语义分析同时还是实现大数据的理解与价值发现的有效手段。

随着深度学习在自然语言处理各个任务领域的大量应用，基于深度学习和神经网络模型的方法也开始出现在语义分析的相关任务中。深度学习算法自动提取分类需要的低层或高层次特征，避免了很多特征工程方面的工作量。例如词义消歧和语义角色标注都是序列标注的典型任务，适合利用神经网络进行建模处理。

在词义消歧上，研究者利用卷积神经网络和各种循环神经网络，训练神经网络模型、语言模型及词语和语境向量来预测相关词语的含义，也有一些研究将条件随机场方法融合进来，希望提升性能。

语义角色标注一般是基于句法分析的结果，因此其性能严重依赖于句法分析的质量，句法分析阶段的细微错误在语义角色标注阶段都会被放大。此外，领域依赖也是语义角色标注的一个技术挑战。基于神经网络的语义角色标注模型在一定程度上摆脱了对句法分析的依赖，并取得了不错的效果。近年来，先后有不少研究针对语义角色标注特点改进神经网络模型的架构，如将其与条件随机场方法等结合在一起，力图进一步提升标注的准确性和质量（图3）。

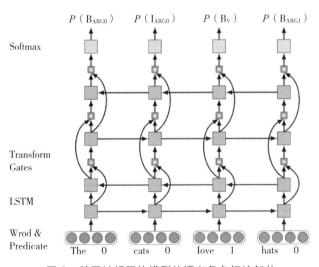

图3 基于神经网络模型的语义角色标注架构

指代结构大量存在于语言运用中，其分析处理是典型的篇章级语义处理问题。指代消解简单讲是将代词与其先行词即其所指代的篇章实体绑定的过程，是篇章衔接性研究的关键问题，也是最早开展计算机处理的篇章级语义分析问题之一。指代消解特别是共指消解任务（共指消解是判断两个指称项之间是否存在共指关系），主要目的是将篇章文本中的指向同一个篇章实体的指称项及代词聚合在一起，形成指代链。早期指代消解多采用规则的方法。如，基于中心理论等设计约束规则以选择符合约束的先行词作为消解的结果。随着大规模标注语料的构建和普及，指代消解越来越倾向于用统计学习的方法来解决，即转化为一个分类问题。近年来，除二分类方法外，聚类和基于图模型的全局优化方法也用来进行指代的消解，特别是事件指代的消歧任务。结构化信息、语义信息的有效挖掘，指称项特别是事件指称项的识别，正负样本不平衡，篇章信息运用以及全局优化能力是制约指代消解系统性能的主要因素。

通过指代消解研究方法的演变来看，其技术发展脉络基本上是一个从 mention-mention 到 mention-cluster 再到 cluster-cluster 建模的过程。从局部到全局地糅合多种特征、约束以及优化算法，并进而引入表示学习，以提升消解的准确率。借助深度学习来实现指称项和共指集合的表示，以挖掘更有效的特征和更深层次的语义，是目前指代消解的研究热点之一。

隐式篇章关系分析是典型的深层次语义分类问题，是篇章分析研究的难点和热点。由于篇章包含的语言现象和语言知识相对复杂，早期的隐式篇章关系识别工作，几乎都是从如何挖掘更有效特征入手，但由于标注语料的匮乏，最终的判别效果仍不尽人意。半监督学习方法缓解了无监督学习预测正确率不高以及有监督学习语料匮乏两方面问题，成为隐式篇章关系分析的主流方法之一。此外，研究者将其他领域和任务的相关解决方法引入隐式关系分类，提出了更多的解决思路。如结合文本分类方法优化论元特征，将原有的高维语言学特征聚合为低维篇章连接词特征，缓和了数据稀疏带来的影响；将待分析篇章结构化为隐马尔科夫模型，利用篇章关系间可能存在的关系转移，提升隐式关系分类正确率等；在大规模未标注语料中寻找与待分析隐式关系相似的显式关系文本，并利用该文本中的显式连接词推断篇章关系作为隐式分析结论，以及基于多任务学习框架的隐式篇章关系分析。

隐式篇章关系分析的性能远不如人意，主要原因是文本表层特征难以正确估计隐式关系的分布，无法有效表征其深层语义。而深度学习模型具有强大的特征选择和复杂模型建模能力，也启发了研究者开展基于深度学习模型的隐式篇章关系分析研究，大量相关工作被开展。CoNLL-2016 结果显示，基于卷积神经网和循环神经网络的端到端分析方法明显优于基于特征工程的其他分类方法。深度学习范式下，隐式篇章关系分析的半监督、无监督方法进一步得到发扬光大，关注最多的依然是多任务学习框架。为了充分利用现有标注数据，也有研究综合 RST-DT、PDTB、NYT Corpus 三个语料上的四种篇章关系分析任务构成多任务框架，利用 CNN 学习任务相关的文本表示和多任务共享的文本表示。由于篇章结构主要体现为篇章单元之间的逻辑关系，在未来研究工作中，擅长推理的逻辑符号系统以及能够对随机变量灵活建模和推导的概率图模型期待与深度学习的深入结合。通过将概率图模型和深度神经网络相结合获得的联合模型，一方面可以基于文本表示推断篇章关系，另一方面在文本生成时可以考虑相邻句子间的逻辑语义关系，一定程度上实现篇章级生成。

1.4 趋势及展望

大数据为语义分析的发展提供了契机，特别是目前 NLP 领域主流的深度方法严重依赖大量标注数据，是典型的大数据驱动方法。深度学习通过复杂的非线性函数从海量大数据中自动学习针对不同语言粒度（词、句、段落、篇章等）的抽象数学表示，缺乏对应这些语言层次上的可解释性，直接导致众多基于深度神经网络的语言分析系统鲁棒性不佳的问题，特别是采用在单句分析基础上进而开展篇章分析研究技术路线的模型，其语义分析能力更差。尽管注意力机制在一定程度上保留了输入输出序列之间的语义关联，但远没有达到篇章级的人类理解文本的智能化水平，无法建立神经网络向量表示与外部知识语义空间的关联。可以说离开语义分析，基于大数据的信息获取、挖掘、分析和决策等其他应用，都将变得"步履维艰"。

因此，未来很长一段时间，语义分析研究重点将体现在以下几个方面。

短语、句子甚至篇章等语言单位的向量表示学习。随着词向量表示在自然语言处理领域的广泛应用，更大粒度的语言单位的向量表示成为当前及未来的研究热点。短语和句子包含更多更复杂的语义信息，获取高质量的不同层次语言单位的语义向量表示，挖掘深层次的语义信息，对于诸多下游任务和性能具有重要影响。

基于句子级语义分析的篇章融合。目前的语义分析都是以句子为基本单位，基于深度神经网络的系统也受限在单句范畴，但很多语义信息通常是跨越句子的界限，分布在上下文中。以语义角色标注为例，由于缺省（特别是汉语常见的零指代）现象，很多时候谓词角色并没有出现在谓词所在的句子中，而是位于前面句子中。此外，指代消解从篇章的角色串起了一系列实体，如何融合指代消解的识别结果和语义角色标注的识别结果来展现篇章的语义，或将成为篇章级语义分析中一个值得关注的研究方向。

汉语篇章分析。受制于多种因素制约，目前汉语篇章分析研究成果不多，理论基础相对薄弱。在篇章分析由于中文与英文的差异性，中文篇章分析不能完全沿用英文篇章分析的方法。篇章语言学发展至今已有五十多年的历史，主要的篇章分析理论，例如中心理论、结构修辞理论等，都在实践中被证明了对于汉语一些典型特有的语言现象（零指代等）难以表示和操作。与此同时，随着汉语篇章分析高质量语料不断累加，基础性分析技术的不断成熟，汉语篇章分析将会继续成为新的发展趋势。

非规范文本的语义分析。微博、推特、脸书等社交媒体网站不断产生大量的口语化、弱规范甚至不规范的短文本，这些具有实时性、数量众多的大数据短文本具有重要的研究和应用价值，被广泛用于情感分析和事件发现等任务。目前的语义分析技术几乎都是面向规范化的文本，直接应用于非规范文本上将不可避免地导致低性能问题。因此，如何针对非规范文本的语义分析也必将成为未来的研究趋势。

此外，单次学习近几年被引入到深度学习框架下，在小数据背景下取得了积极进展，未来针对语义分析（包括词法、句法分析）技术，也将在低资源语言及小样本数据支持方面有更大作为。随着自然语言处理技术的发展和人们对于人工智能各项需求的提升，语义理解和分析计算愈加受到国内外学者的重视，因此开展了不同层次、不同类型的语义评测任务。目前主要集中在 CoNLL 举办的评测任务和 SemEval 评测等，也值得研究者广泛关注。

2. 自动问答

随着互联网的普及，互联网上的信息越来越丰富，现在人们能够通过搜索引擎方便地得到自己想要的各种信息。但是现有搜索引擎存在的不足主要有两个方面：一是返回结果太多，导致用户很难快速准确地定位到所需的信息，用户浪费很多时间在众多返回结果中查找自己所需要的信息；二是搜索引擎的技术基础，即关键字匹配，只关注语言的语法形式，没有涉及语义，同时用户采用简单的查询词很难准确地表达信息需求，使得检索的效果一般。满足信息需求的方式除了搜索引擎，还有问答系统提供另外一种形式的服务。与搜索引擎系统不同，问答系统既能用自然语言句子提问，又能为用户直接返回所需的答案，而不是相关的网页。显然，问答系统能更好地表达用户的信息需求，同时也能更有效地满足用户的信息需求。

2.1 国内外研究进展

依据问答系统处理的数据的格式，可以将问答系统的发展历史划分为五个发展阶段：基于结构化数据的发展阶段；基于自由文本数据的发展阶段；基于问题答案对（QA pairs）数据的发展阶段；基于知识库的发展阶段；机器阅读理解发展阶段。其中基于结构化数据的发展阶段又可以划分为人工智能阶段和计算语言学阶段两个子阶段。20 世纪 60 年代，由于人工智能的发展，研究人员试图建立一种能回答人们提问的智能系统。这个时期主要是限定领域、处理结构数据的问答系统，被称为 AI 时期，主要都是 AI 系统和专家系统，代表系统有 BASEBALL 和 LUNAR。70 年代，由于计算语言学兴起，大量研究集中在如何利用计算语言学技术去减轻构建问答系统的成本和难度，被称为计算语言学时期，主要集中在限定领域和处理结构数据，代表系统是 Unix Consultant。进入 90 年代，问答系统进入开放领域、基于文本的新时期；由于 90 年代互联网的飞速发展，产生了大量的电子文档，这为问答系统进入开放领域、基于文本的时期提供了客观条件。特别是 1999 年 QA track 设立以来，极大地推动了相关研究。随着时代的发展，网络上出现了 FAQ 数据，特别是在 2005 年末以来大量的 CQA 数据出现在网络，即有了大量的问题答案对数据，问答系统进入了开放领域、基于问题答案对时期。近年来，一方面，机器阅读理解任务吸引了越来越多人的注意；另一方面，由于大规模知识图谱的普及与运用，基于知识图谱或知识库的问答系统（KBQA）也取得了较大进展。

2.2 国内外研究进展比较

国外研究者较早即在自动问答领域开展工作，其研发水平起点高于中国。得益于中国的庞大市场和大量研究资源的投入，中国正在自动问答领域奋起直追。随着数据越来越多同时用户对于高效获取信息的需求日益增长，在工业界和学术界大力推动下，问答系统增速迅猛。

对比国内外发展现状，自动问答在学术领域和工业化领域体现出如下的特点。首先，在国外，自动问答研究人员来自各个高校、研究所等学术机构，也包括一些国际工业巨头的实验室和小型科技公司。工业界研究者的积极参与，使得自动问答的研究工作目标和导向更为清晰。而国内研究人员主要来自专业学术机构，学科交叉不够充分，同时缺乏市场导向和产业化激励，成果转化路径不够系统，成果产业化程度不高。在基础平台方面，类似 IBM Watson 自动问答平台，国内还是比较欠缺；在硬件平台方面，承载问答软件能力的硬件机器人通常都被国外垄断，如日本软银的 NAO 等。然而，得益于国内问答市场体量较大和自动问答在国内的应用潜力，国内在该领域的研究发展迅猛。国内在意图理解、机器阅读理解算法等单项研究方面也取得了可喜的进展，部分优秀成果受到国内外研究者的广泛好评和引用。但总体而言，国内的学术和产业界研发工作任重道远，主要还处于跟随状态，后续在跟随国外研究进展的同时，还需力争在研究深度、理念和产品上引领创新浪潮。

2.3 发展趋势与展望

问答系统已成为当前的热点，并有望引领未来的信息获取技术发展方向。表面上看，似乎现在问答系统已经非常智能了，但是实际上效果还是很有限，回答问题的准确性还是较低，只有在特定的场景能够实现较好的效果。本质上，这都是由于现有问答系统对于问题意图的理解准确性还较低同时推理能力还很差导致的。从根本上说，问答系统的效果受制于自然语言处理技术的发展水平。在可见的未来，问答系统将进一步沿着如下方向发展。

垂直化：一切智能本质上都是领域化的，只有在特定领域掌握足够多的背景知识，智能体理解特定符号的含义从而才能实现较好的效果；未来，问答系统将进一步在各个领域深耕细作，从而实现更好的效果。

融合知识：背景知识是支持一个领域的核心骨架。对于准确理解问题意图等任务非常关键，未来进一步探索知识如何更好地融合在问答系统是非常重要和关键的。

多模态化：单纯基于文本的问答系统难以适应越来越普及的多模态现实场景。图片问答、视频问答和多模态问答将越来越普及和重要。

大数据的出现和深度学习算法的发展为问答系统带来了新的机遇和挑战。问答系统可以充分利用大数据的特点，通过深度学习自动学习不同抽象层度的特征表示，突破了传统机器学习方法的瓶颈，隐式地从海量数据中学习到知识和模式，可望实现信息的高效处理与获取机制。目前，国际上正在兴起的阅读理解任务，如 MCTest、SQuAD 和 RACE 等，将进一步促进问答系统的发展。值得一提的是，由国家重点研发计划支持，部分国内自然语言处理的学者着力通过研究高考自动解答机器人去引领问答系统技术的发展，极大地促进了中文问答系统相关技术的发展，部分成果已经达到了国际先进水平。随着研究的深入，问答系统作为人类获取信息的终极手段将引领未来的发展方向，促进认知科学与计算机科学的交叉融合，并有望加速推进人工智能向前发展，可望成为智能信息处理的一种终极技术。

3. 机器阅读理解

机器阅读理解是一项测试机器对自然语言理解程度的任务，它要求机器根据给定的上下文回答问题，使机器具有和人类一样的对文本进行阅读、理解和推理能力。从这个角度上说，可以把机器阅读理解任务看作是问答系统的延伸。但是，机器阅读和传统问答仍然存在区别，主要在于：传统问答任务往往要求系统根据用户所提的问题，在海量文本库或大规模结构化知识库中检索、抽取或推理出相应的答案，大多数情况下会利用海量数据的冗余特性对于答案进行检索和抽取。因此，传统问答任务多考察系统的文本匹配、信息抽取水平。而在阅读理解任务当中，系统被要求回答一些非事实性的、高度抽象的问题。同时，信息源被限定于给定的一篇文章，虽然可以利用一些已有背景知识，但是问题的答案往往来源于当前给定篇章中的文本。特别考察系统拥有对于文本的细致化的自然语言理解能力，以及已有知识的运用能力和推理能力。从这个角度上来说，相对于传统问答任务，机器阅读理解更具挑战。

相比于自然语言处理领域基础工作，如分词、词性标注、句法树分析、语义树解析等技术，机器阅读理解是自然语言处理领域中更为高级且抽象的认知任务。其任务除了利用词法、句法和语义等多个方面的信息，还需要运用文本的表示，进行理解、推理等自然语言处理的核心技术，难度更具有挑战性。此外，机器阅读理解在其他领域中也拥有这重要的应用，比如对话助手、用户服务客服等。

过去的十年见证了机器阅读理解领域的巨大发展，其中包括语料库数量的激增和技术的巨大进步。近年来，随着深度学习技术的流行以及一些经典的自然语言处理架构，如序列至序列模型和词向量的出现，机器阅读理解自 2015 年进入了繁荣阶段。如 2015 年提出的两组经典神经网络 MRC 模型——注意力读者模型和不耐心读者模型，利用双向循环神经网络/长短期记忆网络来捕捉文章中蕴含的文本语义，并且利用注意力机制使机器模仿人的阅读方式，这些技术为后续的研究提供了许多启发思想，这些想法已经成为后续通用模型的基石。

3.1 任务分类

根据问答形态的不同，目前机器阅读理解任务可以划分为选择类型、完形填空类型、文本抽取式类型、自由回答类型。

3.1.1 完形填空

完形填空测试通常用于考试中评估学生的语言能力。受此启发，这个任务被用来衡量机器理解自然语言的能力。在完形填空测试中，问题通常是通过删除文章中的一些单词或实体来产生。如果要回答问题，需要在单词删去后留下的空白处填上缺失部分。有些数据集会对空白处提供一组候选答案，正确答案藏于其中。完形填空测试的出现为阅读理解增加了挑战性，需要模型理解上下文并且熟悉每个单词的使用。此外，完形填空最典型的特征是，答案往往是上下文中的单词或实体，因此这个任务也可以看作是对单词或实体的预测。由于其任务的单一性和简易性，目前在一些数据集上此类模型性能已经达到人类上限。

如赫尔曼等在 2015 年构建的数据集——美国有线电视新闻和《每日邮报》，是迄今为止阅读理解领域中最具代表性的完形填空类型数据集之一，这在当时属于规模极为可观的数据集了。正是因为这样大规模的数据集出现，使得深度学习的方法能够应用到阅读理解领域中。赫尔曼等采用了一种自动的方法来构造数据集：首先将网站上新闻正文作为文档，然后将每篇新闻的总结句中的实体去除留白，通过输入文档让模型去预测被去除的位置所对应的实体来检验模型的性能。由于这个问题并不是直接从文档提出，即总结句和新闻正文中的句子在语法结构上并不完全相同，使得这一任务具有挑战性。经典的信息提取方法并不能很好地解决这一任务。另外，为了避免利用文章外的知识对问题进行回答，同时也将文章中的所有实体使用随机标记进行替换，这样一来更加着重去考验机器的推理能力而不是对知识的检索。

3.1.2 多项选择

受语言能力考试的启发，多项选择题成为机器阅读理解领域中一类任务。给定一段上下文以及相关的问题，要求机器从多个候选答案中选择正确的一项。因此与完形填空类型相比，多项选择的答案不再限于上下文中出现的单词或者实体，答案的范围和提问的形式更加的灵活。然而，这类数据集必须提供候选答案，这往往需要大量的人力去进行标注。

如 Guokun 等人 2017 年在 EMNLP 上提出了一个大规模英文多项选择阅读理解数据集。和 CLOTH 数据集类似，该数据集的问题和文档是从中国学生中考和高考的英语考试收集而来，分为初中考试（RACE-m）和高中考试（RACE-h）两组，一共包含大约 2.8 万篇文章和 10 万个问题，这个量级的数据集，迄今为止在多项选择类型中也是规模巨大的。此外，由于数据来源于考试，问题和答案都是人为产生，要求更多的推理，文档和问题质量都较高，所以以往一些基于信息检索和单词共现的简单方法难以发挥作用，这使得基于这个数据集的工作充满了挑战，大规模的数据对深度学习模型的训练提供了有力的支撑。

3.1.3 文本抽取

虽然完形填空和多项选择在一定程度上可以衡量机器在自然语言理解方面的能力，但在这些任务中存在局限性，单词或实体不足以回答问题。需要一些完整的句子，且一些问题在很多情况下都没有候选答案。文本提取任务可以很好地克服上述缺点。给定上下文和问题，该任务要求机器从相应的上下文提取一段文本作为答案。

2016 年提出的斯坦福问答数据集在机器阅读理解领域中堪称是一个里程碑式的贡献。与之前的多项选择和完形填空不同，它不在提供答案选择，而是需要模型从原文中选择一段文本作为答案，该文本也不限制为一个单词或实体。随着这个数据集的提出，基于该数据集的机器阅读理解比赛层出不穷，引起了广泛关注，众多经典的阅读理解模型与技术被提出。2018 年，原作者在提出了更具挑战性的 2.0 版本，不仅问题数目增加，同时加入了没有答案的问题，要求模型判断，因此模型不能一味地去寻找答案，还需判断当前问题能否被回答。

3.1.4 自由回答

虽然基于上述三种数据集的任务都有各自的优点，在答案类型做出了很大的拓展。但相比现实生活场景，依然是远远不够的，局限于上下文跨度的答案仍然是不现实的。通常来说，为了回答问题，机器需要在不同的背景下进行推理，并总结证据，这一点在前三种任务中都无法得到体现。最复杂的一种阅读理解任务——自由回答被提出。自由回答类型任务中，答案没有具体的限制，模型需要从提供的多个上下文片段中进行总结，生产或者抽取出答案。这样更适用于真实的应用场景。和前三类数据类型相比，该类型的任务减少了一些约束，让模型更加专注于用自由形式的自然语言来会回答问题。

He 等人在 2018 年提出了一个中文大型机器阅读理解数据集 DuReader。该数据集是从现实世界的应用抽取生成，其中的文档和问题来自百度搜索引擎和百度问答社区、贴吧等。答案则是人为的产生。DuReader 划分了数个的问题类型，不止有事实性问题，更有观点类别的问题和是非题。这些问题往往需要模型对文档进行跳跃阅读并总结，所以难度较大。

3.2 技术现状

根据不同的数据集任务类型，它们所采用的模型框架也各有千秋。通过对近几年深度学习在机器阅读理解领域相关技术应用及进展进行了归纳梳理，可以将大多数基于深度学习的模型概括为同一种框架，即表示层、编码层、交互层、答案预测层。

表示层：该层的主要目的是将文章和问题中每个字词映射为一个向量表示，也就是比较常见的词向量；这是由于机器无法直接理解自然语言，所以需要对与阅读理解系统的最底层的起始输入进行处理：将输入的单词转换成一个固定长度的向量表示。这层通常将上下文和问题作为输入，通过各种方式进行编码，获得对应的向量表示。

编码层：该层的主要目的是对上下文和问题的每个词向量进行编码，最终得到每个单词的对应表示，这个表示包含了上下文的语义信息，能够提取上下文的特性，所以该层也叫作特征提取层，目的的旨在提取更多的上下文信息，从而更好地理解语境和问题。这一层

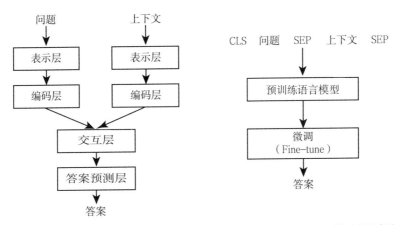

图 4　基于深度学习技术的阅读理解基本框架（左）和引入预训练语言模型后的框架（右）

经常会采用典型的深度神经网络，如递归神经网络和卷积神经网络，进一步从上下文和问题中挖掘下文特征。

交互层：由于语境和问题之间的相关性在预测答案时起着重要的作用。有了这些信息，机器就能够找出上下文中的哪个部分对回答这个问题更重要。为了达到这个目的，在信息交互层中广泛使用了单向或双向的注意机制来强调与查询相关的上下文部分。从而能够捕获问题和文章之间的语义关系，最终的输出包含了问题语义信息的文章表示，该层可以认为是根据问题在原文中查找证据的过程，交互层是模型的核心部分。有时为了充分提取上下文与问题之间的相关性，上下文与问题之间的交互会进行多次跳跃，模拟人类理解的再读过程。

答案预测层：答案预测层是阅读理解系统的最后一个组成部分，它根据前几个层积累的全部信息输出最终的应答。由于阅读理解任务可以根据答案类型进行分类，因此该层与不同的任务类型相关。对于完形填空类型，该模块的输出是原始上下文中的一个单词或一个实体，而多项选择任务类型要求从候选答案中选择正确的答案。在抽取式类型任务中，该模块提取给定上下文的子序列作为答案。对于自由回答类型，大部分模型仍然采用跟抽取式类型任务一样的结构去从原文中抽取答案，也有部分工作将生成方法融入进行答案生成。

在基于深度学习技术的阅读理解基本框架中，涌现了诸多经典的阅读理解模型，在各项任务上均取得优异的效果。Chen 等人在赫尔曼等研究基础上，主要两个方面进行了优化和改进：一是在计算问题与文档表示的相关度，也就是计算注意力值时，采用了双线性项，得到了更好的表现；二是对以往的模型进行简化，删去了结合两个词向量结果的非线性层，并在预测词时使用了只在原文档中出现的单词词表。哈工大讯飞联合实验室针对完形填空类型的阅读理解任务提出了一种新的模型 AoA，与以往单层注意力不同，该模型在文档级的注意之上再添加一层注意机制，并用求和后的注意来作最后预测。与之前的模型相比，不仅考虑了对由问题到文档的注意力，且反过来考虑了由文档到问题的注意力。针对抽取式阅读理解任务，微软亚洲研究院自然语言计算研究组提出了一种多层网络结构R-Net，其评测成绩在准确性和相似度两个不同指标上都取得了最优成绩。R-Net首先采用双向的神经网络对问题和文档编码；接着使用了一种双层的交互层，第一层交互层负责捕捉文档和问题之间的交互信息，其主要是通过类似Match-LSTM的方法计算文档中每个词对问题的注意力分布，并使用该注意力分布权重汇总问题表示，将得到的文档词表示与对应问题表示使用一个额外的门来过滤不重要的信息，然后输入一个循环神经网络进一步编码。第二层交互层主要负责捕捉文档内部词之间的交互信息，该层采用同样的策略将文档的 query-aware 表示进一步和自身匹配。以上两层的交互处理可将回答问题所需的证据和问题信息进行语义上的融合，得到最终的文档表示。最后采用一个指针网络预测答案的起始位置。

以上提及的传统阅读理解模型往往被设计为针对某一个特定任务类型甚至根据数据集的特征而构建，但它们的结构仍然被局限于基本框架，且大部分的创新也仅仅限于交互层的更改。随着时间的推移，阅读理解模型的复杂度和深度逐渐上升，而效果迟迟得不到突破。此外，传统阅读理解模型框架中的词表示层，虽然用到了分布式词表示，可以在低维空间中对词进行编码，反映不同词之间的相关性，但却不能有效地挖掘上下文信息。具体地，由一个单词的分布式单词表示所产生的向量是恒定的，而与不同的上下文无关。这一问题和整个领域发展迟滞的现象在2018年下半年被打破。以 BERT 为代表的预训练语言模型的兴起给阅读理解领域不仅带来了语境化的词表示，更是带来了一种新的阅读理解框架。在预训练语言模型的基础上，即使加上一个简单的神经网络模型，最终在机器阅读理解任务上也能表现出非常优异的性能。

图4（b）展示了基于预训练语言模型的阅读理解基本框架，与以往不同。在预训练模型框架下，输入的问题和上下文无需被单独表示，而是通过一些特殊的符号将其拼接然后一起进行编码表示，如 CLS 是一句话的起始字符，SEP 是句子的分隔符。拼接后的这句话可以直接输入至预训练语言模型，经过其内部多层 Transformer 网络，最后获得一个带有全局信息的隐层表示。接着我们只需提取隐层表示，根据不同的阅读理解任务类型进行微调，即可获得最终的答案。

虽然预训练语言表示模型在机器阅读理解任务上取得了突破性进展。然而，基于语言表示的机器阅读理解模型通常还是从词法、句法层面抽取答案，缺乏相应的背景知识以支撑对问题的深度理解和精准回答。因此，如果能够从现有的知识图谱中将精确的知识引入到模型中，能够在一定程度上纠正这个错误，帮助机器更好地理解。近几年诸多工作集中于此，如百度的 Yang 等人在 ACL 会议上提出了将知识融入语言模型的阅读理解模型 KT-NET，Zhang 等人则建议使用语法来指导文章和问题的文本建模，通过将明确的语法约束纳入注意机制，从而更好地激发语言的词表示，提出了 SG-NET 模型。

3.3　发展趋势与展望

机器阅读理解是自然语言处理领域的一个热点任务，该任务的核心是考察机器对文本的理解和推理能力。研究者在该任务上探索的时间并不长，传统方法主要还是依靠特征工程的方法对文本语义进行理解；深度学习技术在这个任务上有一些进展，很多模型相对于最初的技术方案有明显提升，但解决方案还比较单一。

截至目前，虽然许多模型在一些数据集上（如 SQuAD v1.1）已经超越了人类的表现，但是机器阅读理解和人类的阅读理解仍然存在着巨大的差距。未来的发展趋势可总结以下几点。

构建高难度大规模阅读理解数据集：由人工构建大规模的数据集需要花费很高的成本，假如数据集的规模较小，难以用于训练复杂模型，而自动生成的数据集往往存在问题较为简单、回答难度较小以及部分问题难以回答的情况。

增强模型的鲁棒性：现有的阅读理解模型，大部分还是依靠单词重叠去确定答案，然而这一做法会使得模型的鲁棒性难以提升。仅仅加入一句无关的话语，即可使模型表现显著降低。

增强深度推理能力：现有的大多数阅读理解系统主要基于语义匹配，在上下文和问题之间给出答案，这导致阅读理解模型无法像人类一样进行推理。尤其对一些关系复杂的问题，无法进行"思考"，进而返回精确答案。随着复杂数据集的出现，推理机制会在阅读理解中起到越来越重要的作用。因此，如何利用深度学习大规模、可学习的特点，在深度神经网络框架下，融入传统的逻辑推理规则，构建精准的大规模知识推理引擎是阅读理解迫切需要解决的难点问题。

融合背景知识：知识或者常识是人类阅读理的关键，人类通过平时的认知，将知识存储在大脑，当需要时进行检索调用这些知识去回答。理论上，机器也理应如此，没有丰富的背景知识，机器也很难去做出准确的回答。

提升模型可解释性：基于深度学习的阅读理解模型存在可解释性差的问题。整个模型像个黑盒，很难直观地表示机器进行阅读理解的过程和结果，在机器阅读理解任务中，未来研究可解释的深度学习模型也将是很重要的方向。

总之，深度学习技术的出现给阅读理解任务带来了新的机遇和挑战，尤其是预训练语言模型的出现，可以充分利用网络存在的大量非结构化数据，自动学习自然语言中的特征和规律，突破阅读理解中的瓶颈。总体而言，距离让机器像人一样能够理解文本并回答问题还有非常遥远的距离，但阅读理解技术上的突破必定会加速推进人工智能向前发展，我们有信心看到这一技术将在不远的未来得到更大、更广的应用。

4. 机器翻译

4.1 概述

机器翻译是指运用机器，通过特定的计算机程序将一种书写形式或声音形式的自然语言，翻译成另一种书写形式或声音形式的自然语言。机器翻译是一门交叉学科（边缘学科），组成它的三门子学科分别是计算语言学、人工智能和数理逻辑，各自建立在语言学、计算机科学和数学的基础之上。机器翻译作为人工智能的一个重要分支，自20世纪50年代以来，先后走过了基于规则的系统、基于统计的系统等几个重要阶段，现代步入了神经机器翻译阶段。其在典型领域（比如新闻）的译文质量几乎与人工翻译水平相类似。伴随着语音技术和手机的普及，口语翻译也在快速走向实用化。但是，在数据资源匮乏的语言对或者垂直领域，机器翻译的质量尚不能达到用户期望的水平。因此，为克服数据不足，引入半监督或者无监督的训练。在目前人工智能的浪潮下，机器翻译的理论和技术以及未来发展趋势已成为引人注目的领域。

机器翻译的方法总体上可以分为基于理性的研究方法和基于经验的研究方法两种。"理性主义"的翻译方法是指由人类专家通过编撰规则的方式，将不同自然语言之间的转换规律生成算法，利用计算机通过这种规则进行自动翻译。这种方法理论上能够把握语言间深层次的转换规律，然而理性主义方法对专家的要求极高，不仅要求其了解源语言和目标语言，还要具备一定的语言学知识和翻译知识，更要熟练掌握计算机的相关操作技能。这些因素都使得研制系统的成本高、周期长，面向小语种的翻译更是人才匮乏非常困难。"经验主义"的翻译方法，指的是以数据驱动为基础，主张计算机自动从大规模数据中学习自然语言之间的转换规律。由于互联网文本数据不断增长，计算机运算能力也不断加强，以数据驱动为基础的统计翻译方法逐渐成为机器翻译的主流技术。但是，同时统计机器翻译也面临诸如数据稀疏、难以设计特征等问题，深度学习能够较好地缓解统计机器翻译所面临的挑战，基于深度学习的机器翻译研究发展迅速，已成为当前该领域的主流方向。

机器翻译技术较早的被广泛应用在计算机辅助翻译软件上，更好地辅助专业翻译人员提升翻译效率，近几年机器翻译研究发展更为迅速，尤其是随着大数据和云计算技术的快速发展，机器翻译已经走进人们的日常生活，在很多特定领域为满足各种社会需求发挥了重要作用。按照媒介可以将机器翻译分为文本翻译、语音翻译、图像翻译以及视频和VR翻译等。

目前，文本翻译最为主流的工作方式依然是以传统的统计机器翻译和神经网络翻译为主。谷歌、微软与国内的百度、有道、小牛翻译等公司都为用户提供了免费的在线多语言翻译系统。将源语言文字输入其软件中，便可迅速翻译出目标语言文字。谷歌主要关注以英语为中心的多语言翻译，百度则关注以英语和汉语为中心的多语言翻译。另外，即时通信工具如 Google Talk 等也都供了即时翻译服务。速度快、成本低是文本翻译的主要特点，而且应用广泛，不同行业都可以采用相应的专业翻译。但是，这一翻译过程是机械的和僵硬的，在翻译过程中会出现很多语义语境上的问题，仍然需要人工翻译来进行补充。

语音翻译可能是目前机器翻译中比较富有创新意义的领域，吸引了众多资金和公众的注意力。人们越来越多的通过语音与计算机进行交互。应用比较好的如语音同传技术，同声传译广泛应用于国际会议等多语言交流的场景，但是人工同传受限于记忆、听说速度、费用偏高等因素门槛较高，搜狗推出的机器同传技术主要在会议场景出现，演讲者的语音实时转换成文本，并且进行同步翻译，低延迟显示翻译结果，希望能够取代人工同传，实现不同语言人们低成本的有效交流。科大讯飞、百度等公司在语音翻译方面也有很多探索。

另外，多模态翻译也有不小的进展。谷歌、微软、脸书和百度均拥有能够让用户搜索或者自动整理没有识别标签的照片的技术。图像翻译技术的进步远不局限于社交类应用，医疗创业公司可以利用计算机阅览核磁共振成像和电脑断层扫描照片，阅览的速度和准确度都将超过专业人员。而且图像翻译技术对于机器人、无人机以及无人驾驶汽车的改进至关重要，福特、特斯拉、优步、百度和谷歌均已在上路测试无人驾驶汽车的原型。除此之外还有视频翻译和虚拟现实翻译也在逐渐应用中。

4.2 机器翻译资源

目前主要的机器翻译方法严重依赖大规模的语料库，从大量的单语数据中学习语言模型来评估句子的流畅程度，从大规模的双语数据中学习语言的对应关系来评估译文句子与原文句子的对应程度。获取用于模型训练的单语和双语语料对于搭建机器翻译系统具有举足轻重的作用。

对于机器翻译而言，语料主要分为单语语料和双语语料，不同类型的语料在机器翻译任务中具有不同的使用方式和利用价值。单语语料包括源语言的单语语料和目标语言单语语料。其中，源语言单语语料可以用来训练源语言的分析工具，例如分词、词法和句法分析模型等。在现在神经网络机器翻译中，大规模的源语言单语语料可以用来训练源语言单词的词嵌入表示。目标语言的单语语料除与源语言单语语料相似的作用外，还可以用于构造伪双语平行语料，用于扩展神经机器翻译的双语平行训练数据。

双语平行语料是目前神经机器翻译技术主要依赖的语料资源，除了为翻译模型提供训练用的监督数据外，也可以完成单语语料的功能。相对于单语语料，双语平行语料获取难度更大，尤其对于垂直领域和稀有语种来说。

目前机器翻译研究领域主要的语料获取渠道包括：①各种评测活动和共享任务；②一些机构组织编辑发布的公开数据，如欧盟语料、联合国语料等。语言数据联盟是重要的数据分享平台之一，多数机器翻译语料可以在该平台获取到。

其中，公开的技术评测活动对机器翻译的发展有着积极的推动作用。评测活动的组织方会收集和发布特定的机器翻译和相关任务的任务说明和数据，评测活动的参与者通常为拥有领先技术的科研团体，在专业设置的特定任务上多个科研团体比较各自的机器翻译系统的性能。而评测活动的组织方通常会在评测结束后发布相关的评测报告，以总结评测中的出现的新技术、探索出的新发现和取得的新成就。评测活动通常会也形成和积累机器翻译相关的数据和测试集，方便之后的科研人员使用。目前机器翻译领域影响力较大的评测为机器翻译大会、国际口语翻译研讨会、NIST 机器翻译公开评测、亚洲语言机器翻译评测以及国内的全国机器翻译大会等。

4.3　神经机器翻译技术

深度学习方法在机器翻译上的应用大致可以分为两个阶段：第一阶段在序列到序列模型出现之前，机器翻译总体架构仍然沿用统计机器翻译的整体思路，通常是将统计机器翻译的子模型与深度学习方法结合，以增强模型的表达能力；第二阶段的序列到序列模型则开创了神经机器翻译独有的架构，机器翻译从此成为一个完全端到端的序列转换任务。目前的神经机器翻译均基于编码器 – 解码器的架构，在大规模语料库的帮助下，翻译效果较之前的方法均有显著的突破。

该架构主要包含一个编码器和一个解码器，其中，编码器用于生成源语言的抽象信息表示，解码器用于结合编码器提供的信息表示和解码器自身的状态信息生成目标语言序列。

早期的神经机器翻译模型大多采用循环神经网络，该网络结构利用固定长度向量编码不定长的序列信息，面临长序列建模信息损失过多的情况。为缓解上述问题，Bahdanau 等人提出了基于注意力机制的方法改进神经机器翻译模型。采用注意力机制的神经机器翻译采用了完全不同的编码器，其目标不再是为整个源语言句子生成向量表示，而是为每个源语言词生成包含全局信息的向量。注意力机制改变了信息传递的方式，能够动态计算最相关的上下文，从而更好地解决了长距离信息传递问题并显著提升了神经机器翻译的性能。在 Bahdanau 等人的工作的基础上，Wu 等人提出了采用多层长短记忆单元架构的神经机器翻译模型，并将其应用到谷歌翻译系统中。该模型引入了各 8 层 LSTM 编码器和解码器，并在各层之间引入了残差链接防止训练时的梯度消失问题。

上述网络架构属于基于循环神经网络的编码器 – 解码器结构，而循环神经网络难以并行地进行编码或解码计算。2016 年，Gehring 等人提出了完全基于卷积神经网络的神经机器翻译模型。卷积神经网络可以实现并行化处理。该模型在提升翻译效果的同时，也极大地增加了神经机器翻译模型的运行效率。2017 年，Vaswani 等人提出了完全基于注意力运算的神经机器翻译模型 Transformer，该模型由多层完全基于注意力机制的编码器 – 解码器组成，可以完全并行计算。

在模型训练方面，多数的神经机器翻译模型均采用最大似然估计进行优化。Ranzato等人指出，采用最大似然估计训练的神经翻译模型主要存在两种缺陷：①曝光偏置，指训练过程中每生成一个目标语言词都是以观测数据作为上下文，而在测试过程中则是以可能存在错误的模型预测作为上下文，因而在训练和测试阶段存在不一致的问题；②最大似然估计训练目标中的损失函数是定义在词语级别的，而机器翻译的评价指标（如 BLEU）通常都是定义在句子或篇章级别的。Ranzato 等人采用 REINFORCE 算法将评价指标融入训练过程，该工作采用最大似然训练的模型作为初始化模型，并在训练中逐步引入模型自身的预测，以缓解上述问题。

Shen 等人提出了直接将最小风险训练引入神经机器翻译的方法。最小风险训练的基本思想是将模型预测引入训练过程，以机器翻译评价指标来定义损失函数，通过降低模型在训练集上损失的期望值（即风险）来缓解神经机器翻译训练和测试不一致的问题。这种方法可以视作是在统计机器翻译中获得广泛应用的最小错误率训练方法在神经机器翻译中的推广形式。最小风险训练的优点在于能够直接针对评价指标来优化模型参数，同时训练方法与模型架构和训练指标无关，可以应用到任意的模型架构和评价指标。谷歌推出的神经机器翻译系统中采用上述针对评价指标优化模型参数的训练算法，并发现在大规模训练数据上仍然能够获得稳定且显著的提升。Yang 等人将 SeqGAN 训练应用于神经机器翻译的训练过程中，提出了基于对抗生成网络的神经机器翻译训练方法。

此外，最大似然估计基于的似然函数无法衡量源语言信息是否被完整地翻译到目标语言，无法解决翻译充分性的问题。为解决上述问题，可以引入统计机器翻译中覆盖率的概念到神经机器翻译模型中。Feng 等人在训练目标中加入了源语言繁衍率的约束项，使得翻译模型训练时可以对繁衍率进行衡量。Tu 等人在神经机器翻译模型中同时引入了覆盖率向量和覆盖率指标，用于追踪源语言单词是否被成功的翻译。Li 等人直接将覆盖得分引入神经机器翻译模型的解码过程中而不需要额外训练模型，在不改变模型参数的条件下取得了翻译效果的提升。近年来的一些工作利用源语言和目标语言的对偶性来提升机器翻译效果。Tu 等人直接引入了重构器模型到 NMT 中，在训练时，通过计算重建器的误差来衡量翻译模型是否吸收了全部的源语言信息，可以间接地判断翻译的充分性。对偶学习和对偶监督学习将目标语言到源语言的翻译过程视为正向翻译的对偶问题，利用正反对偶任务的相互约束训练过程，提升了模型训练效果。

前面所述均是神经机器翻译在"信"和"达"方面的进展，近几年，在翻译的"雅"方面也产生了很多研究工作，即对神经机器翻译个性化与多样性的研究。Niu 等人主要关注语言的文体变化，通过对词汇的正式程度进行建模，来控制机器翻译模型输出的句子的文体。Wintner 等人研究机器翻译中由于作者的性别特征不同所导致的自然语言文本的个性化特征，提出了一种简单的领域适应技术，在不影响翻译质量的前提下，保留翻译的原始性别语言特征，从而创造出更加个性化的机器翻译系统。Michel 等人提出了一个针对文本作者的个性特征进行建模的个性化机器翻译模型，该模型可以将文本作者倾向于谈论的内容、性别特征、社会地位和地理位置融入机器翻译的输出文本，使目标文本中说话人特征能够得到更好的体现。

由于神经机器翻译模型具有端到端的架构特点，因此很容易对该技术进行改进和扩展。近年来，神经机器翻译技术取得了很大的进展，在一些特定领域的文本翻译上已经接近甚至有普通人类的水平。这些成就主要来源于神经机器翻译模型架构的更新迭代，模型优化方法的改进以及多种外部信息的融入。另一方面，在神经机器翻译的框架上，涌现出了一系列传统机器翻译方法难以处理的新任务，包括：多语言零资源翻译，无监督机器翻译，多模态机器翻译等。

神经机器翻译仍面临一些问题：①现今的神经机器翻译模型仍无法保证其翻译信息的完整性，这也是阻碍机器翻译得到更广泛应用的重要问题之一；②神经机器翻译系统和其他数据驱动的系统一样，均对训练数据的分布敏感，在跨领域翻译、多样性翻译方面表现不佳；③神经机器翻译的端到端特性便于算法改进与模型训练，但其可解释性、可交互性欠缺，一旦模型训练完毕，人工很难对模型输出进行干预。

4.4 发展趋势

译文质量估计是机器翻译领域近年来的新兴任务，目的是通过机器自动地预测机器翻译译文的质量，以给机器翻译系统的用户作为参考。与自动的译文评价方法不同的是，译文质量估计不依赖人工参考译文。译文质量估计主要包括词级别、句子级别、和文档级别的译文质量估计。在 WMT 2020 的共享任务中，首次提出了一种对句子直接打分的句子级别译文质量估计任务，并发布了相关的数据集。目前表现较好的 QE 系统多采用神经网络模型，并结合 BERT、XLM-R 等预训练模型。

未来，可能会出现一个以质量保证、质量控制和质量评估为基本要素的全新机器翻译行业模式。对于机器翻译提供商来说，部署机器翻译系统时，通常需要考虑的主要因素是系统、时间、成本和质量。质量评估技术可以让技术提供商尝试在成本和时间之间取得正确平衡的同时利用质量界限。质量评估技术的另外两个有趣的用途可能是：评估用于训练神经机器翻译引擎的数据质量；检测用于翻译特定文档的最佳神经机器翻译引擎。这在复杂和高度专业化的领域，如法律和生物医药领域。

目前的机器翻译系统还是主要以文本中的句子为单位，而如今的互联网发展下的数据更多是多模态（同时包含图片、视频、声音、文本中的两者或更多）且具有丰富的语境信息的。目前，微软、谷歌等公司已经有关于多模态和结合上下文语境信息的翻译方法尝试，机器翻译若希望在新的互联网环境下有更广泛的应用，需更加重视关于多模态和上下文敏感的翻译技术。

在实际的生产中，对于垂直领域的翻译往往有更大的需求，垂直领域的翻译也是目前人工翻译的主要业务场景之一。如今机器翻译技术中关于领域适应、译文多样性以及低资源少训练样本的研究均会对垂直领域的机器翻译技术产生帮助，这些研究方向也有理由获得更多的关注。

在理论层面，机器翻译乃至整个深度学习领域一直被针对数据之间"相关性"的机器学习方法所束缚，进而限制了机器翻译或其他深度学习模型的可解释性、可靠性和结合人类知识的能力。在未来，将如今机器翻译所依赖的数据相关性学习技术逐渐改进为基于真实因果关系的学习框架，将是未来机器翻译领域理论研究层面的重要挑战和研究热点。

参考文献

［1］黄河燕. 人工智能·语言智能处理［M］. 北京：电子工业出版社，2020.

［2］中国人工智能 2.0 发展战略研究项目组. 中国人工智能 2.0 发展战略研究［M］. 杭州：浙江大学出版社，2018.

［3］Zhang M，Yu N，Fu G. A Simple and Effective Neural Model for Joint Word Segmentation and POS Tagging［J］. IEEE/ACM Transactions on Audio，Speech，and Language Processing，2018，26（9）：1528-1538.

［4］Shi T，Huang L，Lee L. Fast（er）exact decoding and global training for transition-based dependency parsing via a minimal feature set［C］// Proceedings of the 2017 Conference on Empirical Methods in Natural Language Processing（EMNLP），2017：12-23.

［5］Gómez-Rodríguez C，Shi T，Lee L. Global Transition-based Non-projective Dependency Parsing［C］// Proceedings of EMNLP. 2018：2664-2675.

［6］Wang W，Chang B. Graph-based Dependency Parsing with Bidirectional LSTM［C］//Proceedings of ACL，2016：2306-2315.

［7］Ji T，Wu Y，Lan M. Graph-based Dependency Parsing with Graph Neural Networks［C］//Proceedings of ACL，2019：2475-2485.

［8］李斌，闻媛，宋丽，等. 融合概念对齐信息的中文 AMR 语料库的构建［J］. 中文信息学报，2017，31（06）：93-102.

［9］Martschat S，Strube M. Latent structures for coreference resolution［J］. Transactions of the Association for Computational Linguistics，2015（3）：405-418.

［10］Clark K，Manning C D. Improving coreference resolution by learning entity-Level distributed representations［C］// Proceedings of ACL，2016：643-653.

［11］Braud C，Denis P. Learning connective-based word representations for implicit discourse relation identification［C］// Proceedings of EMNLP，2016：203-213.

［12］Xue N，Ng H T，Pradhan S，et al. CoNLL 2016 Shared Task on multilingual shallow discourse parsing［C］// Proceeding of CoNLL：Shared Task，2016：1-19.

［13］Liu Y，Li S. Recognizing implicit discourse relations via repeated reading：Neural networks with multi-level attention［C］//Proceedings of EMNLP，2016：1224-1233.

［14］Liu Y，Li S，Zhang X，et al. Implicit discourse relation classification via multi-task neural networks［C］//

Proceedings of AAAI，2016：2750-2756.

［15］ Qin L，Zhang Z，Zhao H，et al. Adversarial connective-exploiting networks for implicit discourse relation classification［C］//Proceedings of ACL，2017：1006-1017.

［16］ Raganato A，Bovi CD，Navigli R. Neural sequence learning models for word sense disambiguation［C］// Proceedings of EMNLP，2017：1156-1167.

［17］ Marcheggiani D，Titov I. Encoding sentences with graph convolutional networks for semantic role labeling［C］// Proceedings of the 2017 Conference on Empirical Methods in Natural Language processing（EMNLP），Copenhagen Denmark，2017：1506-1515.

［18］ He L,Lee K，Lewis M，et al. Deep semantic role labeling：what works and what's next［C］//Proceedings of the 55th Annual Meeting of the Association for Computational Linguistics（ACL），2017：473-483.

［19］ He S，Li Z，Zhao H，et al. Syntax for Semantic Role Labeling，To Be，Or Not to Be［C］//Proceedings of the 56th Annual Meeting of the Association for Computational Linguistics，2018：2061-2071.

［20］ Feigenbaum E A，Feldman J. Computing machinery and intelligence［J］. Mind，1950，6（137）：44-53.

［21］ Ji Z，Lu Z，Li H. An Information Retrieval Approach to Short Text Conversation［J］. Computer Science，2014.

［22］ Shang L，Lu Z，Li H. Neural Responding Machine for Short-Text Conversation［J］. Computer Science，2015.

［23］ Och F J，Ney H. A systematic comparison of various statistical alignment models［J］. Computational Linguistics，2003，29（1）：19-51.

［24］ Zhang K，Wu W，Wu H，et al. Question retrieval with high quality answers in community question answering［C］// Proceedings of the 23rd ACM International Conference on Conference on Information and Knowledge Management. ACM，2014：371-380.

［25］ Cheng J，Kartsaklis D. Syntax-Aware Multi-Sense Word Embeddings for Deep Compositional Models of Meaning ［J］. arXiv preprint arXiv：1508.02354，2015.

［26］ Dai Z，Li L，Xu W. CFO：Conditional Focused Neural Question Answering with Large-scale Knowledge Bases［J］. ACL，2016（1）：800-810.

［27］ Dong L. Question Answering over Freebase with Multi-Column Convolutional Neural Networks［J］. Proceedings ACL，2015：260-269.

［28］ He S，Kang L，Ji G，et al. Learning to Represent Knowledge Graphs with Gaussian Embedding［C］// Acm International. ACM，2015.

［29］ Ji G，He S，Xu L，et al. Knowledge Graph Embedding via Dynamic Mapping Matrix［C］// Meeting of the Association for Computational Linguistics & the International Joint Conference on Natural Language Processing. 2015.

［30］ Lin Y，Liu Z，Luan H，et al. Modeling Relation Paths for Representation Learning of Knowledge Bases［J］. Computer Science，2015：705-714.

［31］ Cui Y.A Span-Extraction Dataset for Chinese Machine Reading Comprehension［J］. Proceedings of the 2019 Conference on Empirical Methods in Natural Language Processing and the 9th International Joint Conference on Natural Language Processing（EMNLP-IJCNLP），2019：5883-5889.

［32］ X Duan，Wang B，Wang Z，et al. CJRC：A Reliable Human-Annotated Benchmark DataSet for Chinese Judicial Reading Comprehension［J］. China National Conference on Chinese Computational Linguistics，Springer，2019：439-451.

［33］ Guo W，Zhang Y，Yang J，et al. Re-attention for visual question answering［J］. IEEE Transactions on Image Processing，2021（30）：6730-6743.

［34］ Kim J，Ma M，Pham T，et al. Modality shifting attention network for multi-modal video question answering［C］// Proceedings of the IEEE/CVF Conference on Computer Vision and Pattern Recognition，2020.

［35］李沐，刘树杰，张冬冬. 机器翻译［M］. 北京：高等教育出版社，2018.

［36］刘洋. 神经机器翻译前沿进展［J］. 计算机研究与发展，2017，54（6）：1144.

［37］Gehring J，Auli M，Grangier D，et al. Convolutional Sequence to Sequence Learning［J］. Proceedings of the 34th International Conference on Machine Learning，2017：1243-1252.

［38］Vaswani A，Shazeer N，Parmar N，et al. Attention is all you need［C/OL］. Advances in Neural Information Processing Systems,2017：6000-6010.

［39］Ranzato M，Chopra S，Auli M，et al. Sequence level training with recurrent neural networks［C］. 4th International Conference on Learning Representations，ICLR 2016，San Juan，Puerto Rico，May 2-4，2016，Conference Track Proceedings. 2016.

［40］Williams R J. Simple statistical gradient-following algorithms for connectionist reinforcement learning［J/OL］. Machine Learning，1992，8：229-256.

［41］Shen S，Cheng Y，He Z，et al. Minimum risk training for neural machine translation［C/OL］. 2016.

［42］Yang Z，Chen W，Wang F，et al. Improving neural machine translation with conditional sequence generative adversarial nets［C］. NAACL-HLT，2018：1346-1355.

［43］Feng S，Liu S，Yang N，et al. Improving attention modeling with implicit distortion and fertility for machine translation［C/OL］. 2016：3082-3092.

［44］Li Y，Xiao T，Li Y，et al. A Simple and Effective Approach to Coverage-Aware Neural Machine Translation［C］// Proceedings of the 56th Annual Meeting of the Association for Computational Linguistics，2018.

［45］Tu Z，Liu Y，Shang L，et al. Neural machine translation with reconstruction［C/OL］. 2017：3097-3103.

［46］He D，Xia Y，Qin T，et al. Dual learning for machine translation［C/OL］. 2016：820-828.

［47］Xia Y，Qin T，Chen W，et al. Dual supervised learning［C/OL］. ICML，2017：3789-3798.

［48］Niu X，Martindale MJ，Carpuat M. A study of style in machine translation：Controlling the formality of machine translation output［C/OL］.EMNLP,2017：2814-2819.

［49］Wintner S，Mirkin S，Specia L，et al. Personalized machine translation：Preserving original author traits［C/OL］. EACL 2017.

［50］Tomas Mikolov，Ilya Sutskever，Kai Chen. Distributed representations of words and phrases and their compositionality［C］//In Proceedings of the 26th International Conference on Neural Information Processing Systems，2013：3111-3119.

［51］Pennington J，Socher R，Manning C. Glove: Global Vectors for Word Representation［C］// Conference on Empirical Methods in Natural Language Processing. 2014.

［52］Hermann K M，Koisk, Tom á，Grefenstette E，et al. Teaching Machines to Read and Comprehend［J］. MIT Press，2015（28）：1693-1701.

［53］Lai G，Xie Q，Liu H，et al. RACE: Large-scale ReAding Comprehension Dataset From Examinations［J］. In Proceedings of the 2017 Conference on Empirical Methods in Natural Language Processing,2017：785-794.

［54］Xie Q，Lai G，Dai Z，et al. Large-scale Cloze Test Dataset Designed by Teachers［J］. 2018.

［55］Rajpurkar P，Zhang J，Lopyrev K，et al. SQuAD: 100,000+ Questions for Machine Comprehension of Text［J］. In Proceedings of the 2016 Conference on Empirical Methods in Natural Language Processing，2016：2383-2392.

［56］Rajpurkar P，Jia R，Liang P. Know What You Don't Know: Unanswerable Questions for SQuAD［J］. In Proceedings of the 56th Annual Meeting of the Association for Computational Linguistics，2018：784-789.

［57］He W，Liu K，Liu J，et al. DuReader: a Chinese Machine Reading Comprehension Dataset from Real-world Applications［J］. In Proceedings of the Workshop on Machine Reading for Question Answering，2018：37-46

［58］Vaswani A，Shazeer N，Parmar N，et al. Attention Is All You Need［J］. Advances in Neural Information Processing Systems，2017（30）：5998-6008.

［59］ Wang S , Jiang J . Machine Comprehension Using Match–LSTM and Answer Pointer［J］. In Proceedings of the 5th International Conference on Learning Representations，2017.

［60］ Chen D , Bolton J , Manning C D . A Thorough Examination of the CNN/Daily Mail Reading Comprehension Task［J］. In Proceedings of the 54th Annual Meeting of the Association for Computational Linguistics，2016（8）：2358–2367.

［61］ Cui Y , Chen Z , Wei S , et al. Attention–over–Attention Neural Networks for Reading Comprehension［J］. In Proceedings of the 55th Annual Meeting of the Association for Computational Linguistics，2017（7）：593–602.

［62］ Devlin J , Chang M W , Lee K , et al. BERT：Pre–training of Deep Bidirectional Transformers for Language Understanding［J］.In Proceedings of the 2019 Conference of the North American Chapter of the Association for Computational Linguistics：Human Language Technologies，2019：4171–4186.

［63］ Lan Z , Chen M , Goodman S , et al. ALBERT：A Lite BERT for Self–supervised Learning of Language Representations［J］. ALBERT：A Lite BERT for Self–supervised Learning of Language Representations. In Proceedings of the 8th International Conference on Learning Representations，2020.

［64］ Y Sun, Wang S , Y Li, et al. ERNIE 2.0：A Continual Pre–Training Framework for Language Understanding［J］. Proceedings of the AAAI Conference on Artificial Intelligence, 2020, 34（5）：8968–8975.

［65］ Raffel C , Shazeer N , Roberts A , et al. Exploring the Limits of Transfer Learning with a Unified Text–to–Text Transformer［J］. Journal of Machine Learning Research，2020（21）：1–67.

［66］ Banerjee P , Pal K K , Mitra A , et al. Careful Selection of Knowledge to Solve Open Book Question Answering［J］. In Proceedings of the 57th Annual Meeting of the Association for Computational Linguistics，2019，6120–6129.

［67］ Mihaylov T , Frank A . \Knowledgeable Reader：Enhancing Cloze–Style Reading Comprehension with External Commonsense Knowledge［J］. In proceedings of the 56th Annual Meeting of the Association for Computational Linguistics,2018（1）：821–832.

［68］ Jhamtani H , Clark P . Learning to Explain：Datasets and Models for Identifying Valid Reasoning Chains in Multihop Question–Answering［J］. 2020（11）：137–150.

［69］ Yang A , Wang Q , Liu J , et al. Enhancing Pre–Trained Language Representations with Rich Knowledge for Machine Reading Comprehension［C］// Proceedings of the 57th Annual Meeting of the Association for Computational Linguistics. 2019.

［70］ Zhang Z , Wu Y , J Zhou, et al. SG–Net：Syntax–Guided Machine Reading Comprehension［J］. Proceedings of the AAAI Conference on Artificial Intelligence, 2020.

遥感图像智能理解与解译

图像的智能理解与解译是模拟人类的视觉处理和用计算机来完成类似大脑的解析过程,最终实现对图像信息的提取。早期的图像解析都是通过人工目视解译,后来发展为人机交互方式。随着计算机技术与算力的大幅提升,使得我们有可能设计合适的算法通过计算机实现图像的理解与解译。目前机器学习等方法已经逐渐应用于图像理解并成为当前图像处理的研究热点,其相应成果已经在遥感图像等复杂图像的特征提取、去噪、重构、分类、分割、目标识别等领域获得了成功应用。

自 20 世纪 60 年代以来,特别是 80 年代以后,航天技术、传感器技术、控制技术、电子技术、计算机技术及通信技术的发展,大大推动了遥感技术的发展。随着遥感技术的不断提高,遥感影像的获取和应用方式的范围越来越广,影像的空间分辨率和时间分辨率也在不断提高,精度也越来越高。数据的获取方式不断增加,使得遥感影像的数据资源范围不断增大,反映的信息也越来越丰富。各种运行于太空中的遥感平台多尺度、多层次、多角度、多谱段地对地球进行着连续观测,各种先进的对地观测系统源源不断地向地面提供着丰富的数据源。但是,目前面临的挑战就是如何从海量遥感数据中及时、准确地获取所需信息并加以利用以满足工作的需求,最大限度的利用遥感影像,使其发挥出应有的价值和作用。

随着各类应用需求的不断增长,遥感图像解译技术得到了快速发展。与自然图像相比,遥感影像在视觉上远不及其清晰,可视性较差,尽管其包含了丰富的信息,但大量信息并不为人眼直观所见,往往需要经过长期专业训练的人员通过多种技术手段才能读懂其中的内容。遥感图像的解译越来越成为遥感数据获取与后续应用之间的瓶颈,严重制约其在各个领域的拓展与深度应用。因此作为数据与应用之间技术桥梁的遥感图像解译,是遥感领域信息处理技术中一个非常重要的研究方向,并具有重大的理论及应用意义。

　　图像解译包含多种技术，如图像去噪、图像地物分类、道路提取、目标检测、目标识别等。此类应用我们期望无需人工干预，由机器进行自动解译，其处理准确性和可靠性能达到实用化的标准。遥感图像解译技术在军事和民用领域中均得到了广泛的应用。在军事领域未来高科技信息化战争中，信息网络覆盖整个战场，空基系统是整个信息网络的重要组成部分，而遥感数据又是空基作战体系中信息获取、传输、中继的主要来源，在多维、非线性战场上，实现战场态势的快速感知、传递和精确打击方面，具有得天独厚的优势。近年来，随着美国重返亚太战略的提出，我国周边地区环境日益紧张，钓鱼岛问题、朝核问题等，均对我国领土、主权安全以及和平时期经济建设发展产生重大影响。先进的图像解译技术能从遥感数据中快速获得军事情报信息，在无人机自主导航、战场侦察、目标识别以及目标定位等方面均有十分重要的作用。在民用领域，气象的精准预报，灾害预警，城市绿地规划，海上交通管控，走私稽查等工作均与遥感数据解译密切相关。随着国产遥感卫星数量的增加和分辨率的提高，防控新型冠状病毒肺炎疫情期间，"高分" 2 号卫星实时拍摄火神山、雷神山医院建设进程，助力精准施策，为我国遥感自主独立应用开创新局面。云计算、人工智能和第五代移动通信技术的出现，又为遥感数据的获取提供了更为便捷的方式，如 "一带一路" 地区干旱指数的提取，促进国产遥感影像分类向更加高精度方向发展。影像分类是遥感影像信息提取中的基本问题之一和遥感影像应用的关键，为我国掌握本土信息资源自主权、满足国家的紧迫需求具有重大战略意义。

　　如果要从海量的遥感数据中提取出所需要的关键信息，必须建立一套完备的图像解译系统。遥感图像在成像机理、辐射特性及几何特性上与可见光图像有较大的差异，遥感图像解译主要面临以下难点。

　　噪声与阴影：遥感图像的噪声以及由高大地物目标阻挡产生的阴影极大地影响了对图像中目标的判读，甚至严重时会导致地物目标消失，所以减少噪声及阴影的影响，对于遥感图像解译具有重要意义。

　　高维易变：一旦目标特征出现较大变化或包含其他人造目标时，目标的识别率会降低。其中，目标特征的变化差异主要来自目标姿态角的变化、目标自身几何形态的变化、目标的遮挡或运动等因素。

　　背景复杂：由于遥感图像背景变化范围很广，因此对背景进行准确建模十分困难。一般情况下，不容易实现背景与前景目标的有效分离，也就难以准确地检测目标。

　　虚假目标：在遥感图像解译的实际应用中，虚假目标随机出现，对其进行描述较为困难，由于事先并不知道虚假目标的详细信息，也无法建模，更不可能建立足够多的目标模板数据库，因此也就不容易对目标进行识别。

　　观测目标不平衡：遥感观测的观测范围非常广，而目标通常只占很少的像元，缺乏形状和结构信息，目标轮廓不清。同时不同目标的体积差距非常大，小目标的检测往往不能直接运用如光学目标检测中常用的目标形状、尺寸等特征进行检测。

遥感图像解译技术已经发展了许多年，但是现阶段仍然面临很多阻碍。遥感图像的分辨率越来越高，图像中的目标特征信息也越来越复杂，干扰信息也越来越多，这也导致解译的难度越来越大。由于深度学习智能技术和计算机视觉技术的相互结合，在自然图像处理领域取得了巨大的突破，深度学习技术被用来解决多种任务。与传统方式相比，结合了智能科学技术的深度图像解译方法在算法鲁棒性、准确性等方面均具有较强优势。基于此，挖掘智能科学技术优势，结合遥感数据信息特点，发展遥感图像解译技术，提高遥感数据处理能力，是国家建立智能高效的遥感信息处理系统中非常重要的课题。

智能感知与影像解译技术是人工智能近期的代表性成就。智能感知，即信息获取，是通过视觉、听觉、触觉等感知外部环境的能力。人和动物都具备，能够通过各种智能感知能力与自然界进行交互。智能雷达是通过雷达成像和人工智能实现对地球表面的感知；自动驾驶汽车是通过激光雷达等感知设备和人工智能算法，实现这样的感知智能的。机器在感知世界方面，比人类还有优势。人类都是被动感知的，但是机器可以主动感知，如激光雷达、微波雷达和红外雷达。机器在面向开放环境的自适应感知方面已越来越接近于人类。影像解译，即对影像进行精确识别和理解，是指通过对影像数据的分析，获取信息的基本过程。影像解译具有非常重要的研究意义，在医药学，航天，航空，遥感，军事、工农业、制造业、教育等诸多方面发挥着重要的作用。通过遥感进行地物分类和地理测绘、灾害变化监测；通过采集元器件的影像自动识别缺陷或损伤；自动驾驶中通过摄像头获取的影像，识别道路上的物体，包括移动的物体、车辆、人和道路，以及识别交通信号灯和道路标志等；在教育行业，影像识别可以帮助有学习障碍和残疾的学生实现阅读；在军事领域，通过各种红外、雷达、可见光、高光谱等传感器获取的影像进行目标识别和精确打击；在航天领域，通过空间站摄像头采集的影像可实现空间碎片等的检测；无人仓采用大量智能物流机器人进行协同与配合，通过人工智能、深度学习、图像智能识别等技术，让工业机器人可以进行自主的判断和行为，完成各种复杂的任务；对医学影像进行智能分析，可提高智能辅助诊断服务平台的医疗水平。如何从这些海量、异构、动态、不确定的非结构化影像数据中获取信息并进而转化为知识和决策，是人工智能技术所面临的严峻挑战，也是国家一系列重大需求的共性基础。

1. 近年的最新研究进展

作为图像传感器可见光、高光谱、红外、合成孔径雷达等给图像解译带来了丰富的数据源。传统图像解译与识别方法通常是"特征提取 + 学习算法"的浅层学习模式。"特征表示"通常采用变换的形式，通过合适的变换，例如支持向量机，决策树、K 均值聚类等，描述出我们的视觉系统在观察目标时提取的用于区分目标的特征以及目标之间的连接关系。传统的方法为有监督学习（如机器学习），即给定一组正样本和一组负样本，通过提取特征训练进行学习，并进行识别测试。由于图像的背景与观测目标复杂多样，导致图像的处理缺乏明确的数学模型，对不同的目标提取特征的有效性难以保证，增加了图像解译的难度。而且针对目标残缺、遮挡等引起的信息缺失和信息不可靠，特征表示将会非常复杂，这种人为设定的"变换"模式难以适应各种复杂的目标。另外，传统的学习算法需要训练样本，样本的选择直接影响识别结果，而且对特征太敏感。由于图像灰度变化，单个特征单一有效描述目标，特征组合的方法通常用来表示目标，因而会形成一个高维特征空间，对学习算法而言，即为"维数灾难"问题。如何突破传统机器学习算法基于浅层特征表示的局限性，发现图像复杂的、高级的特征表示，捕获数据中的潜在规律，成为图像解译和目标高效认知的关键问题。基于经典机器学习的图像识别方法都属于浅层人工模型，过分强调特征提取、模型分类或预测算法等任务。

深度学习与传统图像解译与识别方式的最大不同在于它是从大数据中自动学习特征，而非采用手工设计的特征。好的特征可以极大提高模式识别系统的性能。在过去几十年模式识别的应用中，手工设计的特征处于统治地位。它主要依靠设计者的先验知识，很难利用大数据的优势。由于依赖手工调参数，特征的设计中只允许出现少量的参数。深度学习可以从大数据中自动学习特征的表示，其中可以包含成千上万的参数。手工设计出有效的特征是一个相当漫长的过程。回顾计算机视觉发展的历史，往往需要五到十年才能出现一个受到广泛认可的好的特征。而深度学习可以针对新的应用从训练数据中很快学习得到新的有效的特征表示。深度模型具有强大的学习能力、高效的特征表达能力，从像素级原始数据到抽象的语义概念逐层提取信息。这使得它在提取图像的全局特征和上下文信息方面具有突出的优势，为解决一些传统的计算机视觉问题，如图像分割和关键点检测，带来了新的思路。

2006 年，杰弗里·希尔顿提出了深度学习，之后深度学习在诸多领域取得了巨大成功，受到广泛关注。神经网络能够重新焕发青春的原因有几个方面。首先是大数据的出现在很大程度上缓解了训练过拟合的问题。例如 ImageNet 训练集拥有上百万有标注的图像。计算机硬件的飞速发展提供了强大的计算能力，使得训练大规模神经网络成为可能。一片GPU 可以集成上千个核。此外神经网络的模型设计和训练方法都取得了长足的进步。例如，为了改进神经网络的训练，有学者提出了非监督和逐层的预训练。它使得在利用反向传播对网络进行全局优化之前，网络参数能达到一个好的起始点，从而训练完成时能达到一个较好的局部极小点。人工智能领域正取得空前繁荣。近年来已经发展为智能科学技术领域一个备受关注的研究方向。2013 年 4 月，《麻省理工学院技术评论》杂志将深度学习列为 2013 年十大突破性技术之首。当前，以深度学习为代表的智能科学理论已在诸多领域获得巨大成功。近年来，随着网络训练算法和计算存储瓶颈的逐渐弱化，模拟层次化计算架构的深度神经网络成为可能，神经网络研究开始重新焕发出勃勃生机。

目前，智能科学已受到了来自学术界和工业界的持续和广泛的关注，带动了相关领域研究的不断升温，并带动了产业界的新一轮的变革。作为现阶段人工智能的主流技术，深度学习模型的工作机理为：依赖人类筛选和准备的训练样例，建立层数较深、参数数目较多的机器学习模型，基于模型的多层非线性变换来准确刻画和记忆数据。因此，现有深度模型擅长工作于封闭环境，为特定任务找到有用的数据表示。依赖庞大的标注数据支持，深度学习已经在一些特定任务如人脸识别、语音识别、机器博弈、场景分类、目标检测、语义分割等领域中取得了很大成功。

神经网络中的概念与人类大脑中的神经元信息传导过程有着类似的结构，因此模拟生物视网膜机理的高效非结构化场景信息稀疏学习、初级视皮层各类神经元动态信息加工与稀疏计算，以及基于中 / 高级视觉皮层神经元特性的稀疏识别特点，发展类脑稀疏认知学习、计算与识别的新范式，实现复杂场景（SAR 影像、光学遥感影像）的图像解译智能化。针对遥感影像的数据量大、信息丰富便于利用的特点，结合具体应用场景，国内多个机构研究者基于智能科学的角度，研究基于类脑人工智能的遥感图像解译技术。基于经典机器学习的目标识别方法都属于浅层人工模型，过分强调特征提取、模型分类或预测算法等任务；而深度学习过分依赖数据预处理、模型选择、模型训练和模型参数微调等任务。两者均不能根据当前任务和环境的自动产生相应的学习算法，人工干预较多，稳定性差。非结构环境下的影像解译需要高可靠性、可解释、自动化、能适应动态变化环境的算法。类脑认知学习、自动进化机器学习、量子机器学习、脑机混合等新理论和新方法的出现，使得它们在信息获取、影像解译等方面具有突出的优势，为解决国民经济建设、国家安全与社会发展中一系列重大需求问题的共性问题带来了新的思路。智能感知与影像解译方面任何理论与方法上的突破，都将会对我国国民经济和社会的可持续发展，对国家安全与国防实力的提升，对信息化与工业化融合及信息产业的升级换代等带来巨大的推动作用。2016 年 5 月 31 日全国科技创新大会提出，"智能技术是引领社会创新的第一动力"。因此，遥感影像感知与解译需要也只能走我国自主创新之路。

目前，近几年在遥感影像解译方面的深度学习模型主要有深度置信网络、卷积神经网络、栈式自编码器网络和生成对抗网络。神经网络是深度学习的基础；深度置信网络的出现不仅掀起了深度学习的浪潮，而且加快了深度学习的发展；卷积神经网络是深度学习最具有代表性的模型之一；栈式自编码器网络是深度学习在算法上的优化模型。

深度置信网络是建立在样本数据和标签之间的联合分布的概率生成模型，由多层受限玻尔兹曼机和一层某种分类器组合而成，每层之间用隐层单元连接用来捕捉可视层的高阶数据间的关联性，其中网络层的一个连接是通过自顶向下的生成权值来指导确定的。

有研究者将深度置信网络模型用于合成孔径雷达影像中的城市地图制作，并利用RADARSAT–2 卫星 6d 的极化合成合成孔径雷达影像进行了验证试验。还有将深度置信网络应用在高光谱数据分类中，分别从光谱、空间及光谱 – 空间 3 个信息角度使用深度置信网络和分类器结合方式进行高光谱数据分类任务。利用影像纹理特征信息，李涛等将深度置信网络用于准确地挖掘高分辨率遥感影像的空间分布规律。朱寿红等提出一种基于空谱特征的深度置信网络模型，利用主成分分析法降维重组后的空谱特征作为深度置信网络的输入，解决了单源光谱信息在高光谱影像分类的局限性。

卷积神经网络是深度神经网络的改进模型，不仅具有深度神经网络分层提取非线性特征的特点，而且能够识别图像的空间特征。卷积神经网络实际上就是将图像处理和神经网络结合得来的，不是像深度神经网络把所有上下层神经元直接连接起来，而是通过卷积核将上下层进行链接，同一个卷积核在所有图像中是共享的，图像通过卷积操作后仍然保留原先的位置关系。卷积神经网络主要由输入层、若干组交替出现的卷积层与下采样层、全连接层及输出层等基本结构构成。它具有适用性强、分类并行处理能力、权值共享等优点，使得全局优化训练参数大大减少，在深度学习领域当中，卷积神经网络研究的最多，已成为当前图像识别领域的研究热点。

从 2012 年的 AlexNet 开始，涌现了一批先进的卷积神经元网络架构，如 GoogleNet、VGGNet、ResNet 等，卷积神经网络的本质是通过卷积模板提取特征并激活、池化去除背景、前向传播计算代价、后向传播迭代收敛，卷积神经网络在特征提取的过程中，以低维特征为起始上升延展至高维的特征表达参与最终的输出决策，在工程实践中由于特征表达过于抽象，导致丢失低维的特征表达，最终的输出结果会因此而受影响。针对以上问题，最近两年围绕图像语义分割发展了特殊的卷积神经网络架构。其中，全卷积网络用卷积层代替了全连接层。在特征提取的过程中，输入图像的特征表达图在经过一层层的卷积、池化处理后尺寸逐渐缩小，当其缩小至最小尺寸，网络中会进行转置卷积的操作，对特征表达图进行上采样处理，实现特征表达图由小分辨率至大分辨率的映射，逐步将其恢复到与输入影像一致的大小。此时，特征表达图上的每一个值即对应输入影像上每一个像素的输出结果。后续研究中被广泛应用的网络模型，例如 U-net 等模型也属于全卷积网络的变体。

卷积神经网络在处理高维影像数据时有独特的优势。根据高光谱影像中包含丰富的空间和光谱信息，王成金等提出了将谱信息变换成图像的方法。一种是转换为灰度图，利用卷积神经网络提取纹理特征进行分类；另一种是转换为波形图，利用卷积神经网络训练波动特征进行分类。同阶段，前人在不同高光谱影像特征作为卷积神经网络的输入信息方面展开了研究。基于光谱域开展的卷积神经网络分类算法，泰勒等通过构建 5 层网络结构，继而逐个分析像素的光谱信息，在输入端输入全光谱段集合，通过神经网络对代价函数值进行计算，实现光谱特征的提取与分类，试验正确率达 90.16%。在空间邻域信息作为输入端的研究上，吴威等将每个像素点空间邻域信息作为卷积神经网络框架的输入，同时为缓解梯度弥散，提高网络执行效率和分类精度，对激活函数 ReLU 进行了设计，研究表明 mini-batch 随机梯度下降法可以提高卷积神经网络框架执行效率，试验精度达到 97.57%。卷积神经网络也在目标检测物的检测、建筑物的提取中被广泛应用。Xie 等利用深层卷积神经网络构建水体识别模型，先利用最大稳定极值区域算法对无人机高分辨率遥感影像进行分割，通过输入待识别目标子区，导入深层卷积神经网络水体识别模型识别水体，试验证明，识别精度高达95.36%。鉴于不同激活函数下的目标检测研究差异较大，文献利用卷积神经网络算法在不同激活函数应用下对SAR影像目标进行识别试验，试验精度均达95%以上，同时得出ReLu函数为最适合的激活函数的结论。在建筑物的提取识别与分类中，Jin等通过在CaffeNet学习框架下的农村建筑物和非建筑物的影像进行卷积神经网络训练和测试，建筑物识别率达到95.00%。当然，卷积神经网络模型在研究中也存在一些缺陷，欧燕萍等利用卷积神经网络在水田中提取地物特征进行分析，根据不同的卷积核能提取不同的特征，又对富锦市遥感影像进行了分类试验及精度评价。Yang等提出了对多通道数据拼接方法和深层卷积神经网络结构以及深度学习特有的拼接边缘效应进行优化的方法对GF-1影像进行分类，改进后的方法能很好地改善高分辨影像的分类精度且时间复杂度较低。Wang等在样本规模较小的情况下，根据样本迁移方法，利用ResNet提取GF-2遥感影像的深度特征和低层特征（包括颜色矩特征和灰度共生矩阵特征）来构造各种场景语义特征，再利用SVM进行影像的高精度分类。宋廷强等基于GF-2遥感影像提出一种基于SegNet架构改进的网络模型AA-SegNet，增加了增强的空间金字塔池化模块和空间注意力融合模块来分别进行小目标提取和指导低特征图。为了充分利用影像信息提高分类精度，Li等设计了基于残差卷积块（ResNet50）和金字塔池化模块的多尺度提取网络进行建筑区域的更多判别特征提取，引入焦点损失项进一步提取小规模建筑区域，利用GF-3SAR数据对该方法进行验证，发现充分利用遥感影像特征的深度学习技术在影像信息分类中具有一定的优势。对于特殊影像单独利用深度学习算法也是不可行的，需要根据特定情况进行算法的结合或改进。楼立志等为了解决船只紧密相连、不同形状、类型的船只、船只过小等问题，运用可变形部件模型（DPM）的和基于区域卷积网络（R-CNN）的船只检测方法对GF2遥感船只影像进行监测，发现DPM和R-CNN都能以高召回率和正确率检测水中的船只，但对于聚集船只而言，DPM的效果更优。裴亮等提出了基于改进的深度学习全卷积神经网络的"资源"3号遥感影像云检测方法，该方法检测精度和速度均优于传统方法，准确率可达90.11%，单张影像检测耗时可缩短至0.46秒。Chen等设计了一种基于超像素分割的新的多卷积神经网络（MCNN）对ZY-3、GF-1和GF-2遥感影像进行云检测，结果表明该方法可以检测多层云，获得高精度的高分辨率遥感影像。Cheng等针对传统深度学习方法对水产养殖区域的误判问题，结合U-Net和混合扩容卷积（HDC）模型（混合扩容卷积U-Net），进行接受域扩展，验证了HDCUNet能获取高精度水产养殖区域目标。

Bengio等在构成深度置信网络的基础上，针对随机初始化产生的基于梯度的优化方法问题提出一种深层网络的贪婪逐层预训练方法——栈式自动编码器网络。它是一个由多层无监督学习的稀疏自编码器结构单元层叠后组成的深度神经网络，其前一层自编码器的输出作为其后一层自编码器的输入，最后一层是个分类器。在遥感领域，栈式自动编码器网络对光谱空间特征学习能力尤为突出。栈式自动编码器网络由编码器和解码器共同组成，经过训练后，能够将输入复制到输出，即编码器输入数据映射到特征空间，然后通过解码器返回特征映射回到数据空间。栈式自动编码器网络的学习过程取决于网络最顶层有无标签信息而分为无监督学习和有监督学习过程。

针对传统分类方法不能达到较好的分类效果的问题，Ding 等利用栈式自动编码器网络对土地覆被的 GF-1 遥感影像进行分类，实验表明其分类精度均高于支持向量机和反向传播神经网络。栈式自动编码器网络既可作为特征提取方法，也可自身作为分类模型。早期，林洲汉提出了 AE-SVM 和 SAELR 分类器两种分类方案。栈式自动编码器网络能提取更好的特征为 SVM 分类识别做准备，另外利用 PCA 提取空间信息，融合空–谱特征，利用 SAE-LR 分类器进行空–谱分类要优于 SVM。利用空间特征在遥感影像中含有丰富的信息，谭钢等通过构建栈式自动编码器网络来进行高光谱遥感影像的分类，并结合 Softmax 分类器和利用 AVIRIS 和 ROSIS 数据集进行验证，与稀疏多项式逻辑回归相比，加入空间特征的栈式自动编码器网络的方法更好。另外，在栈式自动编码器网络算法提取光谱特征中加入能量函数会使试验效果更加明显，马晓瑞采用栈式自动编码器网络逐层提取光谱特征，并加入正则项的能量函数，使之最小化优化网络，实现深度空谱特征提取，并在此基础上进行多个试验，试验精度结果均明显。另外，为解决高光谱遥感影像数据类型复杂和分类效率低等问题，吕飞等提出基于深度极限学习机的高光谱遥感影像分类方法，首先将原训练集特征分割，利用栈式自动编码器网络变换子特征，然后将栈式自动编码器网络变换后的数据输入 DELM，通过试验确定 D-ELM 的隐含层数，进而确定最终模型，其分类精度较高。为解决高分辨率极化 SAR 影像标注样本费时费力和浅层算法有限的表达能力，文献徐佳等研究了一种主动深度学习的极化 SAR 图像分类方法，主要通过栈式自动编码器网络对无标记样本实现无监督学习，同时，利用少量无标记样本训练分类器与栈式自动编码器网络连接，有监督地微调整个网络，再利用分类器对有价值样本进行人工标记，重新训练。

Goodfellow 等人提出的生成对抗网络是近几年一种很有前途的基于无监督表征学习的方法。它是由一个生成器 G 和鉴别器 D 组成，生成模型 G 通过随机噪声（一维序列）生成假样本去尽力混淆鉴别器的鉴定，而鉴别模型 D 主要学习数据来源到底是来自真实的数据还是生成的数据。生成对抗网络可以帮助解决带标签训练集样本少的问题，模型训练时不需要对隐变量做推断，生成器的参数更新不是直接来自数据样本，而是来自鉴别器的反向传播。这样，生成对抗网络在训练时既生成了样本，又能够提高网络的特征提取能力。

Xu 等将微调的深度卷积生成对抗网络（DCGANs）模型用于遥感图像场景分类，增加辅助分类器来进行监督分类，在低样本率的情况下取得了较高的精度。Lin 等首次将生成对抗网络模型与遥感图像场景分类结合在一起，提出了 MARTA GANs 方法来进行无监督表征学习，在样本扩充的 UC Merced 数据集上取得了很好的效果。Ma 等提出了一种 SiftingGAN，该方法能够生成更加多样和复杂的遥感图像来达到样本扩充的目的，在 AID

数据集上取得了不错的效果。Zhang 等为了充分利用 CNN 和 CapsNet 两种模型的优点，提出了一种有效的遥感图像场景分类体系结构 CNN-CapsNet。首先，使用没有完全连接层的 CNN 作为初始特征映射提取器，然后，将初始特征图输入到新设计的 CapsNet 中，得到最终的分类结果。

深度学习在遥感影像处理方面发展很快，应用于不同神经网络模型的算法也各有特点，总结阐述如下：

（1）深度置信网络在发挥无监督学习的特点时，能更好地提取影像特征，而且在遥感影像数据复杂、有限的基础上，要摸索出深度置信网络模型合适的结构参数对模型性能影响很大，但是其网络参数的选择需要人工和先验知识的干预，对遥感数据量要求较高。

（2）卷积神经网络在处理像高光谱数据的高维影像时优势明显，但是遥感影像有限的样本限制了卷积神经网络算法的泛化能力，另外，不同的激活函数、卷积核及网络参数的选择都会对试验精度和效果有所影响，合适的选择会大大加强卷积神经网络执行效率。

（3）栈式自动编码器网络在现实应用中发挥了无监督分类的特点，同时，在降维跟特征提取方面，比 PCA 方法产生更少的重构误差，但是仍需与其他分类器联合才能获取分类与识别的高精度，而且需要参数的优化和人工标记样本等，这些都使得栈式自动编码器网络并不是完全的无监督学习。

（4）虽然无监督表征学习方法相较于手工提取的特征在场景分类方面取得了更好的效果。然而，由于没有充分利用类别信息，缺乏场景类别标签提供的语义特征，该类方法不能保证很好的类间识别能力。生成对抗网络在样本扩充和特征提取上确实具有很强的性能，但以上模型存在生成出来的假样本质量低，在多类别的数据集上效果不好，存在适用性差等问题。而且传统的生成对抗网络也存在着训练困难、生成的样本模式坍塌和缺乏多样性等问题，使得生成出来的遥感图像容易出现破碎斑块，甚至退化成噪声点等情况。

（5）当前深度学习算法大多依赖大量的人工工作，包括人为预设深度网络结构、选择神经网络超参数等一系列的手工选择，这样的受人影响很大的建模方式对人的"专业性"十分依赖，而人为设置任务的复杂性常常超出了非应用领域专家的能力范畴，而即使对于经验丰富的业内专家来说，比较顺利地完成这些数据处理、算法选择与参数配置的任务，也不是一件轻松的事，可能需要很多次试错，这将造成计算成本、人力时间成本浪费，这样的遥感图像解译算法缺乏智能化、鲁棒性低。

2.国内外研究进展比较

2.1 遥感领域国内外应用现状比较

遥感的应用可以追溯至 1978 年的 SEASAT，其 100 余天的飞行使得人们得以初窥遥感领域方面的巨大潜力。但直到 1991 年的 ERS-1，才真正做到了对地球的长期观测，并实现了成像模式的可靠运行。许多具有较强雷达遥感应用背景的一国和跨国空间项目，确保了在环境监测及全球性变化研究方面都必不可少的数据获取的连续性。遥感图像的时间、空间、谱分辨率有了明显提高，数据量快速膨胀。在20世纪90年代初美军方曾预测：在未来10年内遥感卫星数据量将增加100~400倍，数据处理运算量将增加1000~17000倍。

由于遥感图像解译具有应用广、适应性强的特点，在军用和民用领域有着十分重要的应用价值，且受限制条件少、利于维护，很多遥感技术也需要首先进行验证，因此世界各主要大国均在遥感影像解译应用研究方面投入了大量的精力。随着遥感应用的广度不断增加，国际上对于遥感成像技术不断取得新的成果。但与此同时，遥感图像的解译和判读技术发展相对缓慢，已不能满足更深层次的应用需求，且遥感获得的海量数据远超出了人工判读的极限，造成了大量信息流失和浪费。因此，进行遥感图像解译方法的研究，不仅是技术发展的需要，也是国防科技建设的迫切要求，刻不容缓。正是由于遥感图像的特点和难点，以及具有的重要应用价值，美国、俄罗斯、欧盟、日本、印度、澳大利亚等均投入了大量的人力和物力来开展遥感图像解译的研究工作。美国NASA的SIR-C/X-SAR系统，用于航天飞机雷达地形测图使用；欧洲空间局的ENIVISAT/ASAR系统，用于为世界上4000多个项目提供有关地球大气、陆地、海洋和冰川方面的数据；德国的TerraSAR-X系统，用于测绘和森林植被特征探测；加拿大的RADARSAT-2系统，用于民用防灾、农业、制图、林业、水文、海洋、地质等任务。

在SAR图像目标识别应用中，美国将SAR ATR自动目标识别软件嵌入在无人机的地面控制站中，在无人机拍摄的SAR图像中全过程地对目标进行检测和识别。美国公布的SAIP（Semi-automated Image Intelligence Processing System）系统是典型的SAR图像解译系统，用于辅助分析人员进行信息甄别，实现目标的分类识别。该系统由美国国防高级研究计划署资助，林肯实验室牵头，并联合空军实验室、密西根环境研究所、圣地亚国家实验室等多家机构进行研究。第一阶段为林肯实验室的ATR系统，第二阶段为MSTAR（Moving and Stationary Target Acquisition and Recognition）项目。该系统研究了SAR图像解译系统中的目标检测、目标识别等，据称已经服役于战场监视。SAIP系统主要用于辅助情报分析员进行目标识别。根据相关文献表明，该系统针对收到的各种地面杂波环境下的SAR图像（分辨率为1米×1米、幅宽为100平方千米），一个管理员和两个情报分析员可在接收图像5分钟内给出目标态势分析报告。在目标检测阶段，采用并行去虚警技术，并根据该系统中各个模块给出的目标可能性权值加以分析，以判别是否为目标。从上述两系统可以看出，国外对于遥感图像解译系统的研究非常重视，并在多团队的协作下分步骤、有计划地开展研究工作，目前已经取得阶段性进展。在近年来的几场美国主导的反恐战争中，利用遥感途径获得的情报极大地占据了夜间作战优势，使美军高效率地赢得了战争。目前，美军在对于遥感图像解译的重要内容——目标识别方面，已从原理较为简单的基于模板库的识别，发展到基于模型的目标识别，最终的目标识别效果也有望进一步提升。同时也可以看到，现有的遥感图像解译系统存在背景建模困难，模板匹配局限性大等特点，需要进一步完善。在我国大力发展遥感影像相关技术的背景下，研究准确的目标检测和识别，再配合精确的目标定位，将有效地指导武器完成精确打击任务，符合发现即摧毁的现代战争理念。

目前，美国陆军的信息化装备已占50%，海、空军信息化装备占70%。反观我国，经过近十年的长期研发投入，武器装备已经取得长足进步，陆海空军及战略导弹部队的各类传统主战武器已经接近，甚至在小部分领域赶超美军。然而我国在军工信息化的建设上尚有很大不足，作为国防现代化的核心内容，军工信息化在未来相当长时间都将是"十四五"我国国防投入的重点方向。我国提升装备信息化水平、加快部署现代信息化武器装备等任务迫在眉睫，国家急需通过自主创新，发展尖端的武器装备，尤其是雷达技术，这是维护国家稳定与安全的重要保证。雷达是美国对华禁运的八项军事战略基础核心技术之首。相比光学等成像设备，其在预警监视、成像侦察、地理测绘、精确制导等领域有不可替代的作用。雷达的功能已经从目标探测（看得见）和目标定位（测得准），演化为目标成像（观得清）和目标解译（辨得明）。近年来，合成孔径雷达已经发展为多极化、多波段、多模式、多平台的成像雷达，同时干涉SAR、超宽带、多卫星群等技术也在不断涌现，使得遥感数据的数量、维度和复杂性都在飞快地增长。一方面，这些丰富的遥感影像为目标识别带来了质量更高、更加多样化的数据源，另一方面，也使得数据的维数空前增长，表现出（超）高分辨、高维、海量、动态、异构与混杂等复杂特性，具有大数据的特点。如何更为有效、全面的分析和利用这些数据集，实现影像的真正意义上的自动目标识别，从中发现规律，并寻找感兴趣的军事目标知识是当前雷达探测领域研究的关键问题。遥感图像智能感知与解译所要解决的核心技术就是"观得清、辨得明"的问题。这也是国家和国防的重大需求。

2.2 遥感智能解译国内外应用现状比较

海量多模的遥感图像具有环境复杂、信息混杂的特点，图像中的目标存在变形变、小样本等问题，给遥感图像智能感知与解译带来了挑战性难题。第一，由于目标所处自然环境和电磁环境的复杂性以及目标的动态变化呈现出非结构化特点，极大地增加了目标识别的困难。第二，现代战争环境的日益复杂和各种目标特征控制技术的发展，使得目标的可观测性越来越低，目标所处的非结构化环境导致的各种不确定因素如动态的、多样性、随机性和复杂性等影响，给目标信息获取和识别带来了一定障碍，特别是对于军事目标的提取与识别存在很大的困难。第三，遥感数据所具有的动态、异构、混杂和高维等非结构化特征更是显著增加了知识表示的困难性和推理的复杂性，如何形式化这类信息并进行有效推理已成为遥感图像解译智能感知技术发展的新瓶颈。而战场上获取目标的信息往往不一致，在众多复杂的非结构化环境中如何对其自动进行有效处理，如何通过先进的图像处理技术和人工智能技术，去认知环境、采集数据、处理信息，达到目标环境的稳定、可认知、可描述，实现非结构化环境中的结构化信息获取和目标识别，已经成为一个亟待解决的问题。智能信息感知技术也是国家中长期科技发展规划纲要（2006—2020）的重点研究领域。

世界范围内对智能感知与影像解译的研究正给予高度重视。智能感知方面，许多国家的政府部门和著名企业已相继投入巨额财力与大量人力研发各种带有智能特征的感知器、创建有线或无线传感器网络、构建非结构化环境下的智能感知系统。Space X 创始人马斯克的脑机接口公司 Neuralink 开发了最新的可穿戴设备 LINK V0.9 和手术机器人，这种机器人是通过激光对人类脑壳进行植入芯片，芯片的作用便是读取大脑神经元信号，并控制人类大脑。美国国防高级研究计划署计划于未来三年投资研发 10 亿像素照相机用于城市全面监控，美国空军计划耗资 60 亿美元，建造一个代号为"太空护栏"的雷达系统，以监控地球轨道上的太空垃圾。2011 年 3 月《自然》发布了欧盟策划未来新兴技术（FET）旗舰计划的消息，其中候选计划之一是"未来信息通信技术知识加速器"项目，计划花 10 年时间投入 100 名科学家和 10 亿欧元，试图构建一个包括"地球神经系统"在内的感知与计算系统，将分布在世界各地的感知器采集到的数据进行汇以模拟全球尺度的各类系统。美国北卡罗来纳州国立环境健康科学研究所正在开展一个称之为"接触组"的项目研究，其目的是记录一个人一生中所接触过的所有环境因素。英特尔公司和卡内基·梅隆大学及匹兹堡大学联合研究环境感知，他们认为这方面的技术将带来计算革命并改变商业世界。而与非结构化环境智能感知密切相关的无人机和机器人更是很多国家和企业争相研发、部署和商业竞争的主要对象。美国科学家预计，未来十年，单全球用于无人机的军费开支就高达 1000 亿美元，韩国商业、工业与能源部曾预测，2020 年全球智能机器人市场将接近 3000 亿美元的份额。阿里的城市大脑是全球唯一能够对全城视频进行实时采集并进行分析的人工智能系统，阿里云的视频识别算法，使城市大脑能够感知复杂道路下车辆的运行轨迹，准确率达 99% 以上。影像解译方面，许多国家已将该技术上升到国家战略高度。2018 年 11 月美国商务部拟公布技术出口管制体系框架，拟对 14 类具有代表性的技术进行管制，其中与人工智能相关的有 8 类，影像理解也是管制之列。2012 年 6 月，《纽约时报》披露"谷歌大脑（Google Brain）"项目，由著名的斯坦福大学机器学习教授吴恩达（Andrew Ng）与大规模计算机系统世界顶级专家杰夫·迪恩（Jeff Dean）共同主导，用 1.6 万个 CPU 核的并行计算平台训练深度神经网络的机器学习模型，在图像识别等领域获得巨大成功。2016 年，亚马逊发布了全球首个线下实体商店 Amazon Go，引领了智能无人支付时代，它使用计算机视觉、图像解译等技术，彻底跳过传统收银结账的过程。

近年来智能科学技术在遥感影像解译方向掀起了一股浪潮。人工智能旨在为机器赋予人的智能，专门研究计算机怎样模拟或实现人类的学习行为；深度学习是实现智能科学的一种技术，使得其能够实现众多的应用，并拓展了人工智能的领域范围。2016 年 10 月，美国发布了《国家人工智能研究和发展战略计划》旨在通过政府投资深化对人工智能的认识和研究，确保美国在人工智能领域的领导地位。该计划在 2019 年发布了更新版，重新评估了联邦政府人工智能研发投资的优先次序，指出扩大公私合作伙伴关系对美人工智能研发至关重要。也由此，额外增加了扩大公私合作伙伴关系，加速人工智能的发展的要求。同时欧盟在智能科学领域也并不落后，早在 2013 年欧盟就提出了人脑计划（Human Brain Project），欧盟和参与国将提供近 12 亿欧元经费，使其成了全球范围内最重要的人类大脑研究项目。该计划旨在通过计算机技术模拟大脑，建立一套全新的、革命性的生成、分析、整合、模拟数据的信息通信技术平台，以促进相应研究成果的应用性转化。2018 年制订了欧盟人工智能协调计划，提出三大目标：增强欧盟的技术与产业能力，推进 AI 应用欧盟需要增进投资、一加强基础研究、实现科学突破，升级 AI 科研基础设施，开发针对医疗、交通等关键部门的 AI 应用，促进 AI 的应用及数据的获取。二为迎接社会经济变革做好准备，为支持成员国的劳动力与教育政策，欧盟委员会将制定专门的（再）培训计划，汇集企业、工会、高等教育机构和公共机构，以应对可能被自动化取代的职业。三确立合适的伦理和法律框架，与欧洲科学和新技术伦理小组合作，设立一个面向利益相关方和专家——欧洲 AI 联盟的框架，以开发 AI 伦理指南草案，并充分考虑基本权利。可见国外各国对发展智能科学为基础的迫切需要。

我国遥感技术发展迅速，图像分辨率不断提高。高分辨率的遥感影像对地目标成像技术丰富了我军的情报来源，极大地提高我军的侦察能力。同时，遥感影像分析对于我国的经济建设和防汛抗灾等方面也发挥着重要的作用。中电 14 所研制的 KLC–9 型机载 SAR 具有重量轻、体积小的优势，能够对目标进行多分辨率（分别为 1 米和 0.5 米）成像。中电集团中国电子科学研究院主持的总装预研基金项目对战场复杂电磁环境进行了充分研究。在 2008 年汶川抗震救灾中，由中科院电子学研究所承研的新型机载 SAR 系统投入使用，用于空中观测灾区的地貌和建筑物的受损情况，获取数据 18.5TB，覆盖灾区面积 6 万多平方千米，应用前景相当广阔。2013 年芦山地震中，无人机在震中获取的遥感图像亦为后续救灾工作提供了重要信息保障。国内其他的遥感研究和设计单位，如国防科学技术大学（Automatic Target Recognition ATR）国家重点实验室、北京航空航天大学、清华大学、西安电子科技大学、西北工业大学、电子科技大学、哈尔滨工业大学、中电集团 38 所等，在遥感成像和解译领域也正在开展相关研究工作。我国启动的高分辨率对地观测系统重大专项，通过建设高分辨率先进对地观测系统，全面提升我国自主获取高分辨率观测数据的能力，加快我国空间信息应用体系的建设，推动卫星及应用技术的发展，通过遥感影像解译，有力保障现代农业、防灾减灾、资源调查、环境保护和国家安全的重大战略需求，大力支撑国土调查与利用、地理测绘、海洋和气候气象观测、水利和林业资源监测、城市和交通精细化管理、卫生疫情监测、地球系统科学研究等重大领域应用需求。我国公安部启动的"天网"工程，通过 1.7 亿台高清天网摄像头对城市各街道辖区的主要道路、重点单位、热点部位进行 24 小时监控，可有效消除治安隐患，使发现、抓捕街面现行犯罪的水平得到提高。2015 年，百度发布了 AI 开放平台，将深度学习技术应用到百度的图像解译等领域，涵盖几十项产品。2019 年，商汤科技推出 SenseDLC 嵌入式人像识别 SDK 软件，可以同时检测出视频中的人脸和人体，并自动进行关联匹配。它可赋能安防摄像机、NVR、人脸门禁等产品，为建设和谐社会提供一张安全、可靠的智能防护。2020 年新冠疫情期间，阿里云的 AI 诊断新技术，将新冠肺炎 CT 影像的识别准确率提高到了 96%。

近年来我国非常重视智能科学技术的发展。2017 年 7 月发布了《新一代人工智能发展规划》，首次以国发文件形式规划我国人工智能发展路径。2017 年 8 月教育部关于落实《新一代人工智能发展规划》的实施方案，方案提出要全面提升高校在人工智能领域理论和技术创新、人才培养、服务经济社会发展的能力，为我国构筑 AI 先发优势和建设创新型国家、世界科技强国提供有力支撑。2017 年 12 月工信部发布《促进新一代人工智能产业发展三年行动计划（2018—2020）》，其中以信息技术与制造技术深度融合为主线，以新一代人工智能技术的产业化和集成应用为重点，推进人工智能和制造业深度融合，加快制造强国和网络强国建设。与此同时，NSFC 的应急专项、科技部变革性技术应急专项等一大批重点支持项目都着眼于将人工智能、智能科学技术发展应用于各个领域。2017 到现在，人工智能已经连续几年写入政府工作报告。可见未来几年是我国智能科学技术发展的关键窗口期，要着力健全人工智能创新体系，完善人工智能生态体系，强调源头技术创新。可见，结合智能科学技术，发展智能化遥感图像解译系统是当前发展的必然趋势。

3. 本学科发展趋势及展望

智能感知技术在未来的发展，应该是形形色色的智能感知系统，具有智能化水平更高的机器视觉、听觉、触觉和嗅觉，并更具有相当发达的"大脑"学习机制和推理机制。这种智能感知系统能够完全理解人类语言，应该根据感知信息进行智能判断和分析，形成和人类非常相似的感知模式。其中还有许多难题需要解决，如非结构化环境理解、图像解译、目标识别等。

各种智能感知系统中，涉及重要的一项技术就是图像解译和识别。深度学习虽然在图像识别中取得了突破性进展，但实际应用中仍存在着以下问题。

理论问题。深度学习的理论问题主要体现在统计学和计算两个方面。对于任意一个非线性函数，都能找到一个浅层网络和深度网络来表示。深度模型比浅层模型对非线性函数具有更好的表现能力。但深度网络的可表示性并不代表可学习性。要了解深度学习样本的复杂度，要了解需要多少训练样本才能学习到足够好的深度模型，就必须知道，通过训练得到更好的模型需要多少计算资源，理想的计算优化是什么。由于深度模型都是非凸函数，也就让深度学习在这方面的理论研究变得非常困难。

建模问题。深度学习的实质是学习更有用的特征，最终提升分类或预测的准确性。其方法是构建深度模型和海量训练数据。可以说，特征学习是目的，深度模型是手段。相对浅层学习来说，深度学习具有多达 6 层的隐层节点，还突出了特征学习的重要性。深度学习通过逐层特征变换，让分类或预测变得更容易。利用大数据来学习特征，比通过人工规则来构造规则更能刻画数据的内在信息。在推进深度学习的学习理论与计算理论时，能不能提出新的具有强大表示能力的分层模型呢？在具体应用上，又该怎样设计一个用来解决问题的最合适的深度模型呢？还有，是否存在可能建立一个通用的深度模型或者是建模语言呢？这些都是深度学习必须面对的问题。

工程问题。深度学习首先要解决的是利用并行计算平台来实现海量数据训练的问题。深度学习需要频繁迭代，传统的大数据平台无法适应这一点。随着各种服务的深入，海量数据训练的重要性日益凸显。而现有的深度神经网络训练技术通常所采用的随机梯度法，不能在多个计算机之间并行。采用 CPU 进行传统的深度神经网络模型训练，训练时间非常漫长，一般训练声学模型就需要几个月的时间。这样缓慢的训练速度明显不能满足各种服务应用的需要。目前，提升模型训练速度，成为许多大公司研究者的主攻方向。谷歌公司搭建起 DistBelief 深度学习并行计算平台，通过采用异步算法，实现随机梯度下降算法的并行化，从而加快模型训练速度。另外，深度学习过分依赖数据预处理、模型选择、模型训练和模型参数微调等任务，导致工程化的周期较长。

可以预见，在未来高度"智能化 + 信息化"的世界中，智能感知与影像解译将变得无处不在，其基础理论研究会越来越深入，应用场景会越来越复杂，应用领域会越来越宽广，从而对特定的模式识别技术会要求越来越高。这次以人工智能为核心的科技变革中，原有的研究问题和方法以及对智能技术和产品的应用需求，都将发生前所未有的变化，势必经历从简单个体识别到复杂关系推理，从被动环境感知到主动任务探索，从可控简单应用场景到非可控复杂应用场景等变化，这给智能感知与影像解译技术的发展带来新的机遇和挑战。为了适应科技变革带来的一系列变化和应用需求，必须融合视觉、听觉、语言、认知、学习、机器人、博弈、伦理与道德等各学科的研究成果，提出以应用为中心的特征表示，建立以时间、空间、因果等为考虑因素的计算模型，并且结合实际的应用场景提出特定的理论方法和技术体系，开拓新范式和新理论研究，开展智能感知与图像解译在重大战略需求领域的原创性研究工作和理论创新，提出高可靠、高精度、高效率的模式识别应用技术成为亟待解决的关键问题。

智能感知与影像解译的核心是建立受脑机制启发智能计算模型来解决信息感知和影像解译的基础问题。最近，脑与神经科学、认知科学的研究进展为揭示与模拟相关的本质提供越来越多的线索，为实现智能感知与影像解译模型提供了更深层次的启发。大数据的出现为模型学习提供了丰富的训练样例，为系统的学习演化提供了有力的数据保障。集成电路等领域的一系列突破使大规模智能模拟成为可能，奠定了智能感知与影像解译的硬件基础。应用的需求不断催生出新的模型与思路，为实现达到并最终超越人类智能水平的智能深度学习硬件提供了可能。这些为实现智能感知与影像解译技术的产学研用一体化创造了有利条件。然而，目前已有的智能感知与影像解译研究均为零散、单点的研究突破多，系统性的研究结果少；特例式的应用多，原理性的思考少；底层工程分析多，高层认知研究少，加之具有研究能力的单位无数据，而数据垄断机构不具备分析能力等诸多困难，使得当前智能感知与影像解译的研究存在诸多问题，未来有以下几个发展趋势。

第一，智能感知与影像解译需要加强生物认知基础的研究。现有的智能感知与影像解译计算模型仍然是关于大脑智能模拟初步的尝试，距离脑信息处理机制的深度借鉴如微观层面等的模拟来提升现有模型功能仍然具有很大空间。因此，常见的模型存在领域特异性强，扩展和泛化能力相对较差，难以实现领域间知识共享等问题。如何借鉴脑科学的研究成果，对人类智慧中起关键作用的认知等能力进行模拟，研究脑神经计算、认知脑模拟来提升现有智能感知与影像解译模型的能力，也是需要迫切解决的问题。

第二，当前智能感知与影像解译模型理论与应用中存在诸多问题。由于材料、制造技术和传感技术的发展，人工智能获取信息的能力显著提升。最先人们利用各种材料对环境信息的特殊效应制造各种各样的传感器来感知世界，如摄像头、雷达等，这就是传感技术，然而，这些信息由于缺乏通信和智能分析技术，成为信息孤岛，迫切需要如何让机器做到在不同环境中，模仿人的大脑对外部的信息进行采集、分析、筛选并进行推理，使机器理解现实世界，这就是智能感知技术。如何快速高效准确地感知外界被测环境信息，已经成为人工智能发展的核心技术。图像解译技术是人工智能的一个重要领域。它是指对图像进行对象识别，以识别各种不同模式的目标和对象的技术。虽然深度学习在图像识别领域已经取得了巨大的成功，但要使其得到广泛的应用，还面临着许多挑战。一是如何提高模型的泛化能力。在影像识别技术得到广泛应用之前，一个重要的挑战是如何知道一个模型对于一个从未见过的场景仍然具有良好的泛化能力。在目前的实践中，将数据集随机分为训练集和测试集，并在此数据集上对模型进行相应的训练和评估。需要注意的是，在这种方法中，测试集与训练集具有相同的数据分布，因为它们是从具有相似场景内容和成像条件的数据中采样的。然而，在实践中，测试影像可能来自训练期间不同的数据分布。这些先前未知的数据可能与训练数据在透视图、大小、场景配置、相机属性等方面有所不同。二是如何利用小规模和超大规模的数据。我们需要面对的另一个重要挑战是如何更好地利用小规模训练数据。虽然深度学习通过利用大量注释数据在各种任务中取得了巨大的成功，但现有技术经常在小数据场景中崩溃，因为只有少量标记实例可用。这种情况通常被称为"小样本学习"，需要在实践中仔细考虑。另一个极端是如何利用超大规模数据有效地提高识别算法的性能。例如对于自主驾驶等关键应用，图像识别的出错代价非常高。研究人员创建了大量的数据集，其中包含了数亿个带有标注丰富的图像，他们希望利用这些数据集使模型更加精确。然而，目前的算法不能很好地利用这样的超大数据量。在包含

3亿个带注释图像的数据集上，随着训练数据量的增加，各种深度网络的性能只呈现对数级的提高。在大规模数据的情况下，增加训练数据的效益将越来越不明显，这是一个需要解决的重要问题。三是全面的情景理解。除了这些与训练数据和泛化能力相关的问题外，一个重要的研究课题是对场景的全面理解。除了识别和定位场景中的对象外，人类还可以推断对象之间的关系、部分到整体的级别、对象的属性和三维场景布局。获得对场景的更广泛理解将有助于应用，例如机器人交互，这通常需要的信息超出了对象识别和位置。这项任务不仅涉及对场景的感知，还涉及对现实世界的认知理解。要实现这一目标，还有很长的路要走。还有，如何构建面向具体应用的计算模型？在应用中如何搭建有效的计算平台？采用何种硬件实现结构？如何提高计算效率、降低功耗以及体积？这些均需要进行深入的理论分析与研究。

第三，当前智能感知与影像解译需加强关系国计民生与国防安全中的重要数据的处理能力。在国计民生与国防安全的诸多领域都存在众多亟待处理的海量、非结构化的大数据，如智慧城市建设、遥感目标探测等。这些数据一方面为应用提供了丰富的信息，另一方面为数据分析带来新的瓶颈——在场景识别应用中，如何从海量场景影像中自适应学习规则，像人脑一样准确感知和识别场景；在目标探测应用中，如何从大幅高分遥感影像中快速探测目标；在城市规划应用中，如何从海量高分数据中自适应地分析建筑密度、用地类型、房屋容积率等城市特征信息，这些已成为目前城市遥感数据应用中的难题。目前许多领域的信息获取与分析处理的能力相对低下，仍然停留在从"数据到数据"的阶段，在实现从数据到知识转化上明显不足，对数据的利用率低，陷入了"大数据，小知识"的悖论。更有甚者，由于大量堆积的数据得不到有效利用，海量数据长期占用有限的存储空间，造成了某种程度上的"数据灾难"。深度学习的特征之一是学习的能力，即系统的性能是否会随着经验数据的积累而不断提升，而大数据时代的到来给智能感知与影像解译的发展提供前所未有的机遇。在这个时代背景下，智能感知与影像解译在包括图像获取与识别等方面所取得的突破性进展并非偶然。因此，如何结合智能感知与影像解译来解决当前我国国计民生与国防安全中数据分析的瓶颈问题，是新一代信息技术研究中亟待解决的问题。

第四，传统的组织模式难以满足智能感知与影像解译技术的不断发展。国内传统智能感知与影像解译的研发由于受专家分散、技术分散、条件分散、场地分散的影响，缺乏整体布局，容易造成一些关键基础科学问题无人攻，前沿理论无人顾，技术整体能力提升慢。高校、科研院所和企业创新成果的产出、转化和应用受到部门壁垒、知识产权保护、人才资源配置等因素制约，效率低下。因此，亟待建立国家重点实验室，从国家层面建立产学研用一体化的智能感知与影像解译技术与应用的国家重点实验室，突破当前体制机制束缚，统筹核心技术的攻关和关键工艺的试验研究、培养工程技术创新人才、促进重大科技成果应用、为行业提供技术服务等各项工作，有效整合各领域的智力和技术资源，为深化智能感知与影像解译的技术研究，开发具有我国自主产权的智能感知与影像解译产品与软硬件系统奠定基础。

参考文献

［1］ Santosh K M, Sundaresan J. Remote Sensing Basics［J］. Springer International Publishing, 2014.

［2］ Proia N, Pagé V. Characterization of a bayesian ship detection method in optical satellite images［J］. IEEE Geoscience and Remote Sensing Letters, 2010, 7（2）: 226-230.

［3］ Li X, Xie W, Wang L, et al. Ship detection based on surface fitting modeling for large range background of ocean images［C］. ICSP, 2016: 762-767.

［4］ Feng Z, Yang S, Wang M, et al. Learning Dual Geometric Low-Rank Structure for Semisupervised Hyperspectral Image Classification［J］. IEEE Transactions on Cybernetics, 2019（1）: 13.

［5］ Chen, H. Fast unsupervised deep fusion network for change detection of multitemporal SAR images［J］. Neurocomputing, 2019（332）: 56-70.

［6］ Mnih V, Hinton G E. Learning to detect roads in high-resolution aerial images［C］//ECCV, 2010: 210-223.

［7］ Maggiori E, Tarabalka Y, Charpiat G, et al. Convolutional neural networks for large-scale remote-sensing image classification［J］. IEEE Transactions on Geoscience and Remote Sensing, 2017, 55（2）: 645-657.

［8］ Wei Y, Wang Z, Xu M. Road structure refined cnn for road extraction in aerial image［J］. IEEE Geoscience and Remote Sensing Letters, 2017, 14（5）: 709-713.

［9］ 秦其明. 遥感图像自动解译面临的问题与解决的途径［J］. 测绘科学, 2000, 25（2）: 21-25.

［10］ Bi F, Zhu B, Gao L, et al. A Visual Search Inspired Computational Model for Ship Detection in Optical Satellite Images［J］. IEEE Geoscience and Remote Sensing Letters, 2012, 9（4）: 749-753.

［11］ Qi S, Ma J, Lin J, et al. Unsupervised ship detection based on saliency and S-HOG descriptor from optical satellite images［J］. IEEE Geoscience and Remote Sensing Letters, 2015, 12（7）: 1451-1455.

［12］ He K, Zhang X, Ren S, et al. Deep residual learning for image recognition［C］. Proceedings of the IEEE conference on computer vision and pattern recognition, 2016: 770-778.

［13］ Szegedy C, Liu W, Jia Y, et al. Going deeper with convolutions［C］. Proceedings of the IEEE conference on computer vision and pattern recognition, 2015: 1-9.

［14］ Ren S, He K, Girshick R, et al. Faster r-cnn: Towards real-time object detection with region proposal networks［C］. Advances in neural information processing systems, 2015: 91-99.

［15］ Chen L-C, Papandreou G, Kokkinos I, et al. Deeplab: Semantic image segmentation with deep convolutional nets, atrous convolution, and fully connected crfs［J］. IEEE transactions on pattern analysis and machine intelligence, 2017, 40（4）: 834-848.

［16］ Badrinarayanan V, Kendall A, Cipolla R. Segnet: A deep convolutional encoder-decoderarchitecture for image segmentation［J］. IEEE transactions on pattern analysis and machineintelligence, 2017, 39（12）: 2481-2495.

［17］ Zhang K, Zhang Z, Li Z, et al. Joint Face Detection and Alignment Using Multitask Cascaded Convolutional Networks［J］. IEEE Signal Processing Letters, 2016, 23（10）: 1499-1503.

［18］ Li Y, Ai H, Yamashita T, et al. Tracking in Low Frame Rate Video: A Cascade Particle Filter with Discriminative

Observers of Different Life Spans［J］. IEEE Transactions on Pattern Analysis and Machine Intelligence，2008，30（10）：1728-1740.

［19］ Wen Y，Zhang K，Li Z，et al. A Discriminative Feature Learning Approach for Deep Face Recognition［C］// European Conference on Computer Vision，2016.

［20］ Cordts M，Omran M，Ramos S，et al. The Cityscapes Dataset for Semantic Urban Scene Understanding［J］. IEEE CVPR，2016.

［21］ Kim S，Seltzer M L. Towards Language-Universal End-to-End Speech Recognition［J］. IEEE，2017.

［22］ GalhardasH，Florescu D，Shasha D，et al. An Extensible Framework for Data Cleaning［J］. Icde，2000：312.

［23］ VolkovsM，Chiang F，Szlichta J，et al. Continuous data cleaning［C］// IEEE International Conference on Data Engineering. IEEE，2014.

［24］ Cui X，Goel V，Kingsbury B. Data augmentation for deep convolutional neural network acoustic modeling［C］// ICASSP IEEE，2015.

［25］ Xu M，Zhu J，Zhang B. Fast max-margin matrix factorization with data augmentation［C］//International Conference on International Conference on Machine Learning，2013.

［26］ Kai W，Babenko B，Belongie S. End-to-end scene text recognition［C］// IEEE International Conference on Computer Vision. IEEE，2012.

［27］ Xiao C，Liu J，Chen X，et al. Deep contextual residual network for electron microscopy image segmentation in connectomics［C］// 2018：378-381.

［28］ Felzenszwalb，Pedro，F，et al. Object Detection with Discriminatively Trained Part-Based Models.［J］. IEEE Transactions on Pattern Analysis & Machine Intelligence，2010，32（9）：1627-1645.

［29］ Chen Q，Yu R H，Hao Y L，et al. A new method for mapping aquatic vegetation especially underwater vegetation in lake ulansuhai using GF-1 satellite data［J］. Remote Sensing，2018，10（18）：1279.

［30］ Wagstaff K. Constrained K-means Clustering with Background Knowledge［J］. Proceedings of ICML，2001.

［31］ Zhong P，Gong Z，Li S，et al. Learning to Diversify Deep Belief Networks for Hyperspectral Image Classification［J］. IEEE Transactions on Geoence and Remote Sensing，2017：3516-3530.

［32］ Wieland M，Li Y，Martinis S. Multi-sensor cloud and cloud shadow segmentation with a convolutional neural network［J］. Remote Sensing Environment，2019：230.

［33］ Zabalza J，Ren J，Zheng J，et al. Novel segmented stacked autoencoder for effective dimensionality reduction and feature extraction in hyperspectral imaging［J］. Neurocomputing，2016，185（12）：1-10.

［34］ Huang X，Li Y，Poursaeed O，et al. Stacked Generative Adversarial Networks［C］//IEEE Computer Society，2016.

［35］ 张兵，金凤君，于良. 近20年来湖南公路网络优化与空间格局演变［J］. 地理研究，2007，26（4）：712-722.

［36］ 周恺. 长江三角洲高速公路网通达性与城镇空间结构发展［J］. 地理科学进展，2010，29（2）：241-248.

［37］ 李涛，曹小曙，黄晓燕. 珠江三角洲交通通达性空间格局与人口变化关系［J］. 地理研究，2012，31（9）：12.

［38］ 朱寿红，王胜利，舒帮荣，等. 基于深度学习的高光谱遥感影像分类［J］. 城市勘测，2017（4）：84-88.

［39］ Szegedy C，Ioffe S，Vanhoucke V，et al. Inception-v4，Inception-ResNet and the Impact of Residual Connections on Learning［J］. 2016.

［40］ He K，Gkioxari G，Dollár P，et al. Mask r-cnn［C］. Proceedings of the IEEE internationalconference on computer vision，2017：2961-2969.

［41］ Bolya D，Zhou C，Xiao F，et al. YOLACT：real-time instance segmentation［C］. Proceedings of the IEEE International Conference on Computer Vision，2019：9157-9166.

［42］ Ronneberger O，Fischer P，Brox T. U-net：Convolutional networks for biomedical image segmentation［C］. International Conference on Medical image computing and computerassistedintervention，2015：234-241.

［43］ Liu Z，Cao C，Ding S，et al. Towards clinical diagnosis：Automated stroke lesion segmentation on multi-spectral MR image using convolutional neural network［J］. IEEE Access，2018，6：57006-57016.

［44］ Rastegari M，Ordonez V，Redmon J，et al. XNOR-Net：ImageNet Classification Using Binary Convolutional Neural Networks［J］. Springer Cham，2016.

［45］ Szegedy C，Wei L，Jia Y，et al. Going Deeper with Convolutions［J］. IEEE Computer Society，2014

［46］ SimonyanK，Zisserman A. Very Deep Convolutional Networks for Large-Scale Image Recognition［J］. Computer Science，2014.

［47］ He K，Zhang X，Ren S，et al. Deep Residual Learning for Image Recognition［C］//CVPR IEEE，2016.

［48］ Long J，Shelhamer E，Darrell T. Fully Convolutional Networks for Semantic Segmentation［J］. IEEE Transactions on Pattern Analysis and Machine Intelligence，2015，39（4）：640-651.

［49］ Ronneberger O，Fischer P，Brox T. U-Net：Convolutional Networks for Biomedical Image Segmentation［J］. IEEE Access，2021（99）：1.

［50］ 王成金，王伟，张梦天，等. 中国道路网络的通达性评价与演化机理［J］. 地理学报，2014，69（10）：1496-1509.

［51］ Taylor M，Sekhar S，D'Este G M. Application of accessibility based methods for vulnerabilityanalysis of strategic road networks［J］. Networks and Spatial Economics，2006，6（3-4）：267-291.

［52］ 吴威，曹有挥，曹卫东，等. 开放条件下长江三角洲区域的综合交通可达性空间格局［J］. 地理研究，2007，26（2）：391-402.

［53］ Xie Z，Yan J. Kernel density estimation of traffic accidents in a network space［J］. Computers Environment and Urban Systems，2008，32（5）：396-406.

［54］ Zou H，Yang Y，Li Q，et al. A spatial analysis approach for describing spatial pattern of urban traffic state［C］// Proceedings of the 13th International IEEE Conference on Intelligent Transportation Systems（ITSC）. Funchal：IEEE，2010：557-562.

［55］ JinC，Lu Y，Zhang L. An analysis of accessibility of scenic spots based on land traffic network：a case study of Nanjing［J］. Geographical Research，2009，28（1）：246-258.

［56］ 欧燕萍，孙奕，许大玮. 春华秋实硕果丰———杭州市政协凝心聚力务实建言履职实录［EB/OL］. 2017-03-02. http://www.cppcc.gov.cn/zxww/2017/03 /02 /ARTI1488417244128887. shtml.

［57］ YangX，Chen Z C，Li B P，et al. A fast and precise method for large-scale land-use mapping based on deep learning ［C］//IEEE International Geoscience and Remote Sensing Symposium，2019.

［58］ Wang M C，Zhang X Y，Niu X F，et al. Scene classification of high- resolution remotely sensed image based on ResNet［J］. Journal of Geovisualization and Spatial Analysis，2019，3：16.

［59］ 宋廷强，李继旭，张信耶. 基于深度学习的高分辨率遥感图像建筑物识别［J］. 计算机工程与应用，2020，56（8）：26-34.

［60］ Li J J，Zhang H，Wang C，et al. Space borne SAR data for regional urban mapping using a robust building extractor［J］. Remote Sensing，2020，12（17）：2791.

［61］ 楼立志，张涛，张绍明. 基于DPM和R-CNN的高分二号遥感影像船只检测方法［J］. 系统工程与电子技术，2019，41（3）：509-514.

［62］ 裴亮，刘阳，谭海，等. 基于改进的全卷积神经网络的资源三号遥感影像云检测［J］. 激光与光电子学进展，2019，56（5）：226-233.

［63］ Chen Y，Fan R S，MuhammadB，et al. Multilevel cloud detection for high-resolution remote sensing imagery using multiple convolutional neural networks［J］. InternationalJournal of Geo-Information，2018，7（5）：181.

［64］ Cheng B，Liang C B，Liu X N，et al. Research on a novel extraction method using deep learning based on GF‐2 images for aquaculture areas［J］. International Journal of Remote Sensing，2020，41（9）：3575‐3591.

［65］ B Schölkopf，Platt J，Hofmann T. Greedy Layer‐Wise Training of Deep Networks［J］. Advances in Neural Information Processing Systems，2007，19：153‐160.

［66］ 程圆娥，周绍光，袁春琦，等. 基于主动深度学习的高光谱影像分类［J］. 计算机工程与应用，2017，53（17）：192‐196.

［67］ Abdi G，Samadzadegan F，Reinartz P. Spectral‐spatial feature learning for hyperspectral imagery classification using deep stacked sparse autoencoder［J］. Journal of Applied Remote Sensing，2017，11（4）：042604.

［68］ Ding A，Zhou X. Land‐Use Classification with Remote Sensing Image Based on Stacked Autoencoder［C］// International Conference on Industrial Informatics‐computing Technology. IEEE，2017.

［69］ 林洲汉. 基于自动编码机的高光谱图像特征提取及分类方法研究［D］. 哈尔滨：哈尔滨工业大学，2014.

［70］ 谭钢，郝方平，薛朝辉，等. 基于堆栈稀疏自编码的高光谱遥感影像分类［J］. 矿山测量，2017，45（6）：53‐58.

［71］ 马晓瑞. 基于深度学习的高光谱影像分类方法研究［D］. 大连：大连理工大学，2017.

［72］ 吕飞，韩敏. 基于深度极限学习机的高光谱遥感影像分类研究［J］. 大连理工大学学报，2018，58（2）：166‐173.

［73］ 徐佳，袁春琦，程圆娥，等. 基于主动深度学习的极化 SAR 图像分类［J］. 国土资源遥感，2018，30（1）：72‐77.

［74］ Goodfellow I，Pouget‐Abadie J，Mirza M，et al. Generative adversarial nets［C］//Advances in Neural Information Processing Systems（NIPS）. Canada：CurranAssociates Inc，2014：2672‐2680.

［75］ Xu S H，Mu X D，Zhang X M. Remote sensing image scene classification based on generative adversarial networks［J］. Remote Sensing Letters，2018，9（7）：617‐626.

［76］ Lin D Y，Fu K，Wang Y，et al. MARTA GANs：Unsupervised representationlearning for remote sensing image classification［J］. IEEE Geoscience and Remote Sensing Letters，2016，14（11）：2092‐2096.

［77］ Ma D G，Tang P，Zhao L J. SiftingGAN：generating and sifting labeled samples to improve the remote sensing image scene classification baseline in vitro［J］. IEEE Geoscience and Remote Sensing Letters，2019，16（7）：1‐5.

［78］ Zhang W，Tang P，Zhao L J. Remote sensing image scene classification using CNN‐CapsNet［J］. Remote Sensing，2019，11（5）：459.

［79］ Tomiyasu K. Tutorial review of Synthetic Aperture Radar（SAR）with applications to imaging of the ocean surface［C］. Proceedings of the IEEE，Philadelphia，USA：IEEE，1978：563‐583.

［80］ ESA. Advanced Synthetic Aperture Radar［EB/OL］. https://envisat. esa. int/instruments/asar/.

［81］ Shimada M. JERS‐1 SAR user handbook［EB/OL］. https://www. eorc. jaxa. jp/JERS‐1/.

［82］ DLR. TerraSAR‐X mission［EB/OL］. https://www. dlr. de/tsx/main/mission_en. htm/.

［83］ MacDonald D. Associates Ltd. Radarsat‐2 mission［EB/OL］. https://www. radarsat2. info/about/mission. asp/.

［84］ Italian Space Agency. General information on COSMO‐Skymed system，products and AO［EB/OL］. https://cosmo‐skymed‐ao. asi. it/asi/asi/.

［85］ Rodriguez M，Baumgartner S V，Krieger G，et al. Bistatic TerraSAR‐X/F‐SARspaceborne‐airborne SAR experiment：description，data processing，and results［J］. IEEE Transactions on Geoscience and Remote Sensing，2010，48（2）：781‐794.

人机融合智能

　　智能技术在给人类社会发展带来积极影响的同时，也伴随着人类必须面对的休谟问题和意识形态危机，继而一定程度上引发伦理困境，导致信任危机，影响意识形态安全。当下，人工智能技术主要建立在归纳逻辑上，通过归纳总结某些特定的知识，再将这种"知识"应用到现实场景中去解决实际问题，从而"再现"人的智能。但目前依旧未能实现技术的大跨越，人机融合智能则会是未来人工智能科学发展的下一个突破点。

　　人机融合智能是人、机和环境三种因素相互之间发生作用所产生的一种新的智能形式，是将人类智能中的联想性、感性推理与人工智能的知识性、理性推理相结合，同时涉及物理性和生物性的智能科学体系，根本目标是把人类和机器的优点结合起来，从而形成一套崭新的智能适配机理。它既包含了人类智慧，也蕴含了机器智能，同时融合孕育新的智能升华。

　　人机融合智能和人类智能、人工智能之间的不同之处主要体现三个方面。第一是硬件输入端，人机融合智能不是单独利用硬件传感器获取的客观数据，或者仅使用人类感知器官获得的主观信息，而是基于人的知识将上述数据和信息有机结合起来，从而得到新的输入信息。第二是在信息处理过程中，利用人机不同的优势，把人类的认知优势和机器的计算优势相融合，从而开拓新型理解途径。第三是在结果输出阶段，把人类在决策时展现的价值观融入机器算法的迭代之中，从而得到有机化和概率化的判断。在人机融合智能的科学体系中，人类会对自身知识进行辩证的思考，机器从人类在不同的场景下做出的选择和决策中学习不同因素的价值权重，这将使得人类和机器之间的关系由单向决策转变为双向理解，从而把人类的主观能动性和机器的客观、被动的特性融合起来，从而形成一种新的体系。

　　人机融合智能可以使用分层科学体系结构来描述。人通过逐步提升自身的主观认知能力分析感知外部的自然环境，这一过程涉及多个层次，例如记忆层、意图层、感知层、决策层和行为层，人在认知的过程中，形成了具有主观性的思维。机器则通过其自身的传感器获取数据，感知和分析外部环境，此过程包含知识库、目标层、信息感知层、任务规划层和行为执行层，机器在此过程中培养客观、形式化的思维。分层的体系结构表明人机融合可以发生在相同的层次之中，并且人机融合智能体系中不同的层次之间也存在一定的因果关系，形成人机融合的协同感知、认知交互、融合决策与行为增强，实现人、机、环境相互协同过程中人类智能与机器智能的融合协同。

随着新一轮科技革命的发展，特别是网络通信技术的突破和人工智能技术的加强，人机融合领域也进入了新的时代。未来人机融合智能将在在线智能教育、智慧医疗与保健、人机共驾智能驾驶和云机器人等各个领域得到广泛应用，并可能带来颠覆性变革。因此，研究和探索人机融合智能的发展和未来具有重大的科学意义。

1. 人机融合智能发展现状

1.1 人工智能技术的发展和不足

在1956年的达特茅斯学院暑期研讨班上，一位名叫约翰·麦卡锡的年轻人首次提出了人工智能的概念。过去60年来，由于大数据、云计算等领域的飞速发展以及计算机算力的提升，人工智能技术搭上了快速列车。随着时代的变迁，人工智能理论基本可划分为三大流派——联结主义、行为主义以及符号主义。这三种理论都取得了长足的发展并成为当今人工智能理论与技术的中流砥柱，但也都有其发展瓶颈。

联结主义试图描述心理或行为，作为一个通过简单单元相互连接的网络，神经网络模型是其中一种最常见的连接形式，在可微分、强监督学习、封闭静态系统等任务表现优异，但是得到的结果对问题条件的依赖性很大。行为主义通过模仿人类和其他生物的行为来人工智能与机器进化，成果主要有依赖奖惩机制的强化学习算法等。但是，该方法过于简化了人类以及其他生物的学习以及进化过程，从而忽略了生物的心理活动和意识存在。符号主义通过模拟人的大脑抽象逻辑思维以及人类认知系统功能，通过计算机符号计算实现人工智能。符号主义也面临诸多挑战，如知识推理与运用、知识自动获取、知识表示学习以及多元知识智能融合等。

现今的人工智能技术归根到底源于数学表达以及计算机底层的逻辑运算实现，而人工智能想要达到的人类智能则并非完全是逻辑推理。如果说人类智能是艺术，那么现在的人工智能则主要是技术。究其根本，人工智能只是人类在探索自然世界对自身智能的简单模仿，但是人类对自身智能的底层机理的认识仍然只是冰山一角。同时，这些模仿都是通过数学简化模型，利用电子元器件的堆叠以及复杂计算模拟而来，可以说是对生物体复杂物理化学信号交互的低层级复现，所以人工智能可以在人类智能的指导下完成数学模型改进，以及在算力提升下实现智能增强。目前的人工智能虽然在图像、语音、文本等领域有着超乎人类智能数倍的效率以及速度，然而人工智能对人类所具有的创造性、社会性、自主意识、道德判断、感情能力等高级功能仍然束手无策，甚至人类自身对这些高级功能的生物学本质仍处于探索阶段。正是在这样的背景下，把人类和机器的优点和长处结合起来，不是简单地将两种智能形式做一个加法集成起来，而是通过形成一套崭新的人机智能融合机理，一方面突破现有人工智能技术的局限性，另一方面有可能孕育出超越人类智能与人工智能的新的智能形式。

1.2 人机融合智能技术的挑战

人机融合智能的难点在于如何将机器的计算能力与人的认知能力有效结合起来。而目前人机融合智能的发展还在初级阶段，人机融合中人与机器的分工明确，但没有实现高效的分层次的智能融合，当然也就没有产生有效的超越简单加法的融合智能。人机融合智能现阶段主要存在的问题和挑战总结如下。

1.2.1 人机认知差异化问题

人类智能和机器智能由于二者在的时间、空间和认知上的差异，其融合过程较难进行。在人类智能中，人类所获得的知识和信息可能会随时空环境而发生改变，其具有相对性的特征，信息和知识所表示的事实和事物即表示它们自身，又能表示其他事实和事物。而在机器智能中，机器利用传感器获取和处理的数据缺乏人类智能中的相对性。此外，人类对于时间和空间的认识是具有主观意识性的，其包括了人类的主观意识和期望。机器对于时间和空间的感知和认知是具有客观真实性的，其具有一般的形式化表示。在认知方面，人的知识学习、因果推理、决策选择等行为具有很强的可变性，这些会根据当时的环境和人类的主观意识发生改变，但是机器却并非如此，机器的认知是具有固定形式的，机器智能中的知识学习、逻辑推理和选择判断的机制是由其设计者为特定的时间和空间任务设置的，并不能保证其与任何时间和空间下的场景一致，可变性很差。因此人机认知存在着较强的差异性，这种差异不仅仅包含人的主观能动和机器的客观数据存在不一致，还包含了人类的主观预期和机器所在场景客观事实的差异。

人机融合智能还要面临的一个关键问题是基于公理、定理和非公理的融合推理，实现感性和理性结合的认知决策。公理和定理是数学发展过程中的理论基础，非公理的逻辑推导以及直觉推理则是科学研究过程中的关键技术和核心方法。机器的运行是按照逻辑严密的算法或者初始设定程序进行，但是人类的行为却不相同，人会利用自身的联想或者类比推理等，进行相应的决策。人类利用自身之前的先验性知识，可以产生创造性直觉，但是机器仅仅会理性的处理数据，如何让机器能够产生类似于人类的直觉能力是实现人机融合智能平滑性的关键问题，这也就意味着公理、定理和非公理的融合推理，以及感性和理性结合的决策，将会是人机融合智能领域的重要研究方向。

1.2.2 意向性与形式化问题

人工智能领域的权威、英国科学院院士玛格丽特·A.博登，提出人工智能的本质和未来在于意向性和形式化的有机结合，这种结合在今天看来仍然是十分困难的。在人机融合领域，目前投入应用的技术中，并没有做到意向性和形式化的有机结合，机器和人类有着明确的分工。人类相对于人工智能的优势在于人类具有联想能力，人类可以在信息不完备的情况下进行联想学习和跨领域学习，以及在突发态势根据直觉下做出快速决策，而这些都是机器所欠缺的能力，如何使机器具有联想学习能力和直觉决策是一个很值得研究的课题。

意向性是一种对内在感知的描述能力（心理活动），而形式化是对外在感知的描述能力。形式化是人们从空间上对事物的直观认识，而意向性更倾向于在时间维度上的延伸。对于态势感知来说，如果说形式化是"态"，那么意向性就是"势"，所以深度态势感知就是形式化和意向性的有机结合，基于态势感知的人机融合智能可以从外在感知向内在感知延伸，形成一个整体的认知与行为描述，主客观相统一，最终得到一个对人的心理描述模型以及物理反馈模型。人类智能本身就是意识性与形式化的有机结合、外在内在感知主客体相统一的，而人机融合所面临的挑战是如何架起意识性和形式化连接的桥梁。

1.2.3 休谟因果的伦理性问题

伦理问题是当前人工智能研究中受到关注的一个新领域，也是人机融合智能体系的一个重要研究课题。人类的价值观起源便是伦理学，人类本身就拥有许多的伦理道德困境，人工智能技术的出现也恰好带给了人类对于人工智能伦理问题的思考。如人机融合智能的范畴归属等的人机融合智能伦理问题，是人机融合智能未来发展的关键问题，其不仅仅包含了人工智能的伦理问题，还包括了人机融合后的责任归属问题。

休谟问题是指从"是"推断出"应该"，也就是要回答从事实命题能否推出价值命题。事实指的是由因果推理获得的知识和经验，是可以用推理解决的确定性的公理化问题，人工智能目前能解决一部分。而价值具有不确定性，是人的一种意识和理念的体现，价值观也是道德的基础，是目前人工智能所不具备的，因为从事实推不出价值。然而，真实世界总是事实和价值混合的世界。不解决休谟问题，当前人工智能研究尝试通过大数据与逐步升级的算法实现通用人工智能，包括人的道德、情感与意识也就没有办法跨越。因此，休谟问题虽然表面上是一个著名的哲学难题，实际上更是一个通用人工智能的瓶颈和难点，通过人机融合有可能能解决该问题，即人协助机器解决价值问题。

1.3 人机融合智能技术研究进展

作为智能科学的一个新的研究方向，人机融合智能旨在将人类的主观认知能力和机器的客观计算能力进行有机融合，在统一的认知计算框架下，形成相互协调的优化判断与决策。下面将介绍实现人机融合智能过程中所要具备的重要技术，主要包括机器直觉技术、信息融合技术、态势感知技术以及增强智能技术。

1.3.1 机器直觉技术

未来的人机融合智能形式需要解决的就是把人和机器合理、有机地整合在一起，这种适配性包括两部分，一部分是相互适应，一部分是互相配合。若把机器看成是建立在确定性数据、算法、算力基础上的实体，那么人则应是建立在随机性知识、算理、算计基础上的实体，其中的知识具有主观性、强弥聚、富弹跳、不确定等特性。为此，考虑人所蕴含知识的直觉性和主观性，继而引出的机器直觉技术，是实现人机融合智能不可或缺的部分。

尽管目前的人工智能方法取得了一定的技术和应用成果，但以深度学习为代表的人工智能技术普遍依赖于大量的数据来取得较好的性能，且要求所获取信息是完备的，在通用性、泛化性能等方面与人类智能有较大的差距。在复杂时变得真实应用环境中，高质量样本数据的获取通常是困难的，所采集到的数据往往包含大量噪声与不确定性，因此，当前基于数据驱动的深度学习算法一定程度上限制了人工智能技术的发展。

而在同样复杂、多变的环境下，人类却往往可以依靠直觉做出较为迅速且适宜的判断。例如，经验丰富的飞行员在飞机遇险时面对低温、缺氧、烈风的恶劣环境，迅速做出反应，驾驶飞机安全迫降；身经百战的警察可以依靠短短几十秒的监控视频中迅速锁定嫌疑人；训练有素的乒乓球运动员可以在零点几秒内判断乒乓球的落点、走向并做出反击。因此，从人类的直觉智能机理中获得启发，并设计类似甚至超过人类的直觉能力的机器直觉架构，是突破现阶段人工智能技术理论及应用瓶颈的一种可能途径。

机器直觉的研究内容涉及多门学科领域的交叉，如脑科学、认知科学、心理学、计算机等，旨在针对工作环境具有高度不确定性、工作任务案例较少甚至无前例可循、解空间有多解而每个解均有较好的事实支持、环境感知信息有限甚至没有感知到环境信息等复杂时变场景，进行较为快速准确的预测、判断、决策。进一步可以通过与环境以及内在经验、知识进行交互反馈，来获取新的知识或技能，以不断改进自身的性能，实现智能水平从浅层的经验直觉逐步进化达到深层次的意识直觉甚至文化直觉。

随着近年来机器学习的飞速发展，机器直觉即让机器获得类似于人的直觉能力获得越来越宽泛的研究和关注。但目前已有的技术在泛化性能、鲁棒性能等方面仍然与人类的直觉能力相差甚远，也难以实现模拟人类的意识直觉和文化直觉。米什拉等根据心理学的研究灵感，提出一个将直觉建模为机器的 ICABiDAS 架构，架构主要分为 3 个阶段：第一阶段是将传感器和 / 或数据库中的数据发送到系统的，并运行健全型检测以保证数据没有错误；第二阶段是心理模拟阶段，可以在后台运行，定期（对现有数据集的合成知识）或按需（针对所提问题生成直觉的行动计划），在此阶段提取的标签和规则也会经过一个健全的检查块，以确保不会有任何激烈和极端违反直觉的内容存储到中央存储器中；第三阶段是行动阶段，用来综合新知识或行动计划，并作为产出。

在过去的几十年间，我们也看到了计算机人工智能和人类智能在竞技领域的比拼，从 IBM"深蓝"打败国际象棋冠军卡斯帕罗夫，再到 DeepMind 的 AlphaGo Zero 打败围棋大师李世石，机器智能通过优秀的算法以及强大的算力已经超过了几乎所有国际象棋和围棋的竞技能力，并对具体问题表现出前所未有的前瞻性。值得关注的是，Alpha Zero 并不是学习人类游戏的能力而是在设定的规则下进行自学，从而避免了人类偏见的局限性，在这个过程中，它更依赖于启发式算法或者直觉，从而比其他任何国际象棋引擎都更"聪明"。

张震等人从直觉的认知模型出发，分别对经验知识、激励事件和变联想与变异进行建模，选择一种学习算法（如 Hebb 学习算法）来模拟获得的经验知识；激励事件用向量表示；联想过程用 Hopfield 神经网络实现；变异过程选用交叉算子和变异算子或二者结合的方式。基于认知科学、脑科学等多领域已有的关于直觉的研究成果，张立华、翟鹏等人于 2020 年首次明确给出了关于机器直觉的定义和研究内涵："机器直觉是一门研究如何利用计算机模拟或实现人类的直觉决策能力的人工智能领域的新的学科方向，是一种探索迈向通用人工智能的新理论和新途径。"同时还根据已有的关于直觉机理与机器直觉的研究，阐述了机器直觉的主要特点：①机器直觉以计算机为载体，需要与环境进行快速的交互；②机器直觉以数据为研究对象，但所处理的数据往往缺乏可靠性或只能部分反应环境

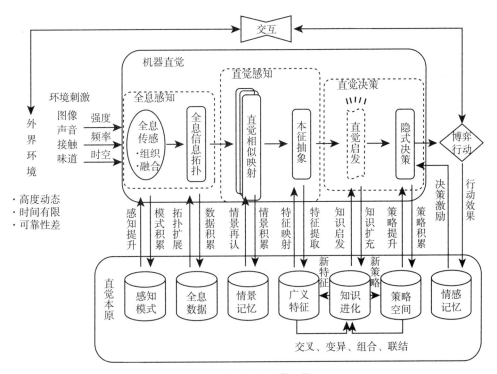

图 1　通用机器直觉架构

信息；③机器直觉对数据的处理是全局的，总览的，可以看部分而知整体，看现象而知本质；④机器直觉虽然利用数据或以往的经验进行决策，但不局限于此，而是可以对已有的数据、知识、经验进行联结变异以获取新的知识与经验。这种经验并非由外在学习获得，而是由内部进化涌现，并进一步提出了一种通用的机器直觉架构，为未来直觉通用框架的探索和研究带来了启发。

该通用机器直觉架构主要分为两个主要部分，上方机器直觉部分为进行直觉决策的主要流程及关键结构，下方直觉本原部分为直觉能力的根本来源。机器直觉进行直觉决策时会利用直觉本原中存储的模式、数据、记忆、特征等经验知识，并将决策过程中产生的新的经验知识存储在直觉本原中。机器直觉研究的核心内容主要有全息感知、直觉认知、直觉决策和博弈行动等四个方面。

1.3.2 信息融合技术

人机融合离不开机器的动态感知，机器的动态感知离不开多传感器的信息融合。信息融合的概念是从数据融合而来的，数据融合是指利用多传感器对信息进行采集、筛选、结合等，进而得到相较于单传感器更加准确可信的数据及结果。早期的数据融合受硬件设备的制约，大都需要人为的干预，但这样仍然会存在许多问题影响后续的工作，比如精度与时效性。因此，许多研究向融合方式逐渐转变。信息融合开始采用多传感器采集数据，并融合了其他信息源，这使得信息融合的难度大大增加。除此之外，信息融合正在与态势感知、影响估计等结合。现阶段的信息融合模型仍是仅采用海量的数据、快速动态的数据系统进行融合（图2）。

多传感器融合技术是采用多种传感器对信息进行采集并进行数据处理的技术。将多个

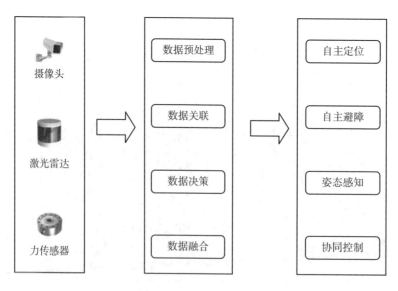

图2　信息融合示意图

相同或不同的传感器安装在系统中采集局部信息后，通过相关算法消除多传感器之间的冗余信息，使得对环境的理解更为完整与准确。信息融合的主要方法有估计法、推理法、分类法以及人工智能等，常用算法有贝叶斯、卡尔曼滤波、自适应神经网络等。随着传感器技术的发展，传感器趋于小型化、便捷化，生产工艺水平也不断提高，基于多传感器的信息融合技术在军事、经济、医疗、机器人等领域得到了广泛的应用。不同传感器采集信息的方式不同，原理也不同。视觉传感器测量精度高，但是测量范围相对有限、容易被光照影响；惯性测量单元短时间对运动的估计非常准确，但随着时间的增加误差也会增加；雷达测量距离相对较远、成本低、适应恶劣的环境状况，但采样精度相对较差。多传感器信息融合技术集不同传感器所长，增强了系统的鲁棒性和可靠性。

信息融合技术综合多个传感器采集到的信息，进行数据预处理、数据关联、数据决策和数据融合，在面对复杂环境以及不确定因素，只依靠传感器数据很难进行有效决策，需适时加入人的选择与判断信息，做到人机信息融合，这是人机融合智能技术的关键之一。

人机融合智能的目标是建立一个能够自动运行的产品，但是在理论和技术层面，基于传统的数学模型和方法，如运筹学、统计学、应用数学等无法解决如目标识别、态势感知、增强智能等诸多高级信息融合问题，因为这些问题中可能包含很多不确定性的处理以及模型领域外的知识，例如自动驾驶过程中对突发事件的处理。而人类在处理不确定性问题上具有先天优势，因为人类的知识域相比机器更加广阔，能对信息进行更加综合和全面的认知与处理，在信息融合中添加人的决策与判断至关重要，这使得人机融合智能技术在感知与判断、分析与决策体现出巨大潜力。

1.3.3 态势感知技术

态势感知是将人类智能和机器智能融合起来的人机智慧。这一领域既对事物的属性进行研究，也与事物之间的关系存在关联，既能理解客观事物本身的意义，又能感知画外之音。态势感知包括三个环节，分别是信息输入、信息处理和信息输出，在此基础上，加上人、机器、环境以及三者之间的相互关系的整体系统，具有硬调节和软调节两种信息反馈机制。态势感知涉及自适应和自组织，也涉猎到他组织和互适应；此外，它还包含全局的定性计算评估和局部的定量计算预测，这构成了一种具有自主性和自动弥聚效应的信息修订的体系，包含期望、选择、预测和控制四个层面。深度态势感知则是一个自组织自适应的融合体系，包含且不仅限于智能融合、情意融合等（图3）。

换句话说，深度态势感知是在某个环境下组织系统高度利用人类的认知活动去完成某个特定任务的体现。人类的认知活动包含感觉、预测、自动性、运动、计划、识别、行为决策以及自身知识的获取、记忆、执行和反馈等，这使得深度态势感知可以在信息和资源不足得场景下发挥作用，也能够在二者超载的情形下运行。

态势感知最初应用于航空领域，之后迅速发展并扩展到军事指挥、物流、能源系统、健康医疗、航天等领域。近年来主流的态势感知研究方向为将新兴的人工智能相关技术与

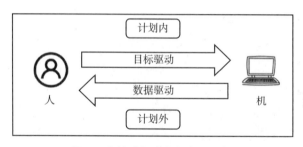

图 3　态势感知中人机交互逻辑

态势感知相结合以实现人机交互，并最终实现人机融合。

1995 年，安德斯雷等人就提出了态势感知的相关模型，试图来理解个体心中感知或是意识的形成过程，提出经典的三层模型——理解、感知和预测。根据该模型，一系列因素会影响对数据的感知，包括正在执行的任务、复杂程度和自动化程度。为了达到第二个层次，需要解释第一层次的数据并理解其与任务和目标的相关性。第三层涉及使用一层和二层模拟退火相关知识的组合预测未来系统状态，并利用这些状态采取行动。威肯斯团队在此基础之上提出了基于视觉与记忆的注意情境感知模型，这标志着对态势感知的研究可以找到客观参数，并以此来表征被试的态势感知。

随着科技的发展，操作员面对的将会是更加复杂的系统，因此萨拉斯等人提出了团队态势感知模型，并将态势感知中的团队定义为：至少由两名成员组成，并且要处理多种信息资源和拥有共同的目标。在团队态势感知的基础上，安德斯雷和约翰提出了共享态势感知，用来区分团队任务中只涉及个人任务的态势感知与涉及多成员任务的态势感知。戈尔曼等提出基于协调的团队态势感知的概念，同样重点关注了团队过程。斯坦顿在根据分布式认知理论提出分布式团队态势感知模型，该模型将团队中的每一个个体和智能体都看成一个个单元，并且其互相作用形成团队态势感知，能够用于复杂的人机系统。萨蒙等扩展了斯坦顿的模型，通过将图式理论、态势感知循环模型等结合在一起，在复杂协作系统中更全面地分析和诠释分布式态势感知的概念。

1.3.4　增强智能技术

增强智能通过将人类擅长的技能包括推理、创造力、判断力和灵活性等，同时和机器的出色能力包括完美回报、准确性、速度和逻辑等相结合，以增强或者改善人类使用诸如机器学习、深度学习等算法与技术的能力及效率，使人类认知表现及处理事务的能力得到大幅提升，从而能够快速高效的解决更多更复杂的各种问题。增强智能主要包括混合增强智能和认知计算两部分。

（1）混合增强智能

人类智慧的循环情报系统可以实现之间的紧耦合分析响应先进的认知机制模糊和不确定问题和机器的智能系统。因此，这两个适应、相互配合，形成了一个双向信息交换和控制。这样 1+1>2 的混合增强智能可以通过整合人类感知、认知能力、机器计算和存储能力来实现。最终可以处理来自大规模、不完整、非结构化知识库的信息，避免人工智能技术带来的失控风险（图4）。

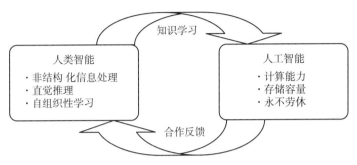

图4　人在环中的混合增强智能

一些研究者认为网络信息处理是对高度结构化和标准化的语义信息的处理，他们认为只要对人类知识进行正确的整理，计算机就可以处理这个过程。事实上，互联网上充斥着杂乱无章的知识碎片，其中很多只有人类才能理解。因此，机器无法完成互联网信息处理的所有任务。在许多情况下仍然需要人工干预。

人在环混合增强智能需要涵盖可计算交互模型的基本功能，包括动态重构和优化、自主性和自适应性的交互融合以及在线评估和认知推理等。人在环混合增强智能可以有效地实现人机通信的概念，特别是在知识的概念层面，计算机不仅可以提供不同模型的智能软件，还可以在知识的概念层面与人类对话。

针对不同的领域，可以构建不同的人在环混合增强智能系统，其实质上是一种混合学习模型。它使用机器学习（有监督和无监督）从训练数据或少量样本中学习一个模型，并通过使用模型预测新的数据。当预测信心得分较低时，人类会进行干预，做出判断。当系统异常时，或者当电脑不自信成功，信心估计或电脑年代认知负荷的状态将决定是否需要调整预测一个人是否需要人工干预和知识库系统的自动更新。对算法的人工干预会提高系统的准确性与可信度。当然，人在环混合增强智能需要尽可能减少人类的参与，以便计算机能够完成大部分工作。

（2）认知计算

在自然界中，人类的智力无疑是最强大的。基于认知计算的混合增强智能的构建，通过研究生物激发信息处理系统与现代计算机之间的有效合作机制，或能解决人工智能长期规划与推理问题。

图5为认知计算框架的组成部分示意图。一个认知计算框架包括理解、检验、规划、评估、注意和感知。它们中的任何一个都可以作为一个特定认知任务的起点或目标。系统根据与外界交互所需的信息，选择简单或复杂的交互路径（如反复迭代）来达到认知的

目的。基于理解或计划的评价是先验概率（性能作为预测），基于感知的评价是后验概率（性能作为观察）。总之，认知计算的过程是根据满足客观任务所需的信息不断与外界互动，并逐渐开始一种思维活动，而不是局限于知识加工。

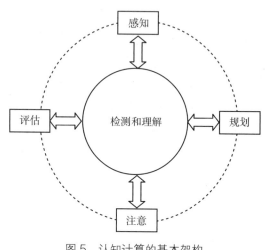

图 5 认知计算的基本架构

2. 人机融合技术关键点和问题

人机融合智能的重要突破点是如何把人的模糊感知、识别与机器的精确感知、识别相结合，这其中就蕴含着包括自主性和道德伦理的思考、人机物系统的交互、介入体验以及群智智能等问题的考虑。

2.1 自主性和伦理问题

2.1.1 自主性

自主性是指行为个体能够根据自己的主观意愿和自由意识，独立做出决定，并实施、控制自身行为的特性。由于深度学习能力和大数据技术的支持，一些人工智能系统已经可以开始自我学习和自我归纳，甚至根据经验和数据总结出规律，从而根据具体情况给出独立的判断，形成自己的意图，并采取相对应的行动。自主性和自动化不同，相比于自动化，自主性需要使用更加复杂的软件和额外的传感器，目的是能够在更广泛的操作条件、环境因素以及功能和活动范围内提供更高水平的自动化行为。

自主性有以下几个重要问题。

自主系统的设计能力问题：即自主性在人与自动化之间的平衡问题。面临新环境与一成不变的环境、轻度重复的工作和可靠的重复工作、可不连续与始终如一、不可预测与可预测的博弈；操作员对自主系统的态势感知能力很重要，先进的自动化很容易让操作员不清楚自动化在做什么，所以需要给驾驶员提供合适的参与度，保持与自主系统的联系。

辅助系统的问题：自动化的辅助系统往往给操作员很高的信任感，这类似于向专家求助问题，专家的标签本身就带来一种信任，其实真正对结果的评价应该在于问题的答案本身，而不是外在的标签。同样的辅助系统会给操作员带来同样的信任，但这种信任在系统出现偏差的情况下会导致灾难。

信任问题：信任问题受到个人、系统和情境等因素的影响，如果自主系统对实际情况做出了不正确的判断，操作员对系统的信任感会急剧下降，而在这种情况下，亟须解决的问题是，如何让操作员能够信任自主系统，从而做出更好的任务操作。

人机融合的自主系统是以人为中心的，而不是完全用机器来代替人，自主系统中人的控制是无法缺少的，所以需要灵活地切换自主性。系统的能力如果得到了提升，自主性的水平也会相应提高。决策辅助能够给操作者提供内在的选择，而监督控制则允许操作者进行适当适时的干预。在具体情况下，需要选择自主性不断变化的系统，比如将高度的自动化的系统运用于低风险的情况，而当风险发生变化以后，应该调整人类参与自主系统的程度。将人和机器的态势感知进行共享是非常重要的。即便人们在相同的显示器和相同环境中，他们也会有不同的目标和心理模型，因此他们对未来的预期也不一样。自主系统使用从传感器获取的信息来了解世界，而人类的方式与此不同，因此需要维持人和机器的态势感知一致性，这具体表现在目标的一致性、功能分配、人与机器的任务分配平衡和决策的沟通。

2.1.2 伦理问题

如前所述，人机融合智能看似是一个单纯的现代信息技术方面的问题，但同时是一个伦理问题。伦理指的是人伦道德之理，指的是人与人相处的各种道德准则。人们往往将伦理看作是对道德标准的寻求。人类自身存在着许多伦理道德困境，人工智能的出现使得人类引发了对人工智能伦理问题的思考。

人机融合的伦理包括人工智能的伦理、人工智能思想产生对于实际法律的影响、人机融合后的界定等。在思想之外，当一个人机融合智能设备作为人类的一部分时，它产生的行为需要承担什么法律责任，同样是人机融合智能未来发展面临的一个重要的问题。伦理问题在人机融合智能中有以下几种解决方案。

遵循基本价值原则：人与物之间的根本区别在于人作为实体是自在目的，是自身行动的目的及现实世界的必然存在，而非手段和工具；物是手段，机器只是处理事实的工具，是"为人"的，为人类所用，并不构成创造性活动。人类不可能无条件地承认并赋予智能机器以权利，而要与社会核心价值体系保持一致，AI不得故意伤害人，应以人为中心，以保护生命安全权为前提，以为人类造福为最终目的而满足人类需要。

健全法律体系和监管制度：一方面，国家立法机构和法律专家应在伦理和主体性哲学

189

研究基础上，适时出台并完善相关法律法规、伦理规范和政策体系，以良法促进人机融合技术发展。另一方面，实时公开透明的人工智能监管，开放社会舆论监督和监管平台。面对信息共享时代纷繁复杂的数据泛滥问题，人机融合智能技术要在个人信息收集、存储、处理、使用等各环节设置道德边界和底线，在数据挖掘中寻找有价值的见解；尊重和保护个人信息权，完善个人同意授权和数据撤销机制，充分保障个人的知情权和选择权，反对任何窃取、篡改、泄露和其他非法收集利用个人信息的行为，由此减轻公众对人工智能安全的忧虑。

科学管理人工智能的技术和产品：一方面要加强对于人工智能过程的管理控制。为了科学规范人工智能技术伦理问题，我们需要加强人工智能流程进程监督，记录下人机融合中的决策过程，以防止出现任何潜在风险问题。另一方面要建立起完善的追责制度。为了解决人工智能伦理道德问题，科学的追责制度需要被建立并完善。为此，每一款人机融合产品都可以为其标识独立的身份识别码，每个身份识别码与人工智能产品一一对应，身份识别码信息包含有制造商信息、检查员信息，同时也包含有购买人工产品人员信息，这些信息不仅仅可以保证在发生事故的第一时间追查到事故的责任人，同时还可以完善人机融合技术，减少出现伦理道德风险的现象。

科研工作者在坚持创新过程中，应加强国际交流，形成人机融合的伦理共识。当前技术的发展速度很大程度上取决于人工智能科学家的科研创新能力。科学家们应该致力于让人工智能技术服务于人类生活和生产的方方面面，从而推动以创新为驱动力的人机融合技术的发展。科学家应加强相关的国际交流与合作，一方面，通过相互之间的学习，推动人工智能技术的创新与完善，解决社会中共有的主要阻碍发展的难题；另一方面，通过各国科学家的观念交流，形成关于人机融合技术的伦理共识。

2.2 人机物系统交互

人机交互可定义为依托某种媒介，使得人与计算机可以相互沟通交流。早期的交互方式主要是命令行、鼠标、键盘等；如今可以通过触摸、手势、生理信号等方式进行交互，当前人机交互的主要方式及其特点如表 1 所示。

表 1　人机交互主要方式及其特点

技术类别	主要特点
硬件交互	通过计算机的硬件接口输入外部设备，进而将人类的指令传递给计算机，如鼠标、键盘、手柄等
语音交互	借助语音识别技术以及语义理解算法，计算机理解人类的意图，再利用语音合成算法向人类传递信息
面部交互	计算机利用摄像头捕捉面部特征，再结合情绪识别、人脸识别等算法来理解人类的身份、心情等

技术类别	主要特点
姿态交互	计算机通过摄像头捕捉人体姿态特征，结合姿态识别算法，理解人类的动作含义
触觉交互	人类可以通过触摸计算机如屏幕、电子皮肤等于计算机交流
眼动追踪	计算机通过佩戴式头盔或摄像头等设备，分析人类眼睛注视的方向以及内容
生理计算	建立人类生理信息与计算机之间的接口，计算机通过分析脑电、肌电等信号识别人类交互意图和生理状态

2.2.1　体感交互技术

体感交互技术使用户能够通过身体动作与计算机建立沟通，进而控制计算机设备。体感交互的主要内容包括姿态识别、运动捕捉、表情或情绪识别等。体感交互技术发端于游戏行业，但随着技术的高速发展，在游戏娱乐、教育、智能家居、医疗辅助与康复、广告设计等领域都有着广泛的应用。在大量研究成果的推动下，体感交互技术迅速开始产品化（表2）。

表 2　体感交互主要产品

产品名称	研发单位	技术特点
EyeToy	索尼公司	捕捉玩家在摄像机前的动作并进行分析，使玩家不需要依赖于操作手柄等输入设备便能产生相应的游戏效果
Kinect	微软公司	利用彩色摄像头和深度摄像头，使人体从复杂的背景中被分离出来，再结合骨骼追踪技术，可以实现非常高效的姿态识别
LeapMotion	利普公司	灵活、便携的手势识别设备，支持多种程序语言、多种操作系统等对其进行二次开发，具有很强的兼容性和可开发性

体感交互技术当前存在的问题主要包括：①肢体姿势设计的人因学问题。当前大多数产品的交互姿势都不够灵活自然，导致用户短时间内难以记忆并学习大量的动作指令。②体感交互的反馈问题。目前体感交互的信息反馈主要来自视觉和听觉通道，建立多模态信息的反馈可以增强用户的感知体验。③用户体验问题。体感交互系统难以区分有意识的指令动作与无意识的非指令动作，导致误判、漏判等情况的出现。

2.2.2　眼动追踪技术

眼动追踪是指通过跟踪眼球的运动状态以获取用户的视线信息。它让用户能够通过视线与机器进行交互。通过获取眼球特征如眼睑轮廓、眼角点、瞳孔中心、普尔钦斑、虹膜轮廓等信息，来推测眼睛的运动状态以及注视方向。眼动追踪技术主要包括眼电图法、眼图录像法、角膜反射法、微机电传感器法等。在人机交互过程中，眼动跟踪数据可以在一定程度上反映用户的视觉注意行为，可以部分地反应用户的认知状态，眼动跟踪技术对于推动人机交互智能化具有很高的价值。

"米达斯接触问题"是眼动交互的一大技术难点。由于有意识的、交互式的眼动行为和无意识的、随意的眼动行为没有明确的界限,导致眼动交互可能会被误触发或不触发。

2.2.3 脑机交互技术

脑机交互技术通过直接采集脑电信号并对其进行处理、识别,来推理用户的想法和意图。脑机交互具有高度的学科交叉性,涉及脑科学、医学、数学、计算机科学、信号处理、传感器等领域。

目前可用于脑机交互的人脑信号的观测方法和工具有脑电、脑磁图和功能核磁共振图像等。由于脑电图信号的采集相对容易,可以通过头戴式脑电帽上的电极直接获取大脑不同区域的电位变化,是脑机交互技术研究领域最常用的信号之一(表3)。

表3 脑电信号分析方法

方法名称	技术特点
功率谱分析法	一种频域分析方法,可以反映出信号的能量在频域内的分布情况
小波变换法	具有多分辨率特性,同时具有高时间分辨率与低频率分辨率的优势,其变换系数适合分析低频率、锁时性较强的脑电信号
独立成分分析	可以从脑电信号中去除其他干扰信号,如眼电信号、心电信号、工频干扰等,可以增强脑电信号中有效成分的比重
共空间模式算法	设计合理的空间滤波器,其基本原理是对两个协方差矩阵同时进行对角化,进而得到优化后的空间滤波器。主要用于提取左右手运动想象的脑电特征

脑机交互技术主要应用于医学领域,近年来在非医学领域的应用也呈现上升的趋势,例如游戏和娱乐应用中的新型用户界面以及海量图片分类与测谎等实际应用,但大多数仍然处于研究的初期阶段。基于脑机信息解码来实现人类意图的理解,将是人机融合智能中的认知交互研究的一个重要方向。

2.2.4 虚拟现实技术

虚拟现实技术(VR)将用户的感官与计算机生成的虚拟环境相结合,用户可以获得沉浸式体验,如同置身于真实世界中。用户能够通过语言、手势、操纵杆等方式与之虚拟环境进行实时交互。虚拟现实一方面需要感知用户的肌肉运动、姿势、语言等多通道、多模态的输入信息;另一方面需要利用人类的视觉、听觉、触觉、嗅觉等多个感官的特征,来模拟真实世界的感觉。

近年来,虚拟现实技术实现了飞跃式的发展。2012年谷歌公司推出的谷歌智能眼镜设备,使用户佩戴眼镜即可获得沉浸式体验。同年,Oculus公司推出Oculus Rift,这是一款专门为电子游戏设计的头戴式显示器。

目前,虚拟现实系统主要通过视觉和听觉为用户带来逼真的体验,其他方面还不够成熟。在触觉方面，由于人的触觉十分敏感，一般精度的装置尚无法满足要求。力反馈技术及设备是最近的研究热点，力反馈设备能够根据虚拟现实对象的定义和用户动作实现真实的用户感知。

2.2.5　增强现实技术

增强现实技术（AR）是虚拟现实技术的增强版，将虚拟世界中的元素，如动画模型、视频、文字、图片等数字信息实时映射到真实场景中并叠加显示，可以与现实物体或者用户实现自然互动。

增强现实技术已经得到广泛应用。在消费领域，AR设备通过捕获用户的身体影像和姿态，可以实时体验虚拟服装的试穿效果；将AR技术与纸质书籍相结合，把虚拟世界中的元素叠加到书面上与读者互动，开启跃然纸上式的全新阅读模式；借助物联网技术，把物品的电子信息以AR的方式投射在移动终端上，实现数字信息可视化。

2.3　人机交互技术的发展趋势

"十三五"期间，在"机器人理论与关键技术"领域出现了人－机交互、人－机合作、人－机融合的发展趋势，主要面向三个科学问题：①解决机器人在非结构化环境下和不确定性作业任务中的适应性问题，为现代机器人创新与设计提供理论依据。②挖掘机器人理解人类行为和抽象指令的隐式机理，为实现更高水平、更智能化的人机沟通提供理论基础。③发展人机交互与自律协同控制原理，为实现安全、可靠的人机协作提供理论和技术支撑（图6）。

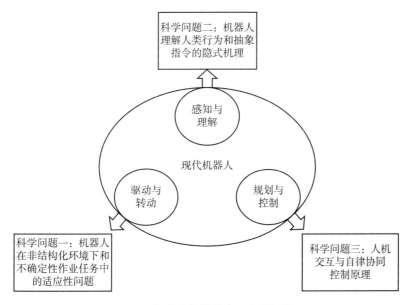

图6　机器人领域的交叉学科问题

2017 年 7 月 20 日，在国务院发布的《新一代人工智能发展规划》中，"人机混合智能"被列为亟须突破的基础理论瓶颈之一，强调重点研究"人在回路"的人机混合增强智能、人机共生的行为能力增强、脑机接口以及人机群智协同等关键理论和技术。从目前的趋势来看，智能人机交互将向着以下几个方向发展。

多通道交互：由于人与人之间的交互常常是多模态的，多通道交互被认为是更加符合人类习惯、更加自然的人机交互方式。近年来，在单通道信息识别方面，如语音、人脸、情绪、手势、姿态、眼动、触觉等，人工智能技术的发展使得计算机能够比较准确地理解上述用户的单通道行为。同时，高速发展硬件技术带来了成本低、便携性高、精度高的传感器，这些传感技术和设备为准确判断用户行为意图提供了更多信息。然而在多通道人机交互环境下，如何根据不同通道信号进行有效融合并计算是实现交互意图准确理解的重要手段。

用户意图推理：用户交互意图准确判断是计算机做出正确决策和响应的依据，也是高效完成交互任务的关键。在解释用户的交互意图时，既可以使用"黑盒子"的机器学习方法，也可以利用"白盒子"的基于用户行为建模的方法。实现交互意图理解的关键技术和难点在于如何创建计算机知识图谱并使其实现自我更新；如何融合来自用户的多通道信息并进行准确分析，以实现对用户意图的准确理解。

智能人机交互范式：智能系统中的人机界面设计往往采用语音、姿态等灵活、自然的模式，简化了用户与系统间的交互操作，但学习和适应各类智能系统不同的操作界面和方式也会增加用户的认知负担。从人机交互领域的发展历史来看，良好的用户界面设计往往依赖于某种界面范式，迄今为止，针对人机融合智能系统界面范式的研究还是一片空白。

实物用户界面：实物用户界面（TUI）主要研究人与实物对象直接交互。当前采用的图形用户界面（GUI）的信息均是借助以屏幕为主的媒介呈现，实物用户界面期望将信息与物理实体耦合，使得信息以实物的形式出现，用户直接操作实物进行交互。TUI 技术使得人机交互更加自然、灵活，是面向下一代自然用户界面的重要的人机交互范式之一，是未来人机交互竞争热点的代表领域之一。

智能人机交互模型：从最早的命令行到图形用户界面，再到语音交互、手势交互、眼动追踪交互、脑机交互、虚拟现实交互等，人机交互的方式越来越丰富，技术越来越多样，但是人机交互的理论研究却相对比较滞后，现在开展人机交互研究时仍然是基于将近 40 年前的理论。此外，越发智能化的计算机可以更好地理解人类的行为，人与计算机的交互方式正朝着更加自然、更加符合人类的认知和行为习惯的方向发展。但是，已有的人机交互模型仍然停留在传统人机交互模式的阶段，无法满足当前人机交互方式多种多样的局面，迫切需要一个新的理论模型来指导相关的研究和设计工作。

2.4　介入体验

人机融合智能的一个根本问题是人机融合的方式和时机，这极大地影响了用户体验，即用户能否接受机器智能的融入，该问题也称之为介入问题。一方面，机器智能需要理解人类的行为，并在合理的时机以合适的力度介入人类行为；另一方面人类需要在机器介入时理解机器的作用。人机相互理解的意义体现在关键场景下或发生分歧时人机能够迅速达成共识，倘若机器的决定权过大，会导致人类的恐慌，若人类的决定权过大，则无法充分发挥人机融合智能的能力。此外，人机融合与人人之间的合作相比可能更加复杂，不但要求机器具备类人智慧的决策能力，还要求机器能够根据人类的行为习惯进行自我更新，训练出个性化的伙伴关系，来增强人类的使用体验，共同发挥出人机融合智能的最大潜力。

2.4.1 关键技术点应用——人机共驾

人机协同在智能车领域的应用中的核心问题是，怎样合理发挥人类和机器控制的比较优势，让智能车在安全、便捷、价格、体验等方面尽可能综合最佳。在人机共驾的研究中，亟须解决的是驾驶员与智能计算系统的冲突问题。由于人类对突发情况的应急反应能力是目前人工智能缺失的，同时智能系统对于感知、计算和操控的准确率高、不会感到疲劳走神是驾驶员所难以具备的。综上所述，介入问题，即人与机之间何时、何处以何种方式（平滑或迅速）介入的问题，在智能车领域的应用，即人机共驾是智能车领域突破的关键（图7）。

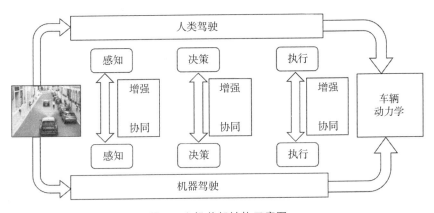

图 7 人机共驾结构示意图

因为 L_4 无人驾驶暂时还没有突破，所以在智能车的研发中加入了人机共驾方式的驾驶控制权相互切换的模式。在特定的环境下，驾驶员已经无法或者很难有效控制车辆时，智能驾驶系统取得对车辆的控制权；然而遇到未知环境智能驾驶系统无法做出有效判断时，智能驾驶系统必须对驾驶员有效提醒并且将驾驶权移交给驾驶员。关于人机共驾中控制权转移的具体分类，古德里奇等人把转移驾驶权划分为强制转移与自由转移这两类，前者表示驾驶员和智能驾驶系统其中任一一方无法有效驾驶时被强制将驾驶权转移给另一方，后者表示驾驶员和智能驾驶系统都可以有效驾驶时自由地将驾驶权移交给综合考虑更好的一方。

对于唤醒驾驶员获得驾驶权的延迟时间，研究的关键问题是驾驶员在不同的环境下的身体和大脑的应激反应和驾驶员行车方式的变化情况。对于驾驶员的身体反应，梅拉特等人通过对头的状态和眼动监察驾驶员的焦点和行车道路中心点之间的距离，探究了眼部焦点和转移控制权延迟时间之间的关系。研究人员探究了少数环境下，驾驶员的双手距离方向盘的时间间隔对智能驾驶系统无法对工况环境进行处理时的行车安全影响，根据堵车时道路前方的车应急停车时不在方向盘的时间不同的人的反应时间对比研究，证明了两者都没有较大差别，因此得到结论，驾驶员双手没有握住方向盘的时间长短与驾驶员移交控制权的时间延迟并无关系。

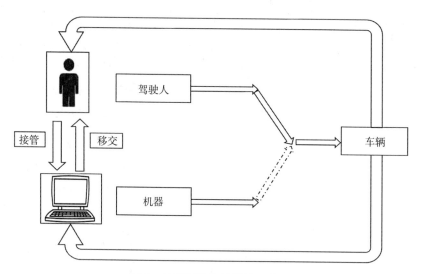

图 8　控制权移交的结构示意图

关于驾驶员的大脑反应的时机，研究人员假设由于驾驶员移交控制权反应延迟的缩短，会使得其决策的时间缩短，导致决策质量的下滑。探究不同模式下驾驶员对于变道指令的反应发现，不同于手工模式，转移控制的时间达到半分钟，并且刹车的最大制动速度更大，使得刹车的加速度更大，然而强化抬头显示能够有效减少这两种的不利影响，从而提高了道路拥堵情况下的驾驶体验。在人机共驾的过程中，驾驶员观察到的道路信息对其恢复控制的速度有影响，研究显示驾驶员脱离危险的反应时机、反应时间和避障成功率并无明显关系。

对于智能驾驶过程中驾驶员不能持久观察驾驶状况的问题，探究了少数无人驾驶能否有效完成观察驾驶环境的任务。收集了特斯拉的自动驾驶模式的影像观测信息当为道路探究的组成部分。关于观测信息的主题表达显示，驾驶员在达成观察任务的过程中，无法获得有效的支持，驾驶员对自动驾驶系统太过信任。在不利于驾驶员的环境感知的因素，主要探究问题包括不同自动驾驶等级对驾驶员环境感知的问题，和驾驶员在被异常因素影响时的环境观察理解能力。Kaber 等人定义了中级自动驾驶，即考虑驾驶员在复杂驾驶系统中的影响，加大驾驶员环境观察理解能力。Miller 等人探究了不同无人驾驶等级对驾驶员环境观察理解能力的影响。Zeeb 等人提出了新的积分方式，来记录驾驶过程中突发接管发生时的驾驶员活动，证明了驾驶员的理解并非行为影响了反应的延迟时间。Lu 等人探究了驾驶员对理解道路环境所需的时间，观察了不同驾驶员对多车道道路信息的理解反应，提出假设，驾驶员能够快速记忆环境，然而关于不同车辆速度的判断大约需要 18 秒。Lee 等人探究了驾驶员的提醒机制，提出了基于听觉、基于视觉和基于触觉以及相互结合的提醒模式，然后对其进行了对比。

2.4.2 关键技术点应用——军事对抗

人工智能下的军事，从对抗策略角度进行分析，需要解决在军事攻击、军事检测和军事防御方面如何有效地将人工智能融入其中这一问题，同时为达到作战一致性，协同配合也需要着重考虑，从而形成完备的军事攻防体系。

2019 年 10 月，第五届中国（杭州）国际机器人西湖论坛召开，主题为"人机共融"，认为人机协同是机器人研究的重要问题；目前，人机融合智能的研究尚处于起步阶段，在军事对抗领域已经开始崭露锋芒。

人工智能在军事对抗中出现的问题已经显现，军事对抗中的人在回路系统主要分为两个子系统，分别是机器自主系统与人工决策系统，在收到某一战争情形后，先由机器自主系统进行自检索，确定是否可以交由机器进行处理，如若可以进行处理，将需要判断机器是否可进行完全处理，是否需要借助人工处理；如若可以交由机器进行处理，则给出最终的裁决结果；如若机器无法进行处理或需要人工介入，则需将战争情形交给人工决策系统进行处理，在人工决策系统中，由作战人员对战争情形进行详细分析，在经过缜密分析后给出决策结果，并将决策结果输出；同时为增加人－机交互的联动性，将此类战争情形和决策结果重新返回给机器自主系统，用以丰富机器自主系统知识库，再次遇到相似情形时，可以由机器进行自主处理，从而可以缩短处理周期，达到对战争情形快速处理的目的，这也是人机融合在军事对抗中所需要实现的目标。

2.5 群体智能

群体智能最早在 1989 年提出。早期学者将其定义为具有分布控制、去中心化特点的自组织智能行为，是智能形态的高级表现方式之一。基于美国人工智能协会近年发表的学术论文数据分析，群体智能所涉及的研究方向正逐渐成为科学研究热点，也逐渐成为未来自主智能系统的重要支撑技术。

传统的群体智能指多个智能体进行智能共享、交互、合作和竞争，集结多个智能体的决策而形成的智能。典型的群体智能算法有粒子群优化算法、蚁群算法等，这些算法大多受现实世界事物的启发。其中蚁群算法典型地体现了群体智能的特点，蚁群算法通常被用于搜索优化路径，它受现实中蚂蚁群体寻找食物的启发。作为一种结构较为简单的低等生物，单只蚂蚁在寻找食物的过程中力量有限。而人们观察到，多只蚂蚁组成的蚁群却能通过信息素这种特殊地媒介在群体中共享信息，形成正反馈过程，由简单的个体形成更高级的群智智能。

2016 年，《科学》杂志探讨了群体智能对人工智能的研究与应用的影响。以下将介绍群体智能在众包模式、智能交通等领域的应用。

2.5.1 众包模式

群体智能为解决计算机难以独立完成的任务提供了新思路，其中最具代表性的成果是众包系统。众包的思想是利用群体智慧解决实际问题，具体来说，任务的发出者将任务发布在互联网上供参与者选择，两者再通过众包平台进行信息交互。众包技术具备可行性的关键因素是群体具有超越个体的创新能力，并且利用群体提供的数据可得到有效可靠的预测能力，数据挖掘、自然语言处理、信息检索、软件设计开发、软件测试、图像识别、平面设计、创意征集、社交网络分析等领域广泛地应用了这种技术。众包技术使人类群体智能的应用范围得到了广泛的拓展（图 9）。

近年来，随着移动设备的发展，提出了移动众包的概念，即通过移动设备的移动性和上下文感知优势来获取数据，并将群体智能融入到移动计算中。基于移动众包技术的软件开发模式被广泛应用于多个领域。基于众包的基本思想，提出移动众包通用结构，该结构又称为客户端 – 服务器结构。TopCoder 和 GetACoder 这两种软件开发平台分别代表了竞赛和竞价两种不同的开发模式。竞赛模式在保证任务完成质量的基础上存在开发周期长的问题，而竞价模式适用于各种规模的开发任务，但存在人工成本相对高昂的问题。

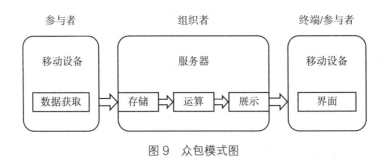

图 9　众包模式图

2.5.2 智慧交通

未来交通系统的愿景是实现车联网和全自动的驾驶系统。要实现这些目标，必须有一个安全的与人、物互动的互动系统。在这种背景下，群体智能系统在交互系统的开发中起着至关重要的作用。群体智能是一种将智能手机、可穿戴设备、车辆和各种物联网应用等设备作为传感器进行数据收集、集成和分析的组合方法。群体智能的集体反馈驱动的交互方式能在未来促进智能交通系统的发展。

艾耶等提出了一种利用深度学习架构进行道路拥堵预测的方法，实现了交通段速度误差的预测目标。但是，将众包和移动跟踪方法相结合，就可以建立了适用于鲁棒预测的交通速度模型。拉曼等人预测了车际交通监控和交通状况。在智能交通系统的交通预测中，人工神经网络和模糊逻辑等技术得到了广泛的应用。目前在智慧城市的发展中，城市交通的管理和调控成为主要的挑战。交通管理不当会给交通系统带来事故和拥堵。一种方法是在交通领域实施监控系统来解决这一问题，但这对发展中国家来说是昂贵的。贾米拉等人提出了一种基于人群感知模型的框架来克服这一挑战。作者使用了基于众包的交通规则违规报告。该系统在多个阶段对基于群体感知的报告进行进一步评估。首先清除垃圾信息，然后由交通法规专家对众感数据进行评估。最后，用户会得到一种奖励，以确保匿名性。在智能交通应用程序的众包式开发中，区块链技术是一种具有较大潜力的技术，FixMyStreet便是一种由基于区块链技术、用于城市道路管理的众包应用程序。在这里，市民报告了破碎的道路，并得到了激励。政府使用此方法可查询道路状况，如未经许可的碰撞和倾倒。在众包中，基于区块链的方法保留了用户的隐私，并在加密货币的帮助下给予激励，使其成为众包方法的良好候选者。基于众包和区块链的共享经济向自动驾驶和互联汽车发展，形成未来高效、安全的交通系统。

2.5.3 智慧城市

众包是城市交通的潜在解决方案。众包应用程序根据众包数据创建个性化的移动地图，即交通和拥塞控制的引导系统。目前，一种基于众源技术的社会感知路径推荐系统被提出，该系统预测优化路线，以减少司机的疲劳和情绪，该方法整合了来自智能手机不同传感器的多个传感数据，驾驶员的实时情绪与疲劳和驾驶历史，用于后续的推荐。

当前，人工智能已经进入"2.0+"时代，其本质原因是世界正从原来的二元空间（物理空间、人类社会）演变为新的三元空间（物理空间、网络空间和人类社会）。信息空间的出现势必会对人类生存的方方面面产生影响，例如通过信息空间，人类可以用新的方法改造物理空间；通过信息空间，人类可以以新的手段认识我们人类自己。

由此可见，随着新一代信息技术的高速发展，人机交互已不再是简单意义上的人与机器之间的二元交互。以甘中学教授为代表的复旦大学研究团队提出了人机物三元群智智能理论，目的就是要解决在新的三元空间中，人类智能体、机器智能体与虚拟智能体之间建立人－机、机－机、群－群等高效交互、可控行为与智能涌现。

3. 人机融合技术发展需求与对策

3.1 发展趋势与需求

人机融合智能是人类、机器和环境三者之间相互发生作用所诞生的智能新形式。人机融合智能、人类智能、人工智能，三者的不同之处主要体现在硬件输入端、信息处理和结果输出。在人机融合智能体系中，人类会对自身知识进行具有主观意识的思考，机器从人类在不同的场景下做出的选择和决策中学习不同因素的价值权重，这使得人类和机器之间的关系由单向理解转变为双向理解，将人类的主观能动性和机器的客观、被动的特性融合起来。在这样的人机融合智能系统中，人类会应对和处理自身所擅长的"应该"等价值观相关的特征信息，机器则是分析和处理符合"是"等逻辑规则或者统计学概率的客观数据，同时也将人类分析的主观性信息中优化机器算法，从而产生"1+1>2"的效果。未来人机融合的发展趋势之一是将机器直觉、信息融合和态势感知等应用于系统中，在新的人机物三元空间中实现具备协同感知、认知交互、融合决策与行为增强能力的人机融合智能。

3.1.1　机器直觉

基于机器直觉技术的人机融合自主智能系统是未来需要探索研究的方向之一。机器直觉的直觉决策以及交互反馈可为人类提供潜在的决策选项，在具体的应用场景中，所使用的自主性系统的智能水平是动态变化的。例如，在潜在风险较低的场景中可使用自动化程度较高的智能系统，但在风险等级发生变化时，应纳入人对自主系统的介入，将机器智能与人的认知智能融合。人类能较为准确地理解、预测事物的发展，即使是在较为复杂的环境中，人类也能通过后天的学习不断提升认知水平。人类还能通过联想产生跨模态、跨任务、跨模态的结合的能力，而机器则缺乏这种认知联想能力，让机器拥有这种能力是更高级人工智能的关键。在人机融合智能中，在人和机器之间建立双向的高效信息交互机制是必须的。抽象是认知的基本，更抽象的思维表征能使智能体适应更广泛的情境，但机器通常被抽象能力限制了应用场景。此外，更高的抽象能力也能使机器拥有更强的任务迁移能力，拥有更强的思维泛化性能。

3.1.2　信息融合

人机融合智能中关键的一步是信息融合，当下，信息融合在理论上或者技术和应用实现上都想要尝试建立能够自动化的系统，并且可以将其嵌入到其他系统中或者直接应用到具体业务之中。譬如统计学习、计算方法、数学规划等信息处理算法类的传统结构化模型和方法不能够很好地解决人脸识别、姿势感知等高级融合问题，此时我们则选择利用不确定性处理模型和人工智能相关技术。然而，人工智能领域机器学习和深度学习相关技术的发展和高级信息相对于人们的需求相差甚远，人的优势在于可以处理不确定性问题，能够完成"是"到"应该"的转化问题。在信息融合领域之中，融入人自身的主观选择判断和行动决策将会是人机融合智能中信息融合在观察、分析、判断和决策的高级感知领域能够发生质变，这也是人机融合智能未来发展趋势之一。

3.1.3　态势感知

态势感知的多级模型中存在着不同阶段的人机分离的缺陷，推动态势感知下的人类和机器的有机融合是帮助态势理解实现显著效果的有效途径。由人、机器和环境三种成分构成的特定情境成分变化较快，快节奏的态势演变需要花费足够的时间和充裕的信息以形成态势的整体感知和全面理解。除此之外，人机融合智能在态势不足的情况之下，可以利用知识库的先验知识通过大数据分析和系统操作员的辅助决策，提供弱态势下的强感知的解决方法。

虽然人机融合集成还处在发展的初级阶段，但是其体系中所传达的思考为当下人工智能技术提供了动力。例如，医疗方面难以获取足够多的训练数据以及数据的广度不够，限制了智慧医疗的应用，可以利用机器直觉的注意力机制对患者输入的病例信息结合自身经验知识进行预测补全，提升诊断的准确性；在军事领域可以通过对情景的有限观测结合经验映射机制对态势进行准确判断，同时注意力机制可以更为有效地识别敌方的进攻意图，在现代战争信息化中作为坚实理论，充当基础后盾的角色；在机器人控制领域，人机融合智能适用于不确定性较高的复杂环境中，可以降低对外部信息的感知频率同时提升决策速率。机器直觉和机器人技术二者的结合有助于改善复杂环境下的机器人自我适应能力，进一步提高机器人的智能化程度。

人机融合智能是人类的主观能动性和机器的客观性的有机结合，是灵活变化的意向性与精准确定的形式化的结合。人机交互形成的融合智能将会成为人工智能未来发展的重要内容，通过人机交互和人机协同，改善人工智能的系统性能，将人工智能变成人类智能的拓展和延伸，通过人机协同高效地解决复杂场景下的问题，具有深刻的科学意义和巨大的产业化前景。

3.2 发展对策

在人机融合智能系统的建模方面，基于目前的物理人机交互模型相关研究，需要建立面向不同人机耦合度、不同融合层次描述的人机融合模型，研究不同人机协同任务与行为的人、机、环境系统建模理论与动态仿真方法，构建人机融合智能系统的层次化多尺度数字孪生模型，形成人机融合系统的数字孪生可计算框架。

在人机融合智能系统感知交互方面，需要加强人机协同感知方法研究，实现开放环境中具身信息、物理信息和脑机交互信息的有效获取方法，突破人－机－环境的综合感知与情境理解，包括人与机器的行为与意图的双向理解以及人、机对复杂环境的主动感知与理解，从感知交互层面提升人、机的互理解能力。

在人机融合智能系统的认知学习方面，应当在融入人类认知、直觉和经验的基础上，进一步研究人、机的双向学习与知识演化方法，提升人机系统的综合认知能力；设计层次化智能融合增强方法，形成人机融合系统的交互－感知－决策－规划－驱控－行为的完整智能反馈闭环并研究其循环演化机理。

在人机融合智能系统的决策控制方面，应当实现基于人机互动的双向交互和协同决策机制，并通过加入物理和认知反馈机制，结合物理机制和反馈认知机制，构建融合人类直觉、机器推理的人机互动系统，实现真正的人机互融。

在人机融合智能的安全伦理方面，开展人机融合系统的信息、伦理等不同层面的不确定性研究，探索人机融合系统的安全可信计算机理、主动安全防御体系以及道德、伦理、法律等问题。

4. 展望和建议

目前人机融合技术的发展面临着诸多挑战，现有的技术发展已经不能够满足众多场景下人对融合系统的种种需求，因此人机融合的新范式、新技术、新方法亟须探究。结合现有技术的发展情况，我们进一步对包括机器直觉技术、态势感知、自主性与伦理和介入体验等四个方面对人机融合的未来发展方向进行展望和讨论。

4.1 机器直觉技术

近年来，机器直觉技术这一新兴的交叉研究方向吸引了不同领域科学家的极大兴趣。普遍地观点认为，直觉是人工智能中的一个重要的智能种类，让机器拥有直觉的一个重要愿景是让机器迈向更高层级、更通用的智能。自动驾驶汽车是应用机器直觉的一个重要场景。目前，激光雷达、双目摄像机等机载传感器和搭载人工智能算法的软件是自动驾驶汽车的重要组成部分，但自动驾驶汽车仍难以适应复杂的开放驾驶场景，容易发生事故。而人类在驾驶汽车时却能根据直觉快速、准确地做出判断。机器直觉将使自动驾驶汽车能解决在驾驶过程中遇到的多任务工况、噪声大、需要快速做出高效决策的复杂问题。此外，应用深度强化学习等技术的 AlphaGo Zero 已经在解决围棋、国际象棋等解空间庞大的游戏问题中取得了显而易见的成功，这初步证明了机器直觉的潜力与应用于解决更复杂的开放世界问题的可能性。

在直觉中，当一个问题出现时，它被映射到来自大脑的知识集合元素（过去的经验）。此元素将具有定义其整个结构和功能的属性和值。机器直觉的呈现要点之一是经验集元素到问题集元素的映射能力。逻辑进程将整个进程作为逻辑实体进行计算。然而，直觉模型映射过去的经验，通过调整来处理，然后呈现给用户。在贝叶斯网络、神经网络和隐马尔可夫模型等方法的具体实现中，逻辑过程被实际地应用。这些方法的限制是实现可能增加的未知实体，或者可能改变状态或甚至从问题范围移除的现有实体。它们无法处理未知实体，因为当前的知识中没有使用逻辑方法找到解决方案的能力。然而，目前的直觉模型提出，这些实体可以处理，由于映射过去的经验元素，在一个象征或艺术的方式。这种看似非逻辑的方法以最优化的方式给出了未知实体的答案。

机器直觉的研究旨在更好地考虑不确定性，建立一个更加可靠和准确的模型，对人工智能和机器学习中更高层次的人类智能映射的研究有所启发。人类直觉启发的机器直觉机制研究，将突破现有的基于五感的多模态感知及其基础上的认知智能研究。通过实现直觉这一第六感，赋予机器五觉＋直觉的完整的、有创造性的快速预测、判断、决策、规划能力，以期在真实复杂动态时变场景，自然灾害、公共卫生等突发事件预判以及创造性科学研究等领域发挥重要作用。可以预见，随着机器直觉理论与方法的不断深入，人工智能将有望突破现阶段，理论及应用瓶颈，朝着通用人工智能的目标更进一步。

4.2 信息融合技术

信息融合技术在人机融合智能中扮演着至关重要的角色。信息融合技术可以分为从三个角度进行分析：数据、算法和计算效率。

从数据角度而言，目前的信息融合技术着重关注于特定场景下的多模态信息融合，例如自动驾驶技术中 2D 相机数据和 3D 点云数据的融合、多模态情绪识别中语音数据和视觉数据的融合等。这些方法从数据来源的角度对信息进行分类与汇总，因此使用场景受到很大的限制。而人机融合智能系统中，机器要实现对人多方位、多角度、多模态感知并且根据这些信息完成数据融合，最终实现高置信的人机智能融合状态。

从算法角度而言，传统算法大都应用统计学方法，这些方法只有以大量的数据为前提才能做出正确的决策。而对一些数据的不确定性和较少或极少的样本，均无法在决策时考虑这些不确定性，做出类似于人的决策过程。未来人机融合智能发展的一个重要方向是在信息融合系统中加入人的选择和判断，从而使得信息融合智能在判断、分析和决策等方面发生质的改变。

从计算效率角度而言，某些场景对人机融合智能系统有着极高的时效要求，例如军事作战中的辅助决策系统、自动驾驶或辅助驾驶系统等。较高的时效要求对数据来源、算法复杂度和系统效率均提出了苛刻的要求。因此，未来人机融合智能发展不光光要着眼于数据和算法，还需要考虑整个系统的运行效率与功耗，从而实现更加可靠的人机融合智能系统。

4.3 态势感知

在目前研究状态下，态势感知急需发展和进步来面对巨大的挑战，来使融合感知系统变得更加一体化。其他学科也有新兴的技术、新兴的结构，可以丰富态势感知的科学。这些包括深度学习、强化学习的发展，脑科学的进步、数据计算能力的提升等。同时态势感知研究不断暴露出来新的问题，例如人类操作员如何与人工智能代理进行意识的交换，我们如何在完全由非人类参与者组成的团队中研究态势感知，以及如何设计意识分布的高级自动化系统。但毫无疑问的是新的问题的出现，新的领域就将会被探索。目前态势感知普遍依靠人类的行为数据与状态信息，而没有深入考虑人与机器、人与环境、机器与环境的关系。将来可以通过常识、决策方面去提升态势感知的能力。常识的定义为在一定的文化背景下，人们拥有的相同的经验知识，它对于我们日常生活十分重要，尤其是在做出决定与判断的时候尤为如此。很多常识是潜移默化形成的，是文化与背景学习的产物，融入常识的态势感知系统将会更加符合用户的行为习惯。然后是决策，无论是人类的日常生活，还是人工智能，最为关键的一步就是决策。人工智能如何像人一样智能的进行决策，是未来的重要研究方向。人类的决策主要分成：理智决策，描述性决策和自然决策。理性决策即认为人在决策时遵循着理性价值最大化的原则，描述性决策认为人在进行决策时不完全遵循理性准则，人们在自然条件或者在类似的仿真条件下进行正常的决策称为自然决策。将人类的理性决策、描述性决策和自然决策融入态势感知系统中将会使态势感知更加自然，更加理解人类的意图，以期真正做到人机融合智能。

4.4 自主性与伦理

AI 技术的伦理建构需要多方参与、协同合作建设和管理。人机融合智能发展就是要依托 AI 技术发挥机器智能化作用，补齐人类智能在信息搜索、收集、处理、记忆等方面的短板，将人工智能和人类的决策结合，可以解决很多现在不能解决的问题。

第一，改变旧式思维模式。我们不用抑制人工智能的发展，人工智能是带来便捷还是灾难，这取决的于我们人类，而不是技术。人类要不断优化 AI 技术层面的可持续性，借助技术逐步提高社会生产率，解放人类双手，使劳动的表现形式不再简单粗糙，推动人的解放。

第二，优化人机合作关系。人类和 AI 技术不应对立，应当建立相互适应与相互信任的机制。面对突发事件，人由情感支配唤起理性做出道德判断和道德选择，对比之下，人工智能则表现得相对机械，因而常常容易形成偏见。因此，让 AI 技术在学习、储存、语言、计算、生产、模仿等方面发挥最大特长，思维、情感等方面只需交给人类。同时，人类自身的思维模式和大脑知识储备也应当开拓进取，不断追求人类知识界限，超越自己并全面发展。

第三，他律与自律相结合。在人工智能道德规范法律法规、伦理道德和标准规范制度框架下，企业应加强 AI 管理和 AI 伦理道德教育，增强企业社会责任感和企业个人自律意识；重视利益再分配，通过道德谴责和法律制裁相结合的方式合理谨慎地权衡利益，减少 AI 技术给社会带来的利益风险和冲击，兴利除弊地推进未来智能技术向增进人类福祉的方向前进。

人工智能是一把双刃剑，人类在享受人工智能给我们带来的便捷时，也要考虑到对我们带来的不确定性，也需要关注人工智能带来的伦理问题。我们需要不断进行道德规范引导，这些目前还处于初步阶段，未来还需要不断地完善和改进。人工智能发展还将涉及多个学科，如哲学，心理学，类脑学等，因此人机融合智能的伦理深入也亟待丰富和完善。

4.5 介入体验

人机融合智能体系中，人自身和机器控制系统构成共同控制，人与机器之间进行动态交互，二者形成相互沟通和相互制约的关系。当下的人机融合方式仅仅涉及信息感知、行为决策和执行等单一的系统层次，而且融合的方式较为简单，无法满足人机融合智能系统迅速发展所产生的多维度多层次的交互和协同的需要。因此，进一步深度剖析人类自身的机制机理和机器的复杂系统，探究人与机器之间的冲突和交互，建设新型的人机融合智能科学体系，搭设体系评测平台，可在很大程度上促进相关技术发展。

学习脑科学和认知心理学的技术发展，探究不同场景下主体的行为感知和场景信息提取方法，利用行为分析，使用通过认知和感受获取的部分数据，基于混合增强的人机融合智能学习机制，构建生成类似信息的数据生成系统，生成包含多样化要素的复杂场景，充分发挥智能系统在环境感知方面的优势，提高人机融合智能系统的感知力。在上述基础上，发挥人在信息理解等认知方面的优势，探究非结构化数据和非完整信息的人工智能处理方法，提高人机融合系统对复杂环境的理解和预测能力，尝试实现人机协同的环境理解，为实现决策控制权的安全分配和控制切换提供相应的基础理论和机制机理，研究人机融合智能中符合期望决策和控制执行的一致性程度的评定模型，确定控制分配和溶性转移的相关协议，把操作的安全性和舒适性作为评价参数，探究非合作与合作的博弈模式的差异性，研究基于博弈模式的操作力度和性能改善的协同控制方法。

5. 小结

本文首先对人机融合智能发展现状进行了简要回顾，从现有技术的不足和面临挑战、人机融合智能技术研究进展、人机融合技术关键点等角度进行总结。之后，本文对人机融合技术发展的需求与对策进行了探讨，包括人机融合技术的发展趋势和发展对策。最后，本文对人机融合智能的发展进行了展望并提出了建设性意见。

通过调研可以发现，虽然人机融合智能的发展尚处于初级阶段，但其所涉及领域中的众多技术为人工智能的发展注入了新的活力。当下人机融合智能在医疗、军事、汽车制造等领域的实际应用中取得了初步成果。在未来，随着人机融合智能的基础理论框架和基础技术体系逐步构建，人机融合技术的应用会渗透到更多领域。人机融合会成为人工智能发展中具有重大战略意义的一个分支，当前发展目标应该包括建立安全、精准和可持续的高置信人机融合智能基础理论框架，实现基于可信计算的人机融合的协同感知、行为增强、认知交互与融合决策。

参考文献

［1］刘伟. 人机融合智能的现状与展望［J］. 国家治理，2019（4）：9.
［2］LeCun Y，Bengio Y，Hinton G. Deep learning［J］. Nature，2015，521（7553）：436–444.

［3］ Vogel G. Scientists probe feelings behind decision-making ［J］. Science, 1997, 275（5304）: 1269.

［4］ Ripoll H. The understanding-acting process in sport: the relationship between the semantic and the sensorimotor visual function ［J］. International Journal of Sport Psychology, 1991（22）: 221-243.

［5］ Moravčík M, Schmid M, Burch N, et al. Deepstack: Expert-level artificial intelligence in heads-up no-limit poker ［J］. Science, 2017, 356（6337）: 508-513.

［6］ Roch L M, Häse F, Kreisbeck C, et al. ChemOS: Orchestrating autonomous experimentation ［J］. Science Robotics, 2018, 3（19）.

［7］ Mishra, Kumar A. ICABiDAS: Intuition Centred Architecture for Big Data Analysis and Synthesis ［J］. Procedia Computer Science, 2018（123）: 290-294.

［8］ 翟鹏, 张立华, 董志岩, 等. 机器直觉 ［J］. 中国科学: 信息科学, 2020, 50（10）: 1475-1500.

［9］ 周琴, 文欣月. 智能化时代 "AI+ 教师" 协同教学的实践形态 ［J］. 远程教育杂志, 2020, 38（2）: 37-45.

［10］ 刘伟. 人机融合智能时代的人心 ［J］. 人民论坛·学术前沿, 2020（1）: 37-43.

［11］ 刘伟, 伊同亮. 关于军事智能与深度态势感知的几点思考 ［J］. 军事运筹与系统工程, 2019, 33（4）: 66-70.

［12］ 咸宝金. 基于专家系统的数据融合技术及在机器人避障中的应用 ［D］. 北京: 北方工业大学, 2008.

［13］ 孙华, 陈俊风, 吴林. 多传感器信息融合技术及其在机器人中的应用 ［J］. 传感器技术, 2003（9）: 1-4.

［14］ 孙英飞, 罗爱华. 我国工业机器人发展研究 ［J］. 科学技术与工程, 2012, 12（12）: 2912-2918, 3031.

［15］ 王强, 沈涛, 郭超. 多传感器信息融合技术在机器人系统中的应用研究 ［J］. 科技风, 2019（24）: 8.

［16］ 宋明月. 基于多传感器信息融合的关键技术的研究 ［D］. 哈尔滨: 哈尔滨工程大学, 2011.

［17］ 石长兴. 基于多传感器信息融合的室内移动机器人导航技术研究与实现 ［D］. 重庆: 重庆邮电大学, 2019.

［18］ 潘杨杰. 基于视觉多传感器融合的室内移动机器人定位技术研究 ［D］. 杭州: 浙江大学, 2019.

［19］ 金学波, 苏婷立. 多传感器信息融合估计理论及其在智能制造中的应用 ［M］. 武汉: 华中科技大学出版社, 2019.

［20］ 唐建平, 宋红生, 王东署. 一种移动机器人动态环境下的路径规划 ［J］. 郑州大学学报（理学版）, 2012, 44（1）: 75-78.

［21］ Mica R. Endsley. Measurement of Situation Awareness in Dynamic Systems ［J］. Human Factors: The Journal of Human Factors and Ergonomics Society, 1995, 37（1）: 65-84.

［22］ Salas E, Sims D E, Burke C S. Is there a "Big Five" in Teamwork? ［J］. Small Group Research, 2005, 36（5）: 555-599.

［23］ Endsley, M R, Jones W M. A model of inter and intra-team situation awareness: Implications for design, training and measurement ［J］. Human Factors and Ergonomics Society, 2001: 46-67.

［24］ Endsley M R. Final Report: Situation Awareness in an Advanced Strategic Mission ［M］. Hawthorne CA: Northrop Corporation, 1989.

［25］ Gorman J C, Cooke N J, Winner J L. Measuring team situation awareness in decentralized command and control environments ［J］. Ergonomics, 2006, 49（12-13）: 1312-1325.

［26］ Stanton N A, Stewart R, Harris D, et al. Distributed situation awareness in dynamic systems: theoretical development and application of an ergonomics methodology ［J］. Ergonomics, 2006, 49（12-13）: 1288-1311.

［27］ Stanton N A, Salmon P M, Walker G H. Let the Reader Decide: A Paradigm Shift for Situation Awareness in Sociotechnical Systems ［J］. Journal of Cognitive Engineering & Decision Making, 2015, 9（1）: 44-50.

［28］ Salmon P M, Stanton N A, Walker G H, et al. Representing situation awareness in collaborative systems: A case study in the energy distribution domain ［J］. Ergonomics, 2008, 51（3）: 367-384.

［29］ Salmon P M, Stanton N A, Walker G H, et al. Measuring Situation Awareness in complex systems: Comparison of measures study〔J〕. International Journal of Industrial Ergonomics，2009，39（3）：490–500.

〔30〕Pan，Y H. 2016. Heading toward artificial intelligence 2.0. Engineering，2（4）：409–413.

〔31〕Wang J J，Ma Y Q，Chen S T，et al. Fragmentation knowledge processing and networked artificial〔J〕. Seieat Sin Inform，2017，47（1）：1–22.

〔32〕龙岭. 人工智能技术的伦理问题研究〔J〕. 广西科技师范学院学报，2020，35（4）：72–75.

〔33〕刘伟. 智能与人机融合智能〔J〕. 指挥信息系统与技术，2018，9（4）：1–7.

〔34〕刘伟. 人机融合智能的再思考〔J〕. 人工智能，2019（4）：112–120.

〔35〕郭志龙，李晓红. 人工智能技术应用中的伦理问题及治理研究〔J〕. 赤峰学院学报（汉文哲学社会科学版），2020，41（12）：34–38.

〔36〕陈化. 论AI的自主性及其限度〔J〕. 中国医学伦理学，2020，33（7）：815–820.

〔37〕汤智华. 人–计算机交互工具的人机工程设计〔J〕. 计算机世界，1994，3（2）：135–137.

〔38〕庞小月，郭睿桢，姚乃埌，等. 体感交互人因学研究回顾与展望〔J〕. 应用心理学，2014，20（3）：243–251.

〔39〕张凤军，戴国忠，彭晓兰. 虚拟现实的人机交互综述〔J〕. 中国科学：信息科学，2016，46（12）：1711–1736.

〔40〕高峰，郭为忠. 中国机器人的发展战略思考〔J〕. 机械工程学报，2016，52（7）：1–5.

〔41〕王宏安. 人工智能. 智能人机交互〔M〕. 北京：电子工业出版社，2020.

〔42〕Merat N，Jamson A H，Lai F C H，et al. Highly automated driving，secondary task performance，and driver state〔J〕. Human Factors，2012，54（5）：762–771.

〔43〕Naujoks F，Purucker C，Neukum A，et al. Controllability of Partially Automated Driving functions – Does it matter whether drivers are allowed to take their hands off the steering wheel?〔J〕. Transportation Research Part F Psychology & Behaviour，2015，35（11）：185–198.

〔44〕Gold C，D Dambock，Lorenz L，et al. "Take over!" How long does it take to get the driver back into the loop?〔J〕. Proceedings of the Human Factors and Ergonomics Society Annual Meeting，2013，57（1）：1938–1942.

〔45〕Langlois S，Soualmi B. Augmented reality versus classical HUD to take over from automated driving：An aid to smooth reactions and to anticipate maneuvers〔C〕// IEEE International Conference on Intelligent Transportation Systems. IEEE，2016：1571–1578.

〔46〕Louw T，Markkula G，Boer E，et al. Coming back into the loop：drivers：perceptual–motor performance in critical events after automated driving〔J〕. Accident Analysis & Prevention，2017（108）：9–18.

〔47〕Strand N，Nilsson J，Karlsson I C，et al. Semi–automated versus highly automated driving in critical situations caused by automation failures〔J〕. Psychology and Behaviour，2014（27）：218–228.

〔48〕Lv C，Liu Y H，Hu X S，et al. Simultaneous observation of hybrid states for cyber–physical systems：a case study of electric vehicle powertrain〔J〕. IEEE Transactions on Cybernetics，2017，48（8）：2357–2367.

〔49〕de Waard D，van der Hulst M，Hoedemaeker M，et al. Driver behavior in an emergency situation in the Automated Highway System〔J〕. Transportation Human Factors，1999，1（1）：67–82.

〔50〕Banks V A，Eriksson A，Donoghue J，et al. Is partially automated driving a bad idea? Observations from an on–road study〔J〕. Applied Ergonomics，2018（68）：138–145.

〔51〕Kaber D B，Wright M C，Sheik–Nainar M A. Investigation of multi–modal interface features for adaptive automation of a human–robot system〔J〕. International Journal of Human–Computer Studies，2006，64（6）：527–540.

〔52〕Miller D，Sun A，Ju W. Situation awareness with different levels of automation〔J〕. IEEE，2014，688–693.

〔53〕Zeeb K，Buchner A，Schrauf M. What determines the take–over time? An integrated model approach of driver take–over after automated driving〔J〕. Accident Analysis & Prevention，2015（78）：212–221.

〔54〕Bueno M，Dogan E，Selem F H，et al. How different mental workload levels affect the take–over control after automated driving［J］. IEEE，2016，2040–2045.

［55］Lu Z J，Coster X，de Winter J. How much time do drivers need to obtain situation awareness? A laboratory–based study of automated driving［J］. Applied Ergonomics，2017（60）：293–304.

［56］Lee J D，McGehee D V，Brown T L. Effects of adaptive cruise control and alert modality on driver performance［J］. Transportation Research Record：Journal of the Transportation Research Board，2006，1980（1）：49–56.

［57］Forster Y，Naujoks F，Neukum A. Driver compliance to take–over requests with different auditory outputs in conditional automation［J］. Accident Analysis & Prevention，2017（109）：18–28.

［58］甘中学. 人机物协同的三元群智社会［J］. 互联网经济，2019（11）：42–45.

［59］Zheng N，Liu Z，Ren P，et al. Hybrid–augmented intelligence：collaboration and cognition［J］. Frontiers of Information Technology & Electronic Engineering，2017，18（2）：153–179.

智能机器人

1. 研究内容

智能科学与技术是面向未来高新技术的基础性学科，以计算机科学为基础，结合认知科学、智能机器人技术、信息学、控制科学、生命科学、语言学等，融合机械、电子、传感器、计算机软硬件、人工智能、智能系统集成等众多先进技术，正影响着国民经济的众多领域，已成为一个国家科技发展水平和国民经济现代化、信息化的重要标志。智能机器人技术符合多学科交叉的特点，集成运动学与动力学、机械设计与制造、计算机硬件与软件、控制与传感器、模式识别与人工智能等学科领域的先进理论与技术。当前，社会需求和技术进步都对机器人向智能化发展提出了新的要求。

智能化已成为新一代机器人的核心特征，随着智能机器人与新一代信息技术的融合，主要研究方向必须在所有类型智能机器人所涉及的关键共性技术上有所突破和发展。

1.1 智能感知与信息融合技术

机器人对环境的智能感知指的是机器人能够根据自身所携带的传感器获取所在周围环境的环境信息，把环境中的有效信息进行处理并加以理解，建立一个所在环境的模型来对环境信息进行表达；通过记忆、学习、判断、推理等过程，达到认知环境和对象类别与属性的能力。人类和其他高等动物都拥有丰富全面的感觉器官，可以通过视觉、听觉、触觉、嗅觉、味觉等感受外界刺激。同样，可以通过给机器人安装各种各样的传感器来让机器人获取周围的环境信息，传感器相当于机器人的感觉器官，传感器技术的发展也就在一定程度上决定着机器人环境感知技术的发展。目前主流的机器人传感器包括视觉传感器、听觉传感器、触觉传感器等。现代智能感知系统的一个重要技术手段就是能够获取足够的传感信息和由之产生的特征信息。各种传感器的信息具有不同的特征，而智能感知的重要任务之一是要从各种传感信息中抽取对象的各种特征。获取了对象和环境的各种特征之后，智能感知的另一重要任务是判断和推理。实际上，每种传感器仅能给出目标和环境的部分特征信息，如何利用各种类别的特征信息来确定目标和环境的类别与属性，需要基于多传感器信息融合的判断和推理。

1.2 智能定位与导航技术

智能机器人的定位技术解决了机器人对自身在环境中的感知，而导航技术用来处理机器人"到哪里去"的问题。这两种技术对于自主型智能机器人非常重要，智能定位是导航的前提，导航是定位的目的。

在给出机器人的当前位置后，机器人需要给出一条能够到达目标的无碰撞算法。目前有算法能够让机器人在动态环境中导航。语义地图构建是当前领域的一个重要研究方向。为了更好地适应实际应用需求，一个研究方向是如何应对具有开放标签集环境的语义地图构建，包括相应的分割决策方法、地图的混合表达方式等，以及具有获得新类别的增量学习能力和归纳推理能力。此外，目前的语义地图主要是将语义标记到地图中，但缺少对语义信息本身的使用，如利用语义类别本身的特性更好地在环境变化条件下检测闭环，构建考虑物体语义特性的观测模型，而不仅仅是传统的几何关系等，从而真正将语义纳入到定位和地图构建的系统中，提升彼此的性能。

智能导航技术大致可以分为全局导航技术和局部导航技术两类研究方向。随着深度学习的流行，端到端学习的导航规划研究逐渐兴起。端到端学习的方法融合了感知与规划，直接从传感器数据得到机器人速度或控制指令，而不需要周围环境的建模和自身状态的估计，因而成为新型的导航技术发展方向。

1.3 智能运动与路径规划技术

智能机器人的自主导航是朝着目标运动的同时避开障碍物的过程，智能运动与路径规划技术在其中充当着关键角色，高度优化的运动轨迹具有重要的现实意义。智能机器人的路径规划可以分为全局路径规划和局部路径规划。全局路径规划是根据已知的环境地图或环境感知信息，从而预测出较低分辨率的全局行进路径。该类路径规划在已知的环境信息下寻找最优或次优路径的方法，但是当面对未知环境或者动态的障碍物时，此类方法很难做出及时且有效的反馈。

相比之下，局部路径规划不需要环境的先验信息，此类方法是基于传感器实时采集到的信息，通常是在已知或估计出来的全局路径上的某一小段中，规划出更高分辨率且实时的避障路径。在动态环境或者运动状态下，局部路径规划更加有效，但如果当目标距离较远或环境复杂时，局部路径规划的效率就相对较低。通常将两种方法结合使用，从宏观和微观两个维度上联合优化，争取做到全局最优。此外，智能机器人的路径规划方法也可以分为传统方法和智能技术方法两大技术路线。

1.4 智能控制技术

智能机器人作为一门新兴学科，融合了神经生理学、心理学、运筹学、控制论和计算机技术等多学科思想和技术成果。智能控制的研究主要体现在对知识系统、模糊逻辑和人工神经网络的研究。智能机器人可以在非预先规定的环境中自行解决问题。智能机器人的技术关键就是自适应和自学习的能力，而模糊控制和神经网络控制的应用显示出诸多优势，具有广阔的应用前景。

早期的机器人系统由于需要完成的任务比较简单，对动态要求不高，其系统可看成是机器人各关节控制器简单的组合。随着机器人技术的发展，机器人控制器对各关节在整个过程中位置、速度及加速度都有一定的要求，因此可采用独立关节控制原则，在各关节构成 PID 控制。由于机器人操作臂是一个高度非线性的系统，工业用的低速操作臂应用常规的反馈控制可以满足控制要求，但为实现高速运动，要求具有较好的控制品质，反馈控制难以取得较好的控制效果。传统的控制方法依赖数学模型。但是，由于操作臂的参数不能精确得到，模型参数与实际参数不匹配时，便会产生伺服误差。当机器人工作环境及工作目标的性质和特征在工作过程中随时间发生变化时，控制系统的特性有未知和不定的特性。这未知因素和不定性使控制系统性能降低。因此，采用传统的控制方案已不能满足控制要求。在研究被控对象的模型存在不确定性及未知环境交互作用较强情况下的控制系统时，智能控制方法得到了成功的应用。近年来，随着人们对机器人高速高精度要求的不断提高，使得整个机器人系统对其控制部分的要求也越来越高，开发具有智能的机器人已经成为人们研究的热点。

1.5 智能群机器人控制技术

随着机器人技术的发展，单个机器人的能力、鲁棒性、可靠性、效率等都有很大的提升。然而，由于目前机器人技术以及相关支撑技术如机构、控制、传感器和人工智能等水平的限制，单个机器人在功能设计、信息获取和处理及控制等方面的能力都是有限的，对于复杂的工作任务及多变的工作环境，单个机器人难以胜任。为了解决这一问题，多机器人协调合作作为一种新的机器人应用形式日益引起国内外学术界的兴趣与关注。

多机器人系统由于其时间、空间、功能、信息和资源的分布性特点，与单机器人系统相比表现出极大的优越性。相对于单机器人系统，在多地点、大范围、多层级的区域协同工作、多异构平台协作作业等领域，多机器人系统具有天生的优势。但是，由于系统中机器人数量的增加、各个机器人之间的协同工作和协调控制的复杂性、用户需求的多重性以及单个机器人独立性的丧失，这要求多机器人系统的智能控制技术相对于单机器人控制必须具有更高的全局性、系统性、可扩展性、协调性以及稳定性。如何在多个机器人之间进行协同工作与群体协调控制属于群机器人系统中的智能控制任务，是研究群机器人智能控制技术的关键问题。

多机器人系统是由多个机器人组成的系统，它不是多个机器人简单的集合，而是多个机器人的有机组合。系统中的机器人不仅是一个独立的个体，更是系统中的一个成员。多机器人系统的体系结构是指系统中各个机器人之间在逻辑上和物理上的信息关系和控制关系，是多机器人系统的最高层部分（多机器人之间的合作机制就是通过它来体现的），它决定了多机器人系统在任务分解、分配、规划、决策及执行等过程中的运行机制及系统各机器人个体所担当的角色，是实现多机器人协作控制的基础，决定了系统的整体行为和整体能力。

为了把这些智能机器人组织起来构成一个复杂系统，就需要一个切实有效的多机器人智能控制结构。控制结构是描述为实现预定的行为，应该采用何种方式把这些智能机器人联系到一起的，从而有效地完成某些任务。控制结构的主要研究问题是设计出正确而合理的局部控制方案，以能够使多机器人系统能高效率地解决给定的问题。

1.6　人机共融技术

共融机器人是指能与作业环境、人和其他机器人自然交互、自主适应复杂动态环境并协同作业的机器人，主要包括机器人与环境的共融、机器人与人之间的共融、机器人与机器人之间的共融。开展共融机器人结构、感知与控制的基础理论与关键技术研究，为机器人技术和产业取得源头创新成果提供科学支撑。共融机器人根据其与人的互动形式通常分为支持辅助型、协作型和合作型。在这种分类方式中，其内在规律是逐步增加互动频率、提高人机物理接触的机会以及增强机器人与用户的接近程度。

人机共融技术已成为机器人技术的研究核心之一。这是由于机电一体化、交互控制、运动规划和三维传感技术朝着高度集成化和轻量化方向取得的重大进展导致的。具有学习与规划功能的安全交互已成为潜在的研究方向。显而易见，能够进行物理交互的新一代商用机器人的兴起也促成了该领域的巨大进步。机器人研究者和工业界希望这些系统开辟新市场，并将机器人技术推向国内应用。尽管最近在研究和辅助机器人的商业化方面取得了成功，但是在这类系统在成为商品之前，还有许多需要解决的开放式研究问题。另外，交互学习控制器的设计、直观规划和安全交互仍然是非常年轻的领域，然而，它们是解决物理交互问题的关键。交互关系和软操纵的编程范式也与传统的工业机器人编程非常不同，它们不再是简单的拾取和放置零件等，而是转向基于力的编程控制，这是目前世界各地研究人员正在研究的一个有趣的问题。

2. 研究现状

2.1 智能感知与信息融合技术

2.1.1 智能感知技术

视觉传感器：视觉系统获取的信息量更多，获得的信息也更加丰富，视觉传感器的采样频率较大，周期短；此外受电磁场和传感器之间的相互干扰的影响小；一般的视觉传感器集合尺寸较小，占据空间较小，质量较轻，能耗较低；视觉传感器的平均价格也比其他类型的传感器要便宜。出于以上原因，使得视觉传感器在机器人系统中的应用较为广泛。视觉传感器将环境的光信号转换成电信号。目前，用于获取图像的视觉传感器主要是数码摄像机，主要有单目摄像机、双目摄像机、RGB-D 摄像机、全景摄像机等。单目摄像机对环境信息的感知能力相对其他种类的视觉传感器而言较弱，只能获取摄像头正前方特定小范围内的二维环境信息；双目摄像机对环境的感知能力强于单目摄像机，可以通过左右视差来一定程度上感知三维环境信息，但对距离的感知还不够准确，而且只有在图像纹理变化丰富的地方才能计算双目视差；RGB-D 相机能够主动测量每个像素的深度，测量深度之后，RGB-D 相机通常按照生产时的各相机摆放位置，自己完成深度与彩色图像素之间的配对，输出一一对应的彩色图和深度图；全景摄像机设有一个鱼眼镜头，或者一个反射镜面（如抛物线、双曲线镜面等），或者多个朝向不同方向的普通镜头拼接而成，拥有 360° 全景视场，能在 360° 范围内感知环境信息，获取的信息量大，更容易表示外部环境信息。

听觉传感器：听觉是机器人系统感知周围环境很重要的一种感知能力。尽管听觉定位精度比视觉定位精度低很多，但是听觉定位是全向性的，传感器阵列能够接受空间中的任何方向上的声音。依靠听觉传感器可以工作在黑暗环境或者光线很暗的环境中进行声源的定位和语音的识别。在这些工作环境下，视觉传感器会受到一定的局限。目前，听觉感知还被广泛用于感受在介质中传递的声波。声波传感器复杂程度可以从简单的声波存在检测到复杂的声波频率分析，其中最常见的是超声波传感器。超声波传感器体积小、响应快、价格低、性能稳定，因而广泛应用于各种机器人，是机器人最常用的测距传感器之一。但超声波传感器角度分辨率低，不精确，容易产生虚假和多重反射回波信号，增加了特征匹配的难度。

触觉传感器：触觉是机器人获取环境信息的一种仅次于视觉的重要知觉形式，是机器人实现与环境直接作用的必需媒介。与视觉不同，触觉本身有很强的敏感能力可直接测量对象和环境的多种性质特征。因此，触觉不仅仅只是视觉的一种补充。触觉的主要任务是获取对象与环境信息和为某种作业任务而对机器人与对象、环境相互作用时的一系列物理特征量进行检测或感知。机器人触觉与视觉一样基本上是模拟人的感觉，广义上包括触觉、压觉、力觉、滑觉、冷热觉等与接触有关的感觉，狭义上是机械手与对象接触面上的力感觉。一般来说，一个有效的人工智能系统是基于其感知、记忆和思维能力，以及学习、自适应及自主的行为能力等。21世纪以来，无人驾驶汽车已经成为各国政府和大型企业鼓励的重大发展计划之一。目前，无人驾驶汽车已经实现了城市、环路及高速道路混合路况下的全自动驾驶，并实现了多次跟车减速、变道、超车、上下匝道、调头等复杂驾驶动作。无人驾驶汽车的重要支撑技术之一就是智能感知，需要利用车上和路上安装的各种传感器获取路况和环境信息，并利用智能推理达到正确识别路况和环境的目的，在此基础上才能完成自动驾驶的任务。随着人们对环境问题的关注程度越来越高，用于环境感知的无线传感网络的出现，为研究数据获取提供了便利，并且还可以避免传统数据收集方式给环境带来的侵入式破坏。无线传感器网络还可以跟踪候鸟和昆虫的迁移，研究环境变化对农作物的影响，检测海洋、大气和土壤的成分等。此外，它也可以应用在精细农业中，来检测农作物中的害虫、土壤的酸碱度和施肥状况等。

2.1.2 信息融合技术

信息融合又称数据融合、传感器信息融合或多传感器信息融合。机器人主要通过传感器来感知周围的环境，但是每种传感器都有其局限性，单一传感器只能反映出部分的环境信息。信息融合的目标是基于各种传感器分离观测的信息，通过对信息的优化组合导出更多的有效信息。最终目标是利用多个传感器共同或联合操作的优势来提高整个系统的有效性。

多传感器信息融合就像人脑综合处理信息的过程一样，它充分利用系统中多个传感器资源，通过对各种传感器及其观测信息的合理支配和使用，将各种传感器在空间和时间上的互补与冗余信息根据某种优化准则结合起来，产生对观测环境的一致性解释或描述。

利用多个传感器所获取的关于对象和环境全面、完整的信息，主要体现在融合算法上。因此，多传感器系统的核心问题是选择合适的融合算法。对于多传感器系统来说，信息具有多样性和复杂性，因此，对信息融合方法的基本要求是具有鲁棒性和并行处理能力。此外，还有方法的运算速度和精度；与前续预处理系统和后续信息识别系统的接口性能；与不同技术和方法的协调能力；对信息样本的要求等。一般情况下，基于非线性的数学方法，如果它具有容错性、自适应性、联想记忆和并行处理能力，则都可以用来作为融合方法。

多传感器信息融合虽然未形成完整的理论体系和有效的融合算法，但在不少应用领域根据各自的具体应用背景，已经提出了许多成熟并且有效的融合方法。多传感器信息融合的常用方法基本上可概括为随机和人工智能两大类，随机类方法有加权平均法、卡尔曼滤波法、多贝叶斯估计法、D-S证据推理、产生式规则等，具体如下。

加权平均法：信号级融合方法中最简单、最直观的方法，该方法对一组传感器提供的冗余信息进行加权平均，结果作为融合值，是一种直接对数据源操作的方法。

卡尔曼滤波法：主要用于融合低层次实时动态多传感器冗余数据。该方法用测量模型的统计特性递推，决定统计意义下的最优融合和数据估计。如果系统具有线性动力学模型，且系统与传感器的误差符合高斯白噪声模型，则卡尔曼滤波将为融合数据提供唯一统计意义下的最优估计。卡尔曼滤波的递推特性使系统处理不需要大量的数据存储和计算。但是，采用单一的卡尔曼滤波器对多传感器组合系统进行数据统计时，存在很多严重的问题。例如，在组合信息大量冗余的情况下，计算量将以滤波器维数的三次方剧增，实时性不能满足；传感器子系统的增加使故障随之增加，在某一系统出现故障而没有来得及被检测出时，故障会污染整个系统，使可靠性降低。

多贝叶斯估计法：为数据融合提供了一种手段，是融合静环境中多传感器高层信息的常用方法。它使传感器信息依据概率原则进行组合，测量不确定性以条件概率表示，当传感器组的观测坐标一致时，可以直接对传感器的数据进行融合，但大多数情况下，传感器测量数据要以间接方式采用贝叶斯估计进行数据融合。多贝叶斯估计将每一个传感器作为一个贝叶斯估计，将各个单独物体的关联概率分布合成一个联合的后验的概率分布函数，通过使用联合分布函数的似然函数为最小，提供多传感器信息的最终融合值，融合信息与环境的一个先验模型提供整个环境的一个特征描述。

D-S证据推理：是对贝叶斯推理的扩充，其三个基本要点是基本概率赋值函数、信任函数和似然函数。D-S方法的推理结构是自上而下的，分三级。第一级为目标合成，把来自独立传感器的观测结果合成为一个总的输出结果（ID）。第二级为推断，获得传感器的观测结果并进行推断，将传感器观测结果扩展成目标报告。第三级为更新，在推理和多传感器合成之前，要先组合（更新）传感器的观测数据。

产生式规则：采用符号表示目标特征和相应传感器信息之间的联系，与每一个规则相联系的置信因子表示它的不确定性程度。当在同一个逻辑推理过程中，两个或多个规则形成一个联合规则时，可以产生融合。应用产生式规则进行融合的主要问题是每个规则的置信因子的定义与系统中其他规则的置信因子相关，如果系统中引入新的传感器，需要加入相应的附加规则。

人工智能类则有模糊逻辑理论、神经网络、粗集理论、专家系统等。

模糊逻辑理论：多值逻辑，通过指定一个0到1之间的实数表示真实度，相当于隐含算子的前提，允许将多个传感器信息融合过程中的不确定性直接表示在推理过程中。如果采用某种系统化的方法对融合过程中的不确定性进行推理建模，则可以产生一致性模糊推理。与概率统计方法相比，逻辑推理存在许多优点，它在一定程度上克服了概率论所面临的问题，它对信息的表示和处理更加接近人类的思维方式，它一般比较适合于在高层次上的应用（如决策），但是，逻辑推理本身还不够成熟和系统化。此外，由于逻辑推理对信息的描述存在很大的主观因素，所以，信息的表示和处理缺乏客观性。模糊集合理论对于数据融合的实际价值在于它外延到模糊逻辑，模糊逻辑是一种多值逻辑，隶属度可视为一个数据真值的不精确表示。不确定性可以用模糊逻辑表示，然后，使用多值逻辑推理，根据模糊集合理论的各种演算对各种命题进行合并，进而实现数据融合。

神经网络：具有很强的容错性以及自学习、自组织及自适应能力，能够模拟复杂的非线性映射。神经网络的这些特性和强大的非线性处理能力，恰好满足了多传感器信息融合技术处理的要求。在多传感器系统中，各信息源所提供的环境信息都具有一定程度的不确定性，对这些不确定信息的融合过程实际上是一个不确定性推理过程。神经网络根据当前系统所接受的样本相似性确定分类标准，这种确定方法主要表现在网络的权值分布上，同时，可以采用经选定的学习算法来获取知识，得到不确定性推理机制。利用神经网络的信号处理能力和自动推理功能，即实现了多传感器信息融合。

2.1.3 智能感知与信息融合技术应用

智能感知和多传感器信息融合的最佳体现是在智能机器人的研究，智能机器人的仿生机构的基本原理研究和探索，机器人视觉中的三维、时变的信息获得与理解，智能机器人的行为控制，环境建模与处理等。智能机器人在专家系统和知识库的支持下，依靠自身的感觉系统综合信息、识别环境、做出决策。哥伦比亚大学将立体视觉、滑觉和超声波传感器用在移动机器人上，研发了一种基于信息融合的机器人物体识别系统——Allen 机器人，系统中采用卡尔曼滤波技术融合传感器信息并取得成功，该系可以用于物体识别的假设与验证。

随着经济与社会的不断发展，多传感器信息融合技术已经应用到民用领域，如智能交通和工业机器人的故障诊断以及无人驾驶汽车等方面。在无人驾驶汽车的应用上，多传感器信息融合技术提升了控制系统的性能，能够实时控制汽车的行驶方向，自动检测地面形状，检测路况和障碍物，提高无人驾驶汽车的安全性和稳定性。美国 Hailar 移动机器人首次采用多传感器信息融合技术完成了在未知环境中的操作，采用彩色 TV 摄像机、激光测距仪和声呐传感器等，用信息融合的方法对多种传感器信息进行并行处理与综合，具有较高的智能水平。

多传感器信息融合已经广泛应用于军事领域，欧美等国家已经构建了上百个以数据融合为核心技术的军事系统。例如美国的空军指挥员自动情报保障系统、全源信息分析系统等，英国炮兵智能信息融合系统等。当前，我国针对空－空防御、海上监视及地－空防御为一体化的战略防御系统研究工作也在稳步进行中。

信息融合技术方兴未艾，几乎一切信息处理方法都可以应用于信息融合系统。作为一个尚未成熟的新研究领域，信息融合存在一些问题。首先，信息融合尚未建立统一的融合理论和有效广义融合模型计算法；其次，对信息融合的具体方法的研究尚处于初步阶段，还没有很好地解决融合系统中的容错性或鲁棒性问题，关联的二义性是信息融合中的主要障碍；最后，信息融合系统的设计还存在许多问题。

未来，信息融合的发展应建立统一的融合理论、数据融合的体系结构和广义融合模型，解决数据配准、数据预处理、数据库构建、数据库管理、人机接口、通用软件包开发问题，利用成熟的辅助技术，建立面向具体应用需求的信息融合系统。同时，将人工智能技术，如神经网络、遗传算法、模糊理论、专家理论等引入数据融合领域，利用集成的计算智能方法（如模糊逻辑＋神经网络、遗传算法＋模糊＋神经网络等）提高多传感融合的性能，解决不确定性因素的表达和推理演算。利用有关的先验数据提高数据融合的性能，研究更加先进复杂的融合算法（如在未知和动态环境中，采用并行计算机结构多传感器集成与融合方法的研究等）。在多平台／单平台、异类／同类多传感器的应用背景下，建立计算复杂程度低又能满足任务要求的数据处理模型和算法，构建数据融合测试评估平台和多传感器管理体系。将已有的融合方法工程化与商品化，开发能够提供多种复杂融合算法的处理硬件，以便在数据获取的同时就实时地完成融合。

2.2 智能定位与导航技术

2.2.1 智能定位技术

智能定位的技术有很多种类，基于无线电三角定位技术大致有实时动态（RTK）、超宽带（UWB）和无线网络（Wi-Fi）定位。基于特征识别进行定位的方式主要有视觉与激光雷达（包括二维激光雷达与三维激光雷达）。

RTK 载波相位差分技术：RTK 是实时处理两个测量站载波相位观测量的差分方法，将基准站采集的载波相位发给用户接收机，进行求差解算坐标。这是一种新的常用的卫星定位测量方法，以前的静态、快速静态、动态测量都需要事后进行解算才能获得厘米级的精度，高精度的 GPS 测量必须采用载波相位观测值。RTK 定位技术就是基于载波相位观测值的实时动态定位技术，它能够实时地提供测站点在指定坐标系中的三维定位结果，并达到厘米级精度。在 RTK 作业模式下，基准站通过数据链将其观测值和测站坐标信息一起传送给流动站。流动站不仅通过数据链接收来自基准站的数据，还要采集 GPS 观测数据，并在系统内组成差分观测值进行实时处理，同时给出厘米级定位结果，历时不足一秒钟。流动站可处于静止状态，也可处于运动状态；可在固定点上先进行初始化后再进入动态作业，也可在动态条件下直接开机，并在动态环境下完成整周模糊度的搜索求解。在整周未知数解固定后，即可进行每个历元的实时处理，只要能保持四颗以上卫星相位观测值的跟踪和必要的几何图形，则流动站可随时给出厘米级定位结果。

UWB 技术：UWB 是一种无线电技术，可以在大部分无线电频谱上使用非常低的能量水平进行短程、高带宽的通信，应用于目标传感器数据采集、精确定位和跟踪应用。超宽带以前被称为脉冲无线电，但国际电信联盟无线电通信部门目前将 UWB 定义为发射信号带宽超过 500 兆赫或算术中心频率 20% 的天线传输。因此，每个传输脉冲占用 UWB 带宽的基于脉冲的系统可以根据规则访问 UWB 频谱。脉冲重复率可能很低或很高。基于脉冲的 UWB 雷达和成像系统往往使用低重复率。通信系统支持高重复率，从而实现短距离千兆每秒通信系统。基于脉冲的 UWB 系统中的每个脉冲占用整个 UWB 带宽，这使得

UWB 能够获得对多径衰落的相对抗扰性的好处，而不像基于载波的系统那样容易受到深度衰落和码间干扰。这两个系统都容易受到码间干扰。

Wi-Fi 定位技术：作为一种地理定位系统，能够利用附近 Wi-Fi 热点和其他无线接入点的特性来发现设备的位置。当卫星导航因各种原因不足或获取卫星定位需要很长时间时，可使用这种方法。Wi-Fi 定位利用了 21 世纪初城市地区无线接入点的快速增长。用于无线接入点定位的最常见和最广泛的定位技术是基于测量接收信号的强度（接收信号强度指示）和指纹方法。准确度取决于附近接入点的数量，这些接入点的位置已经输入到数据库中。Wi-Fi 热点数据库通过将移动设备位置数据与 Wi-Fi 热点 MAC 地址相关联来填充。可能发生的信号波动会增加用户路径中的错误和不确定性。为了尽量减少接收信号的波动，有一些技术可以用来过滤噪声。由于增强现实、社交网络、医疗保健监控、个人跟踪、库存控制和其他室内位置感知应用的使用越来越多，准确的室内定位对于基于 Wi-Fi 的设备变得越来越重要。

视觉里程计技术：在机器人学和计算机视觉中，视觉里程测量是通过分析相关的摄像机图像来确定机器人位置和方向的过程，视觉里程测量是利用连续摄像机图像确定等效里程信息来估计行驶距离的过程，可以提高机器人或车辆在任何表面使用任何类型的运动的导航精度。自身运动是指摄像机在环境中的三维运动，在计算机视觉领域，自身运动是指估计摄像机相对于刚性场景的运动。自身运动的一个例子是估计车辆相对于从车辆本身观察到的道路或街道标志线的移动位置。在自主机器人导航应用中，自身运动的估计很重要。评估摄像机的运动的目的是使用摄像机拍摄的一系列图像来确定摄像机在环境中的三维运动。评估摄像机在环境中的运动的过程涉及对移动摄像机拍摄的一系列图像使用视觉里程计技术。通常使用特征检测来构造来自两个图像帧的光流，序列由单个摄像头或立体摄像头生成。对每个帧使用立体图像有助于减少错误并提供额外的深度和比例信息在第一帧中检测特征，在第二帧中匹配。然后利用这些信息对这两幅图像中检测到的特征进行光流场分析。光流场说明了特征是如何从一个单一的点（扩展的焦点）发散的。从光流场中可以检测到膨胀的焦点，指示摄像机的运动方向，从而提供摄像机运动的估计。还有其他方法可以从图像中提取电子运动信息，包括避免特征检测和光流场，直接使用图像强度的方法。

激光雷达定位技术：激光雷达定位技术旨在解决全局定位和姿态跟踪的问题。全局定位通常用于在环境中提供初始姿态或解决绑架问题。激光雷达的定位技术主要分为基于蒙特卡洛算法的定位算法和基于扫描匹配的定位算法。蒙特卡罗定位的数学原理是粒子滤波，通过样本代表后验概率。这种非参数化方法是一种近似方法，能够表示较宽的分布空间，使该方法能够全局定位机器人，并能连续跟踪机器人。为了解决绑架问题，引入随机样本，使机器人能够重新定位到新的姿态。此外，如果机器人位于对称环境中，基本蒙特卡罗定位可能会过早收敛。通过引入一种防止过早收敛的机制，利用"参考相对向量"来修改每个样本的权重，可以提高蒙特卡罗算法在高度对称环境中的应用性能。

2.2.2　智能导航技术

（1）全局导航技术

全局路径规划又称为离线路径规划，属于静态规划，一般应用于机器人运行环境中已经对障碍信息完全掌握的情况下。目前用于全局路径规划常用方法主要有快速随机搜索树算法、人工蜂群算法、A* 算法和 D* 算法等。

快速随机搜索树是一种基于采样的搜索算法，适用于高维非欧空间搜索，可以处理在多维空间内的不完整性约束问题。该算法既要使得随机采样可以令机器人向未被探查过的空间进行探索，又要在探索过程中逐渐完善搜索树。其优点是速度快、搜索能力强、对地图的预处理没有要求，缺点是搜索时盲目性大，尤其在高维环境下或动态环境中耗时长、计算复杂度高、易陷入死区和存在局部最小值问题。

人工蜂群算法是对大自然中蜜蜂集体采蜜行为进行模仿的一种智能优化方法，其本质是群体智能思想的一个具体实现，不用了解问题的特定信息，只用对问题进行优劣的比较，通过单独工蜂个体的局部寻优方式，汇总一起最终在群体中使全局最优值突显出来，收敛速度快。蜜蜂是群居昆虫，单个蜜蜂的采蜜行为极其简单，但由大量个体组成的群体行为却表现出了极其复杂的效果。自然中真实的蜂群能在任何不同环境下，以极高的效率从花丛中采集花蜜，并且环境适应能力极强。由此衍生出的蜂群算法的模型包含食物源、被雇佣的蜜蜂和未被雇佣的蜜蜂 3 个基本组成因素。该算法结构简单、易实现，是一种启发式算法，种群内部分工协作，角色可以互换，并且拥有较强的鲁棒性，无需先验知识，根据概率以及随机选取的方法对个体进行搜索。缺点是开发能力差、同类蜜蜂之间没有交流，没有充分地利用已有个体的信息，在进化过程收敛速度会因为接近最优解（全局最优或局部最优）时而减缓，可能陷入局部最优解，处理复杂问题耗时长、精度低。

A* 算法是一种静态空间启发式算法，与传统的广度优先算法和深度优先算法的区别在于，A* 算法采用启发式的搜索机制，在搜索过程中引入启发式信息，对状态空间的每一个位置进行评估得到最好的位置，再从该位置进行下一步的路径规划，直到搜索至目标位置。该算法节省了许多无效的搜索过程，大幅提高搜索效率。A* 算法的优势在于对环境的反应迅速，搜索路径直接，是一种直接的搜索算法。但其同样存在实时性差，在每个节点处计算量很大，所需的运算时间很长。当面临较长路径规划（即存在较多个路径节点）时，A* 算法所需处理的计算量将呈指数增长，效率下降相当迅速，搜索速度降低明显的问题。这也是采用 A* 算法研究所需解决的重点问题。

D* 算法是一种动态空间启发式算法，同 A* 算法相似，D* 算法也通过维护一个优先级队列来对场景中的路径节点进行搜索，但与 A* 算法不同的是，D* 算法是以目标点为起始位置，通过将目标点置于队列中搜索，直至搜索至机器人当前位置为止。D* 算法的优点在于改善算法可以考虑地图中动态障碍物的信息，能够综合算法时长和路径长度统筹规划。但是，在路径规划时，D* 算法所形成的路径不一定是单一的最优或最短路径，且在路径规划距离过长时，其复杂程度增加明显，计算过程占用内存量成比例增加，其效率和计算速度都会有明显下降。

（2）局部导航技术

局部路径规划属于动态规划，一般用在移动机器人实现从当前位置到全局路径中间某节点处的路径规划。局部路径规划需要实时考虑机器人在当前位置的一小块区域内的所有障碍物信息（包括动态障碍物），并在此基础上判定该方案的可行性并给出实际的移动过程方案。目前应用的主要算法有人工势场算法、遗传算法和模糊逻辑算法等。

人工势场算法是一种虚拟力场法，其基本的思想是将机器人的工作空间假想成一个存在引力与斥力的地方，由目标点产生对机器人的引力与机器人与目标点的距离有关，引力随着机器人与目标点的距离的减小而增大。由障碍物生出的力为机器人所受的斥力，并随机器人与障碍物间距的减小而增大。整个力场由引力与斥力叠加形成。机器人的运动由引力与斥力所产生的合力控制，从而避开障碍物到达目标点找到路径。人工势场法的优点是算法整体结构简单，有利于实时控制，在机器人避障和轨迹平滑方向上具有广泛的应用。但同时也有一定缺陷，该方法再通过狭窄区域时，机器人会在障碍物附近产生振荡；另外还容易陷入局部最小值，并且不适用于机器人在自由度较高的情况下进行规划，在满足机器人约束方向上效果不理想。

与其他避碰方法不同，动态窗口算法是直接从机器人的动力学推导而来，针对移动机器人的碰撞避碰问题而设计，由机器人有限的速度和加速度施加的约束。它由两个主要部分组成，第一部分生成有效的搜索空间，第二部分在搜索空间中选择最优解。搜索空间仅限于在短时间间隔内可以到达的安全圆形轨迹，并且没有碰撞。优化的目标是选择一个方向和速度，使机器人达到目标，与任何障碍物的最大间隙。

模糊逻辑算法受人脑的不确定性概念判断、推理思维方式启发，对于模型未知或不能确定的描述系统，以及强非线性、大滞后控制对象，应用模糊集合和模糊规则进行推理，表达过渡性界限或定性知识经验，模拟人脑的思维方式，实行模糊综合判断，推理解决常规方法难于对付的规则型信息问题。模糊逻辑算法的优点是可以实现对边界不清晰的定性知识与经验的表达，可以实现对模糊关系按照人脑的原则实施规则型推理。缺点是需要设定合适的隶属函数，且模糊逻辑需要一定时间进行学习，在规划过程中所取解不一定为最优或最速解。

2.2.3 智能定位与导航技术应用

智能机器人的定位技术能够使得机器人感知自身在环境中的位姿，采用多种传感器共同作用，使得机器人能够在室内和室外的环境下进行定位。

超宽带和 Wi-Fi 定位技术联合视觉里程计技术，被用于 AGV 搬运机器人，这种技术通常能辅助机器人在一定范围内的定位。激光雷达定位技术运用于扫地机器人中，如科沃斯扫地机器人的 LDS 激光雷达测距系统搭载 SLAM 算法，实现了"全屋巡航建图""弓字形规划清扫"的新模式。采用 RTK、激光雷达与视觉里程计等多种传感器融合的技术能够实现自主泊车工程，如斯坦利公司开发的机器人代客泊车系统。

智能机器人的导航技术解决了机器人"到哪里去"的问题。A* 算法和 D* 算法是在静态路网中求解最短路径最有效的直接搜索方法，也是解决许多搜索问题的有效算法。算法中的距离估算值与实际值越接近，最终搜索速度越快。导航算法在常用的机器人自主导航中得到了广泛的运用。在智能机器人领域 PR2 机器人使用了多种导航方式进行自主移动，其中就有 A* 和 D* 这两种经典算法。快速搜索树主要用于迷宫类环境的全局路径搜索，其中典型的机器人为"电脑鼠"机器人，国际电气和电子工程学会每年都要举办一次国际性的"电脑鼠"走迷宫竞赛——在对给定环境的迷宫进行建模后，主要采用快速搜索树这种方法对机器人的目标进行导航。人工势场法和动态窗口法这类局部导航算法通常用于在全局路径已知的情况下对机器人进行导航。利用这些算法的机器人有很多，如波士顿动力公司的 BigDog 机器人，其奔跑速度为 6.4 千米 / 时，最大爬坡为 35°，利用动态窗口法可在废墟、泥地、雪地、水中行走。

随着应用场景的不断增多以及大众需求的不断提升，智能定位与导航技术的发展面临着新的挑战和任务，在智能定位领域一些传统的计算方式逐渐被基于概率的方法所取代。同时，随着传感器性能的不断提升以及价格的不断下降，多传感器融合技术也将在智能定位领域发挥重要作用。智能导航技术也将随着相关技术的提高而能够适用于更加广泛的用途。近年来，随着人工智能的发展，智能导航技术被更多地运用于无人驾驶，深度学习、强化学习等一些新方法的加入也将进一步提升智能导航的性能与适用范围。

2.3 智能运动与路径规划技术

传统方法是根据人类的主观思维设计的，具有逻辑清晰、复杂度低的特点，包括单元分解法、人工势场法、虚拟子目标法以及基于采样的规划方法。总体来说，传统的路径规划方法由于局部极小值问题的存在，往往无法求得全局最优的路径。某些传统算法在面对多障碍或高度动态的环境时，可能根本就无法获得到可行的路径。启发式方法可以弥补这一不足。

2.3.1 智能技术算法

智能技术算法可以分为自然启发算法、模糊逻辑算法以及基于神经网络的算法等。

近年来，基于自然启发算法的机器人导航备受关注，已成为研究热点之一。表现优异的遗传算法、粒子群算法、蚁群优化算法以及风驱动优化算法都是基于自然启发算法的。模糊逻辑算法用来表示人类思维的不确定性，优势在于强大的模糊推理分析能力，但选择合适的规则和隶属度函数较难。神经网络的自学习、并行处理能力强，但通过人类推理却无法获得表征信息的突触权重。以上特性促使人们将模糊逻辑算法和神经网络结合起来，以得到类似人脑思维的模糊推理和自学习能力。近几年，基于神经网络的算法，尤其是深度强化学习的方法发展迅猛，在实时性和环境适应性上都表现卓越。

传统方法需要针对路径规划任务事先提炼准确的物理模型，当模型应用到实际问题上时，往往存在实时性差、泛化性弱及对物理模型敏感等问题。基于强化学习的神经网络算法可以使用马尔可夫决策过程来描述问题，通过智能体与环境的不断互动来积累经验，并根据环境的反馈不断调整策略，从而使其预测的决策可以获得更高的奖励。通过这一启发式学习过程可以避开复杂的模型设计，让模型直接从实际数据中汲取真正有效的知识，而知识仅仅存储在较少量的参数和简单的运算里，从而该类方法具有良好的泛化性和实时性。

常用的强化学习包括模仿学习、Q 学习以及策略梯度法等。模仿学习类似于监督学习，需要事先标注好的大量样本作为训练样本，对数据标注的需求量大，这样的数据在每次应用前都需要重新获得，成本高，很难得到符合条件的数据，对数据量需求较大。策略梯度法仅能够解决连续动作空间的问题，该方法学习得到的仅仅是一个随机性策略而非决定性策略，因此在现实应用中估计策略的可靠性很难保证。相比之下，Q 学习方法优势较为明显，因为其不需要收集训练数据，同时训练出来的是决定性策略，因而特别适用于机械臂 / 移动机器人的抓捕 / 避障问题。但为实际环境中的机器人设计强化学习算法存在很大的挑战。首先，真实世界中的物体，通常有复杂多样的视觉和物理特征，接触力（触觉）的细微差异可能导致物体的运动难以预测。与此同时，机械臂可能会遮挡住视线而导致难以通过视觉识别的方法预测物体运动。此外，机器人传感器本身充满噪声，这也增加了算法的复杂性。所有这些因素结合到一起，使得人工设计一个能够学习到通用解决方案的算法，甚至仅仅手动设计一个合理的学习目标，都变得异常困难。

深度学习技术因其面对复杂真实场景所展现的强大的特征提取能力而备受关注，并被引入很多领域且带来了各领域复杂任务性能指标的飞跃提升。在这一趋势下，大量研究人员投入到了将深度学习与强化学习相结合的研究中。深度学习被认为非常适合提取非结构化的真实世界场景中的特征，而强化学习则可以实现较长期的推理任务，并且能在一系列决策的同时做出更鲁棒的决策。如果这两个工具有效的结合到一起，就有可能让机器人从自身经验中不断学习，使得机器人能够通过数据，而不是人工手动定义的方法来掌握运动感知的技能。整体来说，深度强化学习是一种端对端的感知与控制系统，具有很强的通用性，在机器人领域获得了广泛的应用。其学习过程可以描述为：在每个时刻，智能体与环境交互得到一个高维度的观察，并利用深度学习方法来感知观察，以得到抽象、具体的状态特征表示；基于预期回报来评价各动作的价值函数，并通过某种策略将当前状态映射为相应的动作。环境对此动作做出反应，并得到下一个观察。通过不断循环以上过程，最终可以得到实现目标的最优策略。

深度强化学习主要包括基于值函数的深度强化学习、基于策略梯度的深度强化学习和基于搜索与监督的深度强化学习。

基于值函数的深度强化学习：早期的深度强化学习由于缺乏训练数据、计算资源有限以及算法结合存在不稳定等问题，只适用于维度较小状态空间的控制决策问题。2014 年，DeepMind 提出基于视觉感知控制的深度 Q 网络，将卷积神经网络与 Q 学习的强化学习算法相结合，使虚拟机器人可以通过在游戏中与环境互动，自主学习并掌握仿真游戏世界的规则，并展现出强大的学习能力。越来越多的研究表明，深度强化学习确实能够通过端对端的学习方式实现从原始输入到输出的直接控制。自提出以来，在许多需要感知高维度原始输入数据和决策控制的任务中，深度强化学习方法已经取得了实质性的突破。针对其进行改进的工作多是通过向原有网络中添加新的功能模块来实现的。例如，可以向深度 Q 网络模型中加入循环神经网络结构，使得模型拥有时间轴上的记忆能力，比如基于竞争架构的深度 Q 网络和深度循环 Q 网络。竞争网络结构的模型将卷积神经网络提取的抽象特征，分别输入到两个支路中，其中一路代表状态值函数，另一路代表依赖状态的动作优势函数。通过该种竞争网络结构，智能体可以在策略评估过程中更快地识别出正确的行为。深度循环 Q 网络利用循环神经网络结构来记忆时间轴上连续的历史状态信息，在部分状态可观察的情况下，深度循环 Q 网络表现出比深度 Q 网络更好的性能，因此深度循环 Q 网络模型更适用于普遍存在部分状态可观察问题的复杂任务。

为提升学习效率，谷歌公司的研究人员提出深度强化学习的分布式训练方法，并将这一方法应用到机器人抓取任务上。他们使用了七个真实的机器人，在四个月的时间里运行了超过 800 个机器人小时的机器人自主学习抓取任务。为了引导数据收集过程，研究人员开始时手动设计了一个抓取策略，大概有 15% ~ 30% 的概率能够成功完成抓取任务。当算法学习到的模型的性能比手动设计的策略更好时，就将机器人的抓取策略换成该学习到的模型。该策略使用相机拍摄图像，之后返回机械臂和抓取器应该如何运动的数据。整个离线训练数据包含超过 1000 种不同物体的抓取数据。研究表明，跨机器人的经验分享能够加速学习过程。

基于策略梯度的深度强化学习：一种直接使用逼近器来近似表示和优化策略，最终得到最优策略的方法。在求解实际的运动与路径规划问题时，往往第一选择是采取基于策略梯度的算法，因为它能够直接优化策略的期望总奖赏，并以端对端的方式直接在策略空间中搜索最优策略，省去了烦琐的中间环节。因此，与深度 Q 网络及其改进模型相比，基于策略梯度的深度强化学习方法适用范围更广，策略优化的效果也更好。深度策略梯度方法的另一个研究方向是通过增加额外的人工监督来促进策略搜索。例如，著名的 AlphaGo 机器人，先使用监督学习从人类专家的棋局中预测人类的走子行为，再用策略梯度方法针对赢得围棋比赛的真实目标进行精细的策略参数调整。然而在某些任务中是缺乏监督数据的，比如现实场景下的机器人控制，可以通过引导式策略搜索方法来监督策略搜索的过程。在只接受原始输入信号的真实场景中，引导式策略搜索实现了对机器人的操控。

但在很多复杂的真实场景中，很难在线获得大量训练数据。例如，在真实场景下机器人的路径规划任务中，在线收集并利用大量训练数据会产生十分昂贵的代价，并且动作连续的特性使得在线抽取批量轨迹的方式无法达到令人满意的覆盖面。以上问题会导致局部最优解的出现。针对此问题，我们将传统强化学习中的 Actor-Critic 框架拓展到深度策略梯度方法中，即形成策略评估和策略改进的闭环系统，每次将策略评估的结果输入值函数和损失函数，然后依据两函数的结果进行策略改进，从而实现闭环优化。

基于搜索与监督的深度强化学习：核心思想是通过增加额外的人工监督来促进策略搜索的过程。蒙特卡洛树搜索作为一种经典的启发式策略搜索方法，被广泛用于游戏博弈问题中的行动规划和移动机器人的路径规划。因此在基于搜索与监督的深度强化学习方法中，策略搜索一般是通过蒙特卡洛树搜索来完成的。AlphaGo 的围棋算法将深度卷积神经网络和蒙特卡洛树搜索相结合，并取得了卓越的成就。机器人的工作环境多是动态的，而训练环境基本是静态的。为了让静态环境下训练出来的模型可以快速适应动态环境，可以通过迁移学习来减少训练方法对训练数据的依赖，让机器人可以在陌生环境中快速适应，并做出高效的运动和路径规划。首先，在静态环境下，以避障、时间和扰动为约束条件，对深度神经网络进行预训练，使其具备一定的路径规划能力，且具有一定的普适性，便于动态环境下进行再训练。然后，采用迁移学习算法，将静态路径规划模型的网络参数迁移到动态路径规划任务中。最后，在动态环境下，经过再训练对网络参数进行微调，以便于机器人同时具备静态和动态路径规划能力。

2.3.2 智能运动与路径规划技术应用

机器人的智能运动与路径规划问题是机器人科学及人工智能领域中一个非常具有挑战性的问题。长期以来，无数科研人员为了解决高自由度机器人运动规划中指数爆炸问题做了很多的工作，提出了很多具有实际表现优异的运动与路径规划算法。目前这一技术在实际生活中已经有了很多的应用。根据应用场景的空间尺度大小及对应的复杂度来划分，可以分成已知环境下的智能机器人和未知环境下的智能学习型机器人。

已知环境下的智能机器人：目前智能运动与路径规划技术的主要应用场景还是已知环境中替代人类进行重复性、劳动密集型任务，如快递分拣智能机器人和扫地机器人等，应用智能运动与路径规划技术规避环境中的障碍，并且持续优化工作效率，从而保证劳动型机器人系统的稳定性。

未知环境下的智能学习型机器人：现实生活中更多的需求来自未知场景，复杂多变的环境难以用传统方法预先建模，只能利用最新的学习型算法，通过环境反馈，学习并适应环境。例如，特斯拉自动驾驶汽车需要更实时根据周围局部及全局路况信息，规划出安全而快速的路径及运动模式。

在现实世界中通过环境反馈让算法不断地学习优化是广泛适用的，但是它本身也面临着一些挑战。首先，由于需要采取大量的探索行为，机器人需要长时间运行，这一长时间学习过程对硬件具有较高要求。其次，由于机器人必须多次对任务进行尝试，我们不得不建立一个自动重置机制，能够去掉该要求的一个可能方向是自动学习重置策略。此外，强化学习方法需要奖励函数，这种奖励必须人为设计，奖励的合理性以及是否能够适应复杂环境的考验都未可知。机器人直接在现实世界中学习运动与路径规划能力是发展真正的通用机器人的最佳途径之一。正如人类可以直接从现实世界的经验中学习一样，能够仅通过试错就学习到技能的机器人，很有希望能够以最少的人为干预，自主探索获得解决运动与路径规划问题的新方法。

2.4 智能控制技术

2.4.1 机器人的模糊控制

模糊控制是利用模糊数学的基本思想和理论的控制方法。在传统的控制领域里，控制系统动态模式的精确与否是影响控制优劣的最主要关键因素。系统动态的信息越详细，则越能达到精确控制的目的。以模糊集合、模糊语言变量、模糊推理为其理论基础，以先验知识和专家经验作为控制规则。其基本思想是用机器模拟人对系统的控制，就是在被控对象的模糊模型的基础上运用模糊控制器近似推理等手段，实现系统控制。在实现模糊控制时主要考虑模糊变量的隶属度函数的确定，以及控制规则的制定二者缺一不可。

英国学者曼达尼首次成功地将模糊集理论运用于工业锅炉的过程控制之中，并于 20 世纪 80 年代初又将模糊控制引进到机器人的控制中。被控对象是一个具有两个旋转关节的操作臂，每个关节由直流电动机驱动。关节的实际转角通过测速发电机由 A/D 转换电路获得，其角速度通过系统级芯片的记忆存储器编程来实现。其主要是对操作臂模糊控制系统，分别进行阶跃响应测试和跟踪控制试验，控制结果证明了模糊控制方案具有可行性和优越性。有研究提出了在模糊控制器结构的基础上，引入 PI 调节机制达到对阶跃输入的快速响应和达到消除隐态误差的效果。通过相平面上对两种不同区域的启发性分类，可得到一组简单的模糊规则，从而简化了模糊规则库和算法，使最终的控制器易于实现。该控制方案通过仿真实验得到验证。由邓辉等人提出了一种基于模糊聚类和滑模控制的模糊逆模型控制方法，并将其应用于动力学方程未知的机械手轨迹控制。采用 c 均值聚类算法构造两关节机械手模糊模型，并由此构造模糊系统的逆模型。在提出的模糊逆模型控制结构中，离散时间滑模控制和时延控制用于补偿模糊建模误差和外扰动，保证系统全局稳定性，并改善其动态和稳态性能。系统稳定性和轨迹误差的收敛性，通过稳定性定理得到证明。

2.4.2 机器人的神经网络控制

神经网络模拟人脑神经元的活动，利用神经元之间的联结与权值的分布来表示特定的信息，通过不断修正连接的权值进行自我学习，以逼近理论为依据进行神经网络建模，并以直接自校正控制、间接自校正控制、神经网络预测控制等方式实现智能控制。具有高度的非线性逼近映射能力，神经网络和模糊系统可解决复杂的非线性，不确定性及不确知系统的控制，而且可实现对机器人动力学方程中未知部分精确逼近，从而可通过在线建模和前馈补偿，实现机器人的高精度跟踪。

近几年来，神经网络研究的目标是复杂的非线性系统的识别和控制等方面，神经网络在控制应用上具有以下特点：能够充分逼近任意复杂的非线性系统；能够学习与适应不确定系统的动态特性；有很强的鲁棒性和容错性等。因此，神经网络对机器人控制具有很大的吸引力。在机器人的神经网络动力学控制方法中，典型的是计算力矩控制和分解运动加速度控制，前者在关节空间闭环，后者在直角坐标空间闭环。在基于模型计算力矩控制结构中，关键是逆运动学计算，为实现实时计算和避免参数不确定性，可通过神经网络来实现输入输出的非线性关系。对多自由度的机器人手臂，输入参数多，学习时间长，为了减少训练数据样本的个数，可将整个系统分解为多个子系统，分别对每个子系统进行学习，这样就会减少网络的训练时间，可实现实时控制。由阿布斯提出了一种基于人脑记忆和神经肌肉模型的机器人关节控制方法（CM-CA），该方法以数学模块为基础，采用查表方式产生一个以离散状态输入为响应的输出矢量。

2.4.3 机器人智能控制技术的融合

在模糊变结构控制器（FVSC）中，许多学者把变结构框架中的每个参数或是细节采用模糊系统来逼近或推理，仿真实验证明该方法比比例积分微分控制或滑模控制更有效。在设计常规变结构控制律时，若函数系数取得很大，系统就会产生很多的抖振，如果用引入边界层方法消除抖振，就会产生很大的误差；若该系数取较小值，鲁棒性就会变差。因此，金耀初等人提出了通过引入模糊系统来动态预测和估计系统中不确定量的方法。模糊系统中的输入分为两种，一种为系统的综合偏差模糊值；另一种为偏差增量模糊值，输出是对上述函数中的系数进行模糊估值。仿真结果表明抖振现象得到了抑制。还有人在初始建模阶段采取模糊系统辨识，其后在变结构控制中对动力学模型进行自适应学习。在这种控制方案中，模糊控制和变结构控制之间的界限很清晰，从仿真结果看，控制性能也较好。

神经网络和变结构控制的融合一般称为 NNVSC。实现融合的途径一般是利用神经网络来近似模拟非线性系统的滑动运动，采用变结构的思想对神经网络的控制律进行增强鲁棒性的设计，这样就可避开学习达到一定的精度后神经网络收敛速度变慢的不利影响。经过仿真实验证明该方法有很好的控制效果。但是由于变结构控制的存在，系统会出现力矩抖振。将变结构控制和神经网络的非线性映射能力相结合，提出了一种基于神经网络的机械手自适应滑模控制器。如果考虑利用滑模控制技术，需要知道系统的不确定性的上界，但在实际应用中，许多系统的不确定界却难以得到。因此利用神经网络估计系统的不确定性的未知界，克服了常规滑模控制需要已知不确定性界的限制，但是由于滑模控制的存在，就有抖振现象，为了消除抖振，可用 S 型函数代替符号函数。经过仿真实验，该控制器能够有效地补偿系统不确定性的影响，保证机器人系统对期望轨迹的快速跟踪。

模糊控制和神经网络控制的融合，一般称为模糊神经网络或神经网络模糊控制器。模糊系统和人工神经网络相结合实现对控制对象进行自动控制，是由美国学者科斯克首先提出的。模糊系统和神经网络都属于一种数值化和非数学模型函数估计器的信息处理方法，它们以一种不精确的方式处理不精确的信息。模糊控制引入了隶属度的概念，即规则数值化，从而可直接处理结构化知识；神经网络则需要大量的训练数据，通过自学习过程，借助并行分布结构来估计输入与输出间的映射关系。虽然模糊控制与神经网络处理模糊信息的方式不同，但仍可以将二者结合起来。该方案对二自由度刚性机器人进行仿真实验，证明了其有效性和可行性。模糊神经网络控制与传统的 PD 控制相结合的机器人学习控制系统，该控制具有自学习、自适应、控制精度高等特点。智能融合技术还包括基于遗传算法的模糊控制方法。遗传算法作为一种新的搜索算法，具有并行搜索，全局收敛等特性，将遗传算法应用于模糊控制中，可以解决一般模糊控制中隶属度函数及规则参数调节问题。也有基于遗传算法的人工神经网络学习算法，以及基于粗糙集理论进行 BP 网络设计的方法。在粗糙集改进 BP 网络的方法中，主要是应用粗糙集的理论和方法，从给定学习样本数据中发现一组规则，并根据这些规则去建立网络模型中相应的隐层节点，然后用 BP 算法迭代出网络的参数。和以前实验法选择隐层数量和隐层内神经元个数的方法相比，节约了计算时间，简化了选择的方法。

2.4.4 基于学习算法的机器人控制

遗传算法是一类借鉴生物界自然选择和自然遗传机制的随机化搜索最优解的算法。遗传算法学习控制模拟自然选择和自然遗传过程中发生的繁殖、交叉和基因突变现象，在每次迭代中都保留一组候选解，并按某种指标从群中选取较优的个体，利用遗传算子（选择、交叉和变异）对这些个体进行组合，产生新一代的候选解群，重复此过程，直到满足某种收敛指标为止。遗传算法作为优化搜索算法，一方面希望在宽广的空间内进行搜索，从而提高求得最优解的概率；另一方面又希望向着解的方向尽快缩小搜索范围，从而提高搜索效率。如何同时提高搜索最优解的概率和效率，是遗传算法的一个主要研究方向。

迭代学习控制模仿人类学习的方法，即通过多次的训练，从经验中学会某种技能，来达到有效控制的目的。迭代学习控制是学习控制的一个重要分支，是一种新型学习控制策略，它通过反复应用先前试验得到的信息来获得能够产生期望输出轨迹的控制输入，以改善控制质量。与传统的控制方法不同的是，迭代学习控制能以非常简单的方式处理不确定度相当高的动态系统，且仅需较少的先验知识和计算量，同时适应性强，易于实现。更重要的是，它不依赖于动态系统的精确数学模型，是一种以迭代产生优化输入信号，使系统输出尽可能逼近理想值的算法。它的研究对那些有着非线性、复杂性、难以建模以及高精度轨迹控制问题有着非常重要的意义。

2.4.5 机器人智能控制技术应用

在生产制造方面，智能机器人已经开始展现出不凡的优势。机器人可以根据计算机发出的指令和预先设计好的程序进行运作，高质量地完成工作，还可以根据情况做出相应变通。由于智能控制理论属于控制理论的较高水平，如何将这种理论和机器人系统结合起来是当前技术人员要研究的重点之一。科研人将傅里叶算子、四点特征、集合矩阵结合起来输入到机器人的神经网络中去，并通过六自由度机器人来对机器人进行全方位的检验。通过检验出来的结果，我们可以知道，这种研发出来的机器人可以对全局做出图像分析，并且能够很好地适应生产的环境，在工作的过程中操作也非常的准确。

在机器人运动控制方面，目前控制机器人运动的主要方法是将集中和分布结合起来规划机器人的路径。集中规划就是将每一个机器人都设计好相应的路线，但是这种规划要保障每个机器人的运动路径上都不存在障碍。同时为了避免机器人之间的运动产生冲突，要提前给机器人设定好程序，制定好先后顺序，或者是给机器人设定不同的速度来避免干扰。

智能控制理论的创立和发展是对计算机科学、人工智能、知识工程、模式识别、系统论、信息论、控制论、模糊集合论、人工神经网络、进化论等多种前沿学科、先进技术和科学方法的高度综合集成。智能控制方法提高了机器人的速度及精度，但是智能控制方法本身也有着自身的局限性。例如机器人模糊控制中的规则库如果很庞大，推理过程的时间就会过长；如果规则库很简单，控制的精确性又要受到限制；无论是模糊控制还是变结构控制，抖振现象都会存在，这将给控制带来严重的影响；神经网络的隐层数量和隐层内神经元数的合理确定仍是目前神经网络在控制方面所遇到的问题，另外神经网络易陷于局部极小值等问题，都是机器人智能控制设计中要解决的问题。

2.5 智能群机器人控制技术

2.5.1 集中式智能控制方法

在集中式智能控制结构中存在一个主控机器人或主控系统，该机器人具有系统活动的所有信息，如任务信息、环境信息、受控机器人信息等，可以运用规划算法、优化算法，对任务进行分解与分配，并向各个受控机器人发布命令以及组合多个机器人协作完成任务。值得注意的是，系统中的其他机器人只与主控机器人进行信息交换。集中式智能控制结构要求主控机器人具有较强的规划处理能力，具有控制简单、可能得到全局最优规划的特点。

简单地增加机器人的数量，并不能更加有效地完成任务，多机器人系统必须进行统一的规划和合作。集中式智能控制结构系统将多机器人系统看成一个拥有许多自由度的大系统，即所有成员的行为都是按着系统任务目标统一规划，同步执行，或者说存在一个功能强大的中心控制器。系统中的每一个机器人将信息传递给中心控制器，并从中心控制器得到本地控制指令。从软件设计和任务设计的角度看，这是一种自上而下的风格。从规划上看集中控制方法的优点是如果信息是完备的，且中心控制器的处理能力足够，那在理论上以将全局的信息加以分析从而得出整个系统的最优规划。然而这种大系统的最优规划在计算上是困难的，当系统的规模不断增加时，计算的复杂度将使问题的求解成为不可能。由于所有的分析都将由中心控制器来承担，系统的其他计算资源不能充分地利用，因此系统对动态环境的反应非常迟钝，同时中心控制器功能丧失，那么整个系统也将陷于瘫痪。另一方面全局数据库的形成不仅依赖于通信，更依赖于所有机器人对目标的综合理解，而这种理解不可能是一致的、实时的，因此无法实现中心控制器对全局数据的一致性获取。然而集中式任务协调、局部规划所面临的困难是，如何在系统中得到合适的任务分割。大多数近期的集中式规划协作机器人控制都属于此类。

在每个机器人的控制之上设计了一个全局任务控制器，通过与成员之间的实时交流对所有成员的状态和环境进行监控，为每个成员提供一个基于全局的任务规划作为参考。很显然这种集中式的协调只适用于非常小规模的多机器人系统，且鲁棒性、动态性以及适用性都较差。Gopher多机器人控制结构分为任务分解层、任务分配层、运动规划层、执行层，采用类似"合同网"的协议，处理机器人之间的任务协调。由一个中心任务处理控制系统处理任务的分解，并在任务分配层通过"招标"方式将任务分配给每个机器人任务一旦被分配就必须在本地执行，每个机器人在执行任务时不会动态地与其他机器协商。多机器人控制系统是一个紧耦合协调体系结构，在这个系统中存在唯一一个领导者，且作为领导者的机器人是动态的，随着任务或机器人团队的变化而改变，在处理领导者身份获取的冲突中使用了基于优先级的仲裁方法。该结构在一定程度上提高了多机器人系统的鲁棒性，但仍不能避免对通信完备的严重依赖，控制的设计也较为复杂。

集中式体系结构存在很多缺点。在实际系统中，主控机器人不可能具有环境的完全信息，因此，无法做出适当的决策，保证受控机器人快速响应外界环境的变化。同时，系统中的规划决策都由主控机器人来完成，当机器人系统中机器人的数量增加时，主控机器人的负担加重，存在着严重的瓶颈效应，而且主控机器人一旦失效，整个系统将陷入瘫痪。这意味着系统具有较低的可靠性和容错性。此外，在处理复杂多变环境下的任务时，中心处理单元的集中处理计算量大，因此对其性能要求较高，可能会影响整个系统的响应速度。尤其是当系统中机器人个数发生增减变化时，集中式智能控制结构缺少灵活的系统规划机制，很难适应动态复杂任务环境。

2.5.2 分布式智能控制方法

鉴于集中式控制的缺点严重影响多机器人系统的性能，许多学者着手从完全相反的方向来设计多机器人系统，即按着多主体理论自下而上的设计多机器人系统，提出了分布式智能控制结构。在分布式智能控制结构中，没有主控机器人，所有的机器人之间的关系都是平等的，每个机器人均能通过通信等手段与其他机器人进行信息交流，自主地进行决策。因此，分布式智能控制系统适应外界环境变化、完成复杂任务的能力较强，且系统的容错性、可靠性、并行性、可扩展性等均优于集中式智能控制结构的多机器人系统。但是，由于没有主控机器人，系统无全局规划能力，存在局部最优。在分布式的问题求解方法中，不存在预先设计好的主从式结构，强调每个机器人的独立计算能力，机器人只根据其自身所拥有的信息进行规划，允许系统中的任意节点对动态环境做出快速响应机器人可以在需要的情况下通过请求与其他机器人进行合作以共同完成一个任务，这将会减少机器人之间通信量和依赖性。分布式的问题求解方法不需要功能强大的中心控制系统，同时也不依赖于中心控制器的可靠性，从而使整个系统更加健壮。然而单个机器人智能体并不具备全局的知识，不能有效地对全局任务进行高效的规划。

在分布式控制系统中，智能体被认为是一个物理或抽象的实体，它能作用于自身和环境，并能对环境的变化做出反应。智能体的典型特性有自治性、反应性、社会性等。多智能体系统是由不同的单个智能体为完成某一特定任务而组成的集合，单个智能体处在多智能体系统的环境中，每个智能体可以具有不同的特性功能，在完成某一共同目标的过程中扮演不同角色，相互协作。其中智能体的协作关系是通过系统的自组织形成的，系统功能也不是单个智能体功能的简单求和。在多机器人系统中，每个机器人可当作一个智能体，具有一定的自治性、反应性、社会性等，采用多智能体技术可以实现动态环境下多机器人之间的协调协作控制。

基于行为控制的多机器人控制结构，每一个机器人都根据其自身的驱动规则完成对外界环境和任务状态的反应，机器人之间的协调与合作行为是随机的、没有协商的。该系统整体上看不能对动态环境进行有效的响应，不能理性的对其有限的资源进行合理利用，成员不能扮演恰当的角色，因此系统很难得到近最优解。Alliance 多机器人体系是一个容错的基于行为的多机器人协调体系结构。该系统在机器人的行为表中添加了诸如忍耐和熟悉等行为，以增强系统的容错性与鲁棒性。Teamcore 的合作模型，目的是建立一个通用的团队合作模型。该体系是由代表每一个参与者人、软件或者机器人的 Teamcore 二代理组成，每个代理基于一个通用的分层的反应性规划结构模型 STEAM。然而复杂的角色机制，使得 Teamcore 之间的关系也异常复杂，实现起来比较困难。模拟自由市场的交易方式，给出了一个多机器人合作结构。这是一个基于微观经济学迭代拍卖的模型，认为自由的市场协调机制要优于集中的协调方式，以试图建立一个开放的、健壮的多机器人控制结构。根据 CNP 协议给出了一个基于单轮拍卖的多机器人任务分配系统，以实现不同耦合度的多机器人协作。

2.5.3 分层式智能控制方法

分层式智能控制结构是一种融合了集中式智能控制结构和分布式智能控制结构优点的体系结构，具有更强的活力，适应于动态的、复杂的环境。在分层式智能控制结构中，存在一个主控机器人或主控系统，它具有系统的完全信息，并能够进行全局规划与决策，系统中的其他机器人既能与主控机器人进行信息交换，又能与其他的机器人进行信息交换，虽然不具有系统的完全信息，却具有进行局部规划和决策的能力。一般情况下，机器人系统的规划和决策由各个机器人自主来完成，只有特殊条件下，才由主控机器人进行全局的规划与决策。由于任务的分配最终由"中央"机器人完成，因此解决了分布式结构中容易出现的死锁问题，并有资源平衡、系统稳定和一定的系统优化能力，增强了系统的全局观。此外，在分层式智能控制结构中，机器人之间的递阶关系是松散的、临时的或动态的、虚拟的，因此系统适应变化的动态性和可重构能力非常强。

从理论上讲，分层式智能控制结构兼备了集中式智能控制结构与分布式智能控制结构的优点，是迄今为止最理想的控制结构。但分层式智能控制结构的复杂性要高于其他结构，实现起来有更大的难度。因此，实际应用时还有很多问题有待于进一步研究。

2.5.4 基于生物行为的智能控制方法

多机器人领域的大部分现有的工作都利用生物系统作为其灵感来源或验证标准。研究多机器人技术的研究人员不是沿袭传统的人工智能中把机器人建模为协商的智能体的方法，而是采用一种自下向上的方法，在该方法中单个智能体更像是一只蚂蚁——它们遵守简单的反应式规则。基于生物学的多机器人协调控制的基本原理是应用一些从生物社会中得到的简单控制规则，在多机器人系统中开发和实现相似的行为。基于生物行为的控制方法，用于机器人编队运动，这些基于生物行为的理论都直接来源于生物学的启发。这里的基于行为是指机器人个体采用基于行为的体系结构。基于生物行为法的基本思想是为机器人规定一些期望的基本行为，一般情况下，移动机器人的行为包括避碰、避障、驶向目标和保持队形等。当机器人的传感器受到外界环境刺激时，根据传感器的输入信息做出反应，并输出反应向量作为该行为的期望反应。行为选择模块通过一定的机制来综合各行为的输出，并将综合结果作为机器人对环境刺激的反应而输出。该方法中，协作是通过共享机器人之间的相对位置、状态等知识实现的。对该方法的拓展和改变主要体现在对各行为输出的处理上，即行为选择机制上。在使用基于生物行为智能控制方法的系统中，当机器人具有多个竞争性目标时，可以很容易地得出控制策略。由于机器人根据其他机器人的行为进行反应，所以系统中有明确的全局反馈。此外，基于生物行为智能控制方法可以实现分布式控制，但是不能明确地定义群体行为，很难对其进行数学分析。

2.5.5 群（多）机器人智能控制技术应用

集中式智能控制方法技术应用：在集中式智能控制方法中，多机器人控制系统作为一个紧耦合协调体系结构并且只存在唯一一个控制中心，系统中其他的从属机器人将获取的信息提交到控制中心，控制中心统一处理并将本地控制指令反馈给各个从属机器人。这种控制方法适用于结构简单、逻辑明确的多机器人系统，例如，智能家居通过一个主控机器人（一般为智能音箱）来操控家中其他机器人，如扫地机器人、空调、电视以及灯光等，在这种应用场景中，其他从属机器人无须具备控制中心功能，大大减少成本。

分布式智能控制方法技术应用：分布式智能控制方法是近十年来才兴起的一种松散耦合的智能控制方法，无论从逻辑上还是在物理上，系统中的数据和知识的布局都以分布式表示为主，既没有全局控制也没有全局的数据存储，系统中各路径和节点既能并发地完成信息处理，提高全系统的求解效率。这种控制方法经常在军事上多移动机器人编队控制中使用，多个自主式小车被用于编队巡逻或侦察，队中各机器人间的协作是必不可少的，而各机器人协作形成各种队形就成为机器人部队投入实际战争之前非常重要的一步。

分层式智能控制方法技术应用：分层式智能控制结构融合了集中式智能控制结构和分布式智能控制结构优点，在这种系统中存在一个控制中心，它能够进行全局规划与决策，系统中的其他机器人既能与控制中心进行信息交换，又能与其他的机器人进行信息交换。分层式智能控制结构可以应用在无人快递仓库中，主控机器人控制各个运输机器人运输快递，同时各个运输机器人之间交流位置信息，避免碰撞。

基于生物行为的智能控制方法技术应用：基于生物行为的智能控制方法来源于生物群集行为，群体中的个体利用简单的规则、局部的交互，形成了鲁棒性强、自适应度高、可扩展性好的自组织行为，在系统层面体现为智能的涌现。这种控制理念与无人机集群协调自主控制的要求相符合，典型的无人机集群系统研究包括匈牙利罗兰大学的室外四旋翼自主集群、美国海军研究生院 50 架固定翼飞机集群飞行项目等。

多机器人智能控制系统是研究和建立群机器人系统的关键问题，不仅关系到人民的日常生活，更在军事领域有着不可小觑的影响力。目前，尽管人们通过理论建模、实证分析，对各种多机器人智能控制系统进行了研究，但如何保证群体智能的具有鲁棒性强、自适应度高、可扩展性好的整体行为控制还有待进一步深入研究。多机器人系统在多地点、大范围、多层级的区域协同工作、多异构平台协作作业等领域具有天生的优势。但不可避免的是，由于机器人数量的增加以及它们之间需要进行复杂的协同工作和协调控制等因素，使得多机器人系统的智能控制技术必须具有更高的全局性、系统性、可扩展性、协调性以及稳定性。如何实现一个高效的、合适的多机器人系统的智能控制系统，是在研究多机器人系统中必须要考虑的关键的、核心的问题，它在很大程度上决定了系统的性能和表现。

2.6 人机共融技术

2.6.1 共融机器人结构设计

（1）轻量化设计

在机器人与人类的紧密物理交互的过程中，设计范式已经发生了从重型、刚性设计转向轻型和高度集成的机电一体化设计的转变。低惯性和高顺应性已成为理想的特征。在过去几年，轻型机器人的两种主要设计方法已被证明是成功的，即机电一体化方法和基于绳缆的方法，其共同包括：①轻质结构，采用轻质高强度金属或复合材料的机器人连杆，通过优化整个系统的控制器及电源等的设计，可减轻重量，从而实现好的驱动特性。②低功耗，主要通过减少移动惯量和相应的电机设计实现。

通常，机电一体化机器人将电子元件集成到关节结构中，以实现高度模块化的单元。这种设计使得组装运动学高复杂性的机器人变成可能。在驱动方面，通常应用高功率/扭矩马达与高传动比齿轮的组合。从本体信息感应的角度来看，除了基本的电机侧位置和电流感应外，这些系统通常还需要配备额外的传感器，例如关节扭矩、力和电流感应。基于绳缆驱动的机器人通常将驱动器配备在关节远端。将驱动器位于机器人基座中，会减小固定在基座上的操纵器运动部件的总重量。为了将执行器能够放置在远端的底座上，通常采用绳缆–滑轮驱动方式。最后，低减速比用于保持系统可反向驱动性能。这就要求必须选择更大的电动机，而这又增加了额外的总重量。

（2）固有柔性设计

近年一类自身固有柔性的执行器和机器人越来越受欢迎。受到生物肌肉柔性的启发，柔性关节的设计目的是在各种任务中能够模仿人或动物的运动。固有柔性驱动的主要思想是在速度和减震方面更接近人类能力。设计与人类具有大致相同的扭矩范围或重量的机器人，今天的刚性工业机器人无法实现这一点。在人类仍然明显优于机器人的跑步或投掷任务中，通过在关节中存储和释放能量，机器人执行的任务能力得到改进。

固有柔性的执行器可分为两类：①具有固定机械阻抗的执行器，并通过主动控制改变有效的关节阻抗。最著名的例子是串联弹性致动器（SEA）。②可通过改变机械关节特性（如刚度和阻尼）来调节阻抗的执行器。例如，允许刚度变化的可变刚度致动器（VSA）或可变阻抗致动器（VIA），其允许更一般的阻抗变化，包括阻尼调节。引入VSA和VIA的原始机是由于电机和连杆侧惯性的动态解耦，使机器人在不可预见的碰撞中更安全。其通过减轻撞击机器人的惯性来减少碰撞危险。

从模型的形式上来看，轻型机器人和具有固定机械阻抗的机器人非常相似。主要区别在于各自的扭矩信息测量原理。轻型机器人的关节弹性相当高，仅允许电机和连杆位置之间的小偏转。然而，弹性制动器的刚度是有益的并且通常至少低一个数量级，因此能够实现明显更大的偏转。

2.6.2 物理交互的控制策略

对于柔软且安全的人机共融技术，问题在于如何从控制的角度处理机器人中的物理接触。在人机共融技术中，阻抗控制是目前世界最受欢迎的相互作用控制策略，它在多优先级阻抗控制律方面的推广，允许我们通过主动控制的方法来使机器人实现符合多目标问题的复杂操作。阻抗控制的一个主要优点是接触–非接触之间的不连续性，不会产生系统稳定性问题，如果使用混合力控制，则系统可能会出现不稳定的状态。当机器人与人类共享其工作空间并与其环境进行物理交互时，机器人应该能够快速检测到碰撞并安全地对其做出反应。在没有外部传感的情况下，机器人与环境/人之间的相对运动是不可预测的，并且在机器人的任何位置都可能发生意外碰撞，这进一步增加了问题的复杂度。

在交互控制策略方面，阻抗控制及相关的导纳控制形成了从能量观点处理机器人系统的范例，使得可以以统一的方式控制运动和力。它们比力位混合控制器更具优势，能提供一种独立于运动工作空间约束的框架。术语阻抗和导纳源自电气系统理论，它们描述了电压和电流作为输入/输出对之间的关系。对于机器人来说，将其概念类比到机械系统上，即机械阻抗和导纳，是特别令人感兴趣的。阻抗控制的主要用途是施加质量 – 弹簧 – 阻尼系统的二阶动力学（在闭环方程中即所谓的目标阻抗）。

在学习和自适应方面，人与机器人之间的密切物理交互是一个复杂的过程，具有很高的不确定性，很难建立明确数学模型。因此，用来增强机器人执行能力的学习和自适应方法被提了出来，并可解释固有的不确定性和不可预测性。从某种意义上讲，阻抗控制向能够学习调整控制器阻抗和前馈转矩的自适应控制器的扩展是一个具有挑战性且最近的研究问题。例如，就运动模式而言，所需轨迹的学习也成为这方面的重要问题。通常，协作任务也要求学习阻抗属性和某些轨迹，以使机器人获得使其行为适应人类的能力。学习物理交互的一个重要方面是如何选择正确的任务坐标和参数。将高维空间问题重新转化为易处理的形式是十分重要的。

由于阻抗控制在杂乱和复杂的操作任务中已经显示出极大的价值，因此最近的研究集中于如何调整阻抗特性以进一步改善机器人在交互期间的能力。迭代学习控制技术可用于解决这类操作困难的问题。然而，它们不仅需要操纵器的完全相同的重复运动，而且还要考虑由于人机共融中特别存在的力不一致而导致的环境中无法预料的变化。早期研究方法包括，在阻抗控制中使用神经网络来抵消干扰和环境不确定性；或将一种同时适应力，轨迹和阻抗的方法作为仿生控制器。它是基于神经科学研究建立的，这表明人类适应前馈和反馈力和它们的阻抗以便学习日常生活中不断变化的任务。其运动学习的原则是：①执行期望动作的电机命令由前馈命令和反馈命令组成，其中前馈命令是通过学习重复活动而获得的；②学习是在肌肉空间进行的；③在前一次试验中，前馈随着肌肉伸展而增加；④随着拮抗肌的伸展，前馈也会增加；⑤当误差很小时，前馈减小。

通常，中枢神经系统倾向于最小化运动误差以及代谢成本，使得不会花费额外的努力来学习阻抗和前馈扭矩。这可以通过最小化关节层代价函数来表示，但这种方法尚未解决的一个问题是如何自动选择参数，例如遗忘因子。学习任务轨迹已经成为一个相当完善的领域。例如，可使用隐马尔可夫模型和高斯混合回归来学习协同提升对象的任务。

学习方法的降维策略可用于实现辅助任务，例如帮助机器人站立或行走。这种基于主成分分析（PCA）的降维手段使得学习模型发生在低维流形处而不是原始的高维空间中。它降低了在多自由度系统的学习领域的复杂性。最近有人提出了一种基于人类偏好来学习轨迹的方法，应用机器学习技术根据人类运动推导出最佳行为。

2.6.3　碰撞检测及处理

人机共融的核心问题之一是处理机器人与人类之间的碰撞，其主要目的是减少由于身体接触而造成的人为伤害。通过引入的广义动量的监测方法被认为是标准算法，其目的在于避免机器人惯性矩阵的反演，得到解耦的估计结果，并且不需要估计联合加速度。

在检测到碰撞后，需要进行适当的碰撞反射。接下来讨论两种关节碰撞反应，在检测到接触后，它们呈现不同的反应行为。通过由恰当的辨识策略提供的接触转矩的方向信息，可以安全地驱动机器人远离碰撞位置。人们也可以通过切换控制器来对碰撞做出反应。通常，在碰撞事件发生之前，机器人利用基于位置参考的控制器（如位置或阻抗控制）沿期望的轨迹移动。在检测之后，控制模式切换到柔顺控制器，该控制器忽略先前的任务轨迹。一个特别有用的例子就是通过重力补偿切换到扭矩控制模式。请注意，此策略未明确考虑有关外力的任何信息。

2.6.4　人机共融技术应用

在支持辅助型互动的共融机器人中应用：机器人不再是任务的中心或者说不再是不可或缺的部分，而是为人类提供工具、材料和信息，以提高人的执行任务的质量或优化任务目标，例如博物馆导游机器人、能够帮助老年人的购物助手机器人和家庭护理机器人。在这种情况下，共融机器人涉及的安全性通常是指防止和减轻意外接触或碰撞，有时，物理交互是偶然的、暂时的。

在协作型互动的共融机器人中应用：机器人与人类各有分工，每个人分别完成最适合他们能力的任务部分，但更频繁地进行零件或工具的相互传递，或通过人机之间的触碰进行模式切换。在这些场景中，人类完成需要人类灵活性或需要制定决策的任务，而机器人完成不太适合人类参与的任务，例如重复性的任务、高力密度的应用或精确定位跟踪。在支持辅助型和协作型交互中，物理空间通常是共享的，尽管物理交互会更频繁，但仍然是短暂的。

在合作型互动的共融机器人中应用：人和机器人利用共享控制通过共同的任务对象进行直接的物理接触或间接接触。例如，NAO 机器人合作携带重物，"达·芬奇"机器人远程操作设备并实施下肢康复外骨骼康复治疗。更进一步，互动类型还包括能够响应个人触觉感应的机器人，如专门为孤寡老人开发的 Tombot 机器狗主打真实和陪伴。

3. 面临的科学问题

未来智能机器人面临和亟须解决的科学问题，以突破机器人的类人感知与认知、基于大数据云计算的智能发育、模拟人神经中枢的类人控制、基于视听触和生机电等多模态的人机自然交互等重大基础问题为核心，抢占"新一代机器人"的技术制高点。

3.1　类人脑的机器人感知与认知

利用互联网大数据处理、机器学习、类人智能发育方法，探索机器人自主学习知识、运用知识、推理决策、解决实际问题的技术途径。研究通过人机交互实现机器人智能发育和知识集成方法，建立具有类人模式的大规模运动知识库和人机协同知识库，研究机器人行为模式和智能决策模式的个性化智能发育机制，研究具有类人记忆和强化学习能力的智能决策技术。开发基于云计算平台的远端操控和人机协作平台并建立相关标准。整合分析国内外视听感认知多学科数据，以学习与记忆环路、视听觉环路的亚区级别认知环路等为目标，建立面向视听觉的大脑感认知图谱，形成复杂环境的视觉三维重建和认知系统，并模拟人脑部分视听处理和自主学习功能，验证具备类人注意机制对高通量环境数据的分析能力。

从人类视听通道机理出发，建立视听感知和初期认识功能模拟系统，并形成类人视听觉的开放性平台，实现基于高通量视听数据的复杂场景分析，通过视听觉对环境进行准确的三维重建（误差小于控制精度）。具备对环境的离线、在线和自主学习能力，支持多种智能服务机器人典型应用场景，形成基于视听多脑区协同认知计算的原始性成果。

3.2 基于人工智能/大数据/云计算的智能发育

随着第五代移动通信技术网络技术的发展，尤其是云计算和物联网的流行，人们尝试把其内涵应用到机器人领域，这极大地促进了机器人技术的发展。云机器人不仅可以卸载复杂的计算任务到云端，还可以接收海量数据，并分享信息和技能，其存储、计算和学习能力更强，机器人之间共享资源更加方便，相同或相似场景下机器人负担更小，减少了开发人员的重复工作时间。

从人类神经中枢、外周神经及运动执行机理出发，建立运动－感觉神经中枢对物体及运动的感认知模型，神经中枢高级皮层和小脑的行为规划和运动学习模型，研究基于感认知驱动的控制模型以及类人机构和驱动技术。建立可用于类人运动和控制模型学习的数据知识库及进化环境，进行软硬件一体化的类人神经中枢与外围神经类人控制技术验证。面向服务机器人及下一代工业机器人对环境和任务的高适应性需求，研制出基于人类神经中枢和外周神经机理的新一代机器人核心软、硬件功能单元并实现技术验证，可基于模糊感知信息输入、类人行为规划和肌腱式执行驱动机构，实现具备协调性、灵活性、学习能力、快速反应的类人控制能力，突破通用、灵巧型智能机器人控制关键技术。

通过研制感认知、运动和控制机构等功能单元，建立能模拟"大脑－小脑－脊髓－肌肉"不同刺激和响应的信号编解码传递通路，并可面向不同任务环境进行人类复杂动作技能验证。建立类人视听触觉运动关联感知及认知模块、类神经感知与认知驱动的可学习型控制器；开发拟人肌肉筋腱冗余驱动器，实现类人复杂动作技能的验证。

3.3 模拟人神经中枢的类人控制

未来，随着机器人越来越多地参与到工业生产和社会生活中，人们对机器人执行任务的能力提出了更高的要求。由于机器人所处环境的复杂多变，充满干扰和不确定因素，任务具有高维度和非线性的特点，传统的控制算法在处理这些问题时十分困难。

从人类神经中枢、外周神经及运动执行机理出发，建立运动－感觉神经中枢对物体及运动的感认知模型，神经中枢高级皮层和小脑的行为规划和运动学习模型，研究基于感认知驱动的控制模型以及类人机构和驱动技术。建立可用于类人运动和控制模型学习的数据知识库及进化环境，进行软硬件一体化的类人神经中枢与外围神经类人控制技术验证。

面向服务机器人及下一代工业机器人对环境和任务的高适应性需求，研制出基于人类神经中枢和外周神经机理的新一代机器人核心软、硬件功能单元并实现技术验证，可基于模糊感知信息输入、类人行为规划和肌腱式执行驱动机构，实现具备协调性、灵活性、学习能力、快速反应的类人控制能力，突破通用、灵巧型智能机器人控制关键技术。通过研制感认知、运动和控制机构等功能单元，建立能模拟"大脑－小脑－脊髓－肌肉"不同刺激和响应的信号编解码传递通路，并可面向不同任务环境进行人类复杂动作技能验证；建立类人视听触觉运动关联感知及认知模块、类神经感知与认知驱动的可学习型控制器；开发拟人肌肉筋腱冗余驱动器，实现类人复杂动作技能的验证。

3.4 基于视听触和生肌电多模态的人机自然交互

基于新型感知传感器件技术，研究提高机器人对未知对象和软性物体的操作能力，实现与人体的接触式交互技术。实用化的脑/肌电信号获取技术，包括植入式生物兼容电极、无创脑/肌电信号获取、双向神经接口技术、穿戴式神经生理信号和人体运动信息联合测量系统。基于多源信息融合的人机自然交互方法，包括多模信息时空匹配、基于多模信息的人体意图识别及运动趋势预测、动态非结构环境实时感知与语义理解、人个体习惯的在线学习等技术。

针对新一代人机共融机器人对更高效、便捷、安全的人机交互方式的需求，突破机器人利用专用设备进行人机交互的局限，研发新型的视/听/触等环境传感器，研发实用化的脑/肌电信号获取装置及处理方法，研发基于多模态信息的人机交互系统，探索双向神经接口等生机融合交互技术，为新一代机器人提供人机自然交互共性支撑技术。研制人工皮肤、人工鼻、仿生眼/仿生耳等新型传感器件及单元系统，实现与人体的接触式交互以及在类人服务机器人的应用。研制实用化的脑/肌电信号获取系统，在远程遥控机器人、行为辅助机器人、智能假肢、医疗康复机器人中得到功能应用示范。研制人机自然交互系统并在新一代工业机器人和服务机器人中得到实际应用。

4. 未来发展方向

4.1 智能机器人关键技术路线图预测

为更全面理解智能机器人技术发展方向，区别前述的共性关键技术，本部分以几种主要智能机器人类型分别进行技术路线预测（图1）。

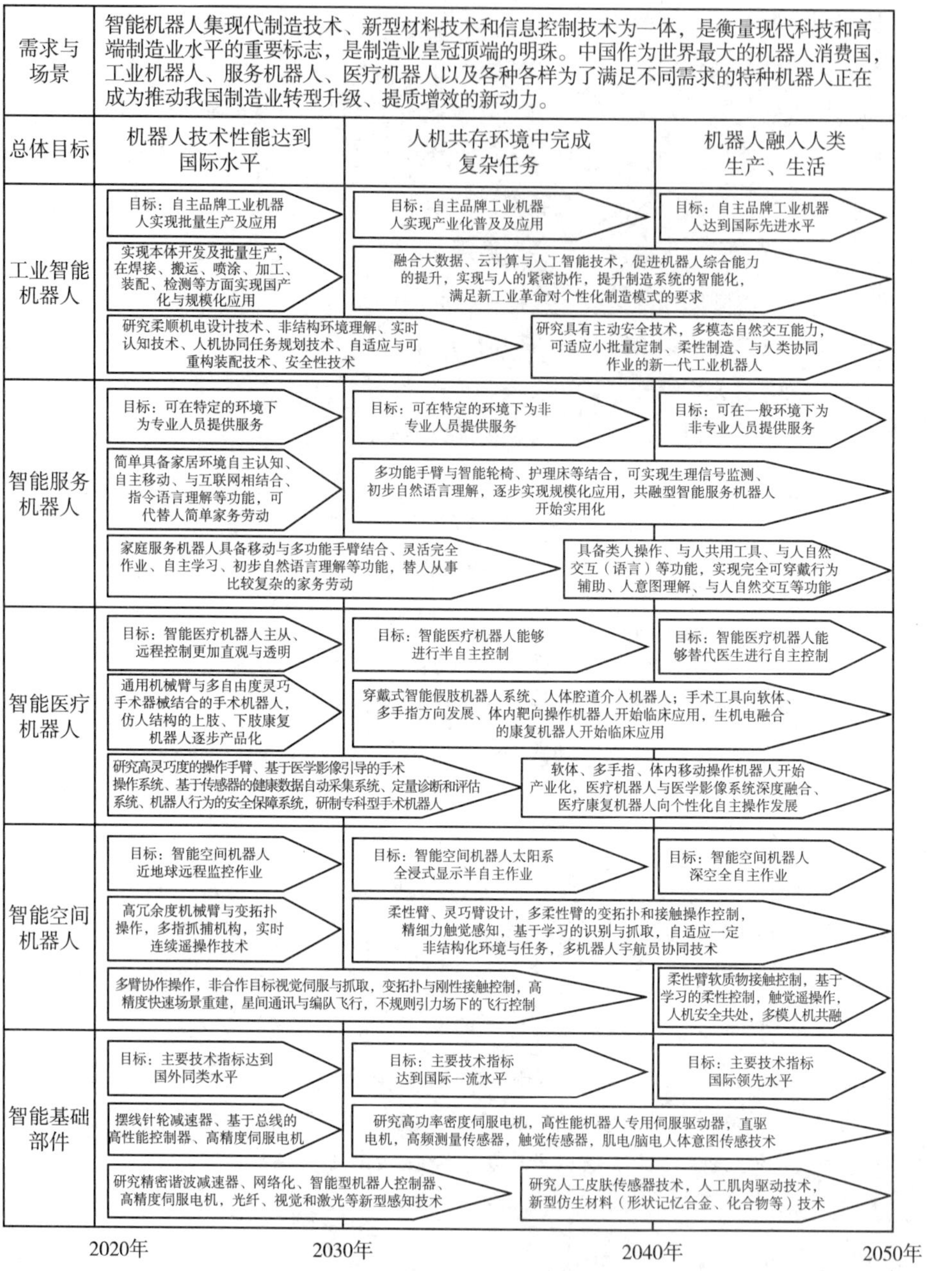

需求与场景	智能机器人集现代制造技术、新型材料技术和信息控制技术为一体，是衡量现代科技和高端制造业水平的重要标志，是制造业皇冠顶端的明珠。中国作为世界最大的机器人消费国，工业机器人、服务机器人、医疗机器人以及各种各样为了满足不同需求的特种机器人正在成为推动我国制造业转型升级、提质增效的新动力。		
总体目标	机器人技术性能达到国际水平	人机共存环境中完成复杂任务	机器人融入人类生产、生活
工业智能机器人	目标：自主品牌工业机器人实现批量生产及应用。实现本体开发及批量生产，在焊接、搬运、喷涂、加工、装配、检测等方面实现国产化与规模化应用。研究柔顺机电设计技术、非结构环境理解、实时认知技术、人机协同任务规划技术、自适应与可重构装配技术、安全性技术	目标：自主品牌工业机器人实现产业化普及应用。融合大数据、云计算与人工智能技术，促进机器人综合能力的提升，实现与人的紧密协作，提升制造系统的智能化，满足新工业革命对个性化制造模式的要求。研究具有主动安全技术，多模态自然交互能力，可适应小批量定制、柔性制造、与人类协同作业的新一代工业机器人	目标：自主品牌工业机器人达到国际先进水平
智能服务机器人	目标：可在特定的环境下为专业人员提供服务。简单具备家居环境自主认知、自主移动、与互联网相协议、指令语言理解等功能，可代替人简单家务劳动。家庭服务机器人具备移动与多功能手臂结合、灵活完全作业、自主学习、初步自然语言理解等功能，替人从事比较复杂的家务劳动	目标：可在特定环境下为非专业人员提供服务。多功能手臂与智能轮椅、护理床等结合，可实现生理信号监测、初步自然语言理解，逐步实现规模化应用，共融型智能服务机器人开始实用化。具备类人操作、与人共用工具、与人自然交互（语言）等功能，实现完全可穿戴行为辅助、人意图理解、与人自然交互等功能	目标：可在一般环境下为非专业人员提供服务
智能医疗机器人	目标：智能医疗机器人主从、远程控制更加直观与透明。通用机械臂与多自由度灵巧手术器械结合的手术机器人，仿人结构的上肢、下肢康复机器人逐步产品化。研究高灵巧度的操作手臂、基于医学影像引导的手术操作系统、基于传感器的健康数据自动采集系统、定量诊断和评估系统、机器人行为的安全保障系统、研制专科型手术机器人	目标：智能医疗机器人能够进行半自主控制。穿戴式智能假肢机器人系统、人体腔道介入机器人；手术工具向软体、多手指方向发展，体内靶向操作机器人开始临床应用，生机电融合的康复机器人开始临床应用。软体、多手指、体内移动操作机器人开始产业化，医疗机器人与医学影像系统深度融合、医疗康复机器人向个性化自主操作发展	目标：智能医疗机器人能够替代医生进行自主控制
智能空间机器人	目标：智能空间机器人近地球远程监控作业。高冗余度机械臂与变拓扑操作、实时连续遥操作技术。多臂协作操作、非合作目标视觉伺服与抓取，变拓扑与刚性接触控制，高精度快速场景重建，星间通讯与编队飞行，不规则引力场下的飞行控制	目标：智能空间机器人太阳系全浸式显示半自主作业。柔性臂、灵巧手设计，多柔性臂的变拓扑与接触操作控制，精细力触觉感知，基于学习的识别与抓取，自适应一定非结构化环境与任务，多机器人宇航员协同技术。柔性臂软质物接触控制，基于学习的柔性控制，触觉遥操作，人机安全共处，多模人机共融	目标：智能空间机器人深空全自主作业
智能基础部件	目标：主要技术指标达到国外同类水平。摆线针轮减速器、基于总线的高性能控制器、高精度伺服电机。研究精密谐波减速器、网络化、智能型机器人控制器、高精度伺服电机、光纤、视觉和激光等新型感知技术	目标：主要技术指标达到国际一流水平。研究高功率密度伺服电机、高性能机器人专用伺服驱动器、直驱电机、高频测量传感器、触觉传感器、肌电/脑电人体意图传感技术。研究人工皮肤传感器技术，人工肌肉驱动技术，新型仿生材料（形状记忆合金、化合物等）技术	目标：主要技术指标国际领先水平

2020年　　　2030年　　　2040年　　　2050年

图1　智能机器人发展规划路线图

4.2　智能机器人应用领域拓展预测

目前到2021年，预计关键零部件将取得进一步突破。机器人用精密减速器，伺服电机及驱动器，控制器的性能、精度、可靠性达到国外同类产品水平。重点开发关节位置、力矩、视觉、触觉、光敏、高频测量、激光位移等传感器，满足国内机器人产业的应用需求。以突破机器人关键零部件、满足国内市场应用，满足与人协作型机器人的关键部件需求，满足新型机器人关键部件需求为目标，在部件技术方面取得突破。

机器人将向医疗康复、公共安全、仓储物流、货物配送、生产物流等领域进行深入发展。围绕助老助残、家庭服务、医疗康复、能源安全、公共安全、重大科学研究等领域，培育智慧生活、现代服务、特殊作业等方面的需求，重点发展消防救援机器人、手术机器人、智能型公共服务机器人、智能护理机器人等四种标志性产品，推进专业服务机器人实现系列化，个人/家庭服务机器人实现商品化。除服务机器人外，仓储物流领域的机器人在电商仓库、冷链运输、供应链配送、港口物流等多种仓储和物流场景得到快速推广和频繁应用，数百台机器人的快速并行推进上架、拣选、补货、退货、盘点等多种任务，极大地提高了工作效率；楼宇及室内配送机器人，依托地图构建、路径规划、机器视觉、模式识别等先进技术，能够提供跨楼层到户配送服务的机器人开始在各类大型商场、餐馆、宾馆、医院等场景出现。

预计 2025 年关键共性技术将取得重大突破。以机器人的系列化设计和批量化制造，提高机器人产品的控制性能、人机交互性能和可靠性性能，提高机器人负载/自重比、人机协作安全为目标，在整机技术方面取得突破。以提升机器人任务重构、偏差自适应调整的能力，提高机器人在人机共存环境中完成复杂任务的能力，促进机器人融入人类生活为目标，在集成应用技术方面取得突破。通过加快多模态感知、环境建模、优化决策等关键技术研发，强化人机交互体验与人机协作效能，机器人的人机交互技术将取得突破。另外，需要进一步利用图像识别、情感交互、深度学习、类脑智能等人工智能技术，打造具有高智能决策能力和内涵、灵巧精细和安全可靠的智能机器人。

机器人应用领域将继续向养老助残、家政服务、社会公共服务、救援机器人、能源安全机器人、无人机等领域拓展。随着中国人口老龄化问题的日益显著，医疗、康复、养老、助残、救援等社会公共服务机器人将得到大力发展。其中，医疗手术机器人（以"达·芬奇"手术机器人为代表）可以降低医疗成本，增强康复效果及对患者的护理能力，延长老年人的寿命，具有巨大的应用市场。而随着人工成本和工厂的生产能力要求不断提高，机器人有望延伸到劳动强度大的纺织、物流行业，危险程度高的国防与军事、城市应急安防领域，对产品生产环境洁净度要求高的制药、半导体、食品等行业，和危害人类健康的陶瓷、制砖等行业。例如在国防与军事领域，世界各主要发达国家已纷纷投入资金和精力积极研发能够适应现代国防与军事需要的军用机器人，在未来，军用无人机、多足机器人、无人潜艇、外骨骼装备为代表的多种军用机器人将得到大面积推广使用，在战场上自主完成预定任务；在城市应急安防领域，具有高度专业性的安检防爆机器人、毒品监测机器人、抢险救灾机器人、车底检查机器人、警用防暴机器人等将更多地出现在人们日常生活中。

2025—2030 年，加强机器人技术与正在飞速发展的物联网、云计算、大数据技术进行深度融合,充分利用海量共享数据、计算资源,智能机器人产品服务化能力将取得突破。随着人类脑部工作机理的深入研究,脑机交互技术将得到突破性发展,极大地拓展了机器人的应用领域。这一期间,新一代智能机器人将具备互联互通、虚实一体、软件定义和人机融合的特征,具体为:通过多种传感器设备采集各类数据,快速上传云端并进行初级处理,实现信息共享;虚拟信号与实体设备的深度融合,实现数据收集、处理、分析、反馈、执行的流程闭环,实现"实-虚-实"的转换;对海量数据进行分析运算的智能算法依托优秀的软件应用,新一代智能机器人将向软件主导、内容为王、平台化、API 中心化方向发展;通过深度学习技术实现人机音像交互,乃至机器人对人的心理认知和情感交流。

预计 2030 年,机器人的应用领域将更加广阔,可完成动态、复杂作业使命,可以与人类协同作业的新一代机器人的需求会显著增加,大量的机器人将取代人工,从事那些卑微却又关键的工作。以语音辨识、自然语义理解、视觉识别、情绪识别、场景认知、生理信号检测等功能为基础的智能陪伴与情感交互机器人,将有效的应对老龄人口的健康护理需求。快速增长的老龄化人口是日本提出发展机器人技术作为国家政策的主要诱因。在基础设施防护领域,机器人有望实现自动化检测、保养并维护桥梁、高速公路、水源和排水系统、电力管道和设施,以及其他基础设施的关键组成部分。

预计到 2050 年,人机语音智能交互技术、脑机接口技术、敏感触觉技术、情感识别技术、生肌电控制技术、虚拟现实机器人技术和自动驾驶技术将发展成熟,将形成完善的技术规范,它可为人类提供自动化、智能化的装载和运输工具,并延伸到道路状况测试、国防军事安全等领域。总体机器人的智能化程度将得到极大的提高。我国智能机器人技术将领先世界水平,形成完善的机器人产业体系,机器人研发、制造及系统集成能力达到世界先进水平。自主品牌工业机器人国内市场占有率达到 90%,国产关键零部件国内市场占有率达到 90%,产品主要技术指标超过国外同类产品水平,平均无故障时间达到国际先进水平。服务机器人实现大批量规模生产,在人民生活、社会服务和国防建设中开始普及应用,产品实现大规模出口。

参考文献

[1] Russell S J, Norvig P. Artificial intelligence: a modern approach [M]. Malaysia: Pearson Education Limited, 2016.

[2] 蔡自兴, 邹小兵. 移动机器人环境认知理论与技术的研究 [J]. 机器人, 2004, 26 (1): 87-91.

[3] 徐德, 邹伟. 室内移动式服务机器人的感知、定位与控制 [M]. 北京: 科学出版社, 2008.

[4] 冯刘中. 基于多传感器信息融合的移动机器人导航定位技术研究 [D]. 成都: 西南交通大学, 2008.

[5] 赵玲. 基于视觉和超声传感器融合的移动机器人导航系统研究 [D]. 武汉: 武汉理工大学, 2007.

［6］ 周芳，朱齐丹，赵国良. 基于改进快速搜索随机树法的机械手路径优化［J］. 机械工程学报，2011,47（11）：30-35.

［7］ 张建英，赵志萍，刘暾. 基于人工势场法的机器人路径规划［J］. 哈尔滨工业大学学报，2006, 38（8）：1306-1309.

［8］ 刘蕾. 室内环境下移动机器人路径规划［D］. 大连：大连理工大学，2005.

［9］ 刘国栋，谢宏斌，李春光. 动态环境中基于遗传算法的移动机器人路径规划的方法［J］. 机器人，2003, 25（4）：327-330.

［10］ 秦元庆，孙德宝，李宁，等. 基于粒子群算法的移动机器人路径规划［J］. 机器人，2004, 26（3）：222-225.

［11］ 李擎，张超，韩彩卫，等. 动态环境下基于模糊逻辑算法的移动机器人路径规划［J］. 中南大学学报（自然科学版），2013（S2）：104-108.

［12］ 钱夔，宋爱国，章华涛，等. 基于自适应模糊神经网络的机器人路径规划方法［J］. 东南大学学报（自然科学版），2012, 42（4）：637-642.

［13］ LeCun Y，Bengio Y，Hinton G. Deep learning［J］. Nature，2015，521（7553）：436-444.

［14］ Mnih V，Kavukcuoglu K，Silver D，et al. Human-level control through deep reinforcement learning［J］. Nature，2015，518（7540）：529.

［15］ Levine S，Pastor P，Krizhevsky A，et al. Learning hand-eye coordination for robotic grasping with deep learning and large-scale data collection［J］. The International Journal of Robotics Research，2018，37（4-5）：421-436.

［16］ Silver D，Schrittwieser J，Simonyan K，et al. Mastering the game of go without human knowledge［J］. Nature，2017，550（7676）：354.

［17］ Pan S J，Yang Q. A survey on transfer learning［J］. IEEE Transactions on knowledge and data engineering，2009，22（10）：1345-1359.

［18］ 由光鑫. 多水下机器人分布式智能控制技术研究［D］. 哈尔滨：哈尔滨工程大学，2006.

［19］ Chen J Y C，Barnes M J. Human-agent teaming for multirobot control：a review of human factors issues［J］. IEEE Transactions on Human-Machine Systems，2014，44（1）：13-29.

［20］ Brumitt B，Stentz A，Hebert M，et al. Autonomous driving with concurrent goals and multiple vehicles：mission planning and architecture［J］. Autonomous Robots，2001，11（2）：103-115.

［21］ Gerkey B P，Mataric M J. Auction methods for multirobot coordination［J］. IEEE transactions on robotics and automation，2002，18（5）：758-768.

［22］ Vanderborght B，Verrelst B，Van Ham R，et al. Exploiting natural dynamics to reduce energy consumption by controlling the compliance of soft actuators［J］. The International Journal of Robotics Research，2006，25（4）：343-358.

［23］ Haddadin S，Weis M，Wolf S，et al. Optimal control for maximizing link velocity of robotic variable stiffness joints［J］. IFAC Proceedings Volumes，2011，44（1）：6863-6871.

［24］ Haddadin S，Laue T，Frese U，et al. Kick it like a safe robot：requirements for 2050［J］. Robotics and Autonomous Systems，2009（57）：761-775.

［25］ Bicchi A，Tonietti G. Dealing with the safety-performance tradeoff in robot arms design and control［J］. IEEE Robotics and Automation Magazine，2004，11（2），1-12.

［26］ Li Y，Sam Ge S，Yang C. Learning impedance control for physical robot-environment interaction［J］. International Journal of Control，2012，85（2）：182-193.

［27］ Sisbot E A，Alami R. A human-aware manipulation planner［J］. IEEE Transactions on Robotics，2012，28（5）：1045-1057.

［28］ Chan W P, Parker C A, Van Der Loos H M, et al. A human-inspired object handover controller［J］. The International Journal of Robotics Research, 2013, 32（8）: 971-983.

［29］ 高峰, 郭为忠. 中国机器人的发展战略思考［J］. 机械工程学报, 2016, 52（7）: 1-5.

［30］ 倪自强, 王田苗, 刘达. 医疗机器人技术发展综述［J］. 机械工程学报, 2015, 51（13）: 45-52.

［31］ 王田苗, 陶永, 陈阳. 服务机器人技术研究现状与发展趋势［J］. 中国科学: 信息科学, 2012, 42（9）: 1049-1066.

［32］ Englert P, Paraschos A, Deisenroth M P, et al. Probabi-listic model-based imitation learning［J］. Adaptive Behavior, 2013, 21（5）: 388-403.

［33］ Argall B D, Chernova S, Veloso M, et al. A survey of robot learning from demonstration［J］. Robotics & Autonomous Systems, 2009, 57（5）: 469-483.

［34］ 洪臣, 史殿习. 云机器人架构和特征概述［J］. 机器人技术与应用, 2018（6）: 15-19.

［35］ 田国会, 许亚雄. 云机器人: 概念、架构与关键技术研究综述［J］. 山东大学学报（工学版）, 2014, 44（6）: 47-54.

［36］ Wolpaw J R, Birbaumer N, Heetderks W J, et al. Brain-computer interface technology: a review of the first international meeting［J］. IEEE Transactions on Rehabilitation Engineering, 2000, 8（2）: 164-173.

［37］ Dobson J. Remote control of cellular behaviour with magnetic nanoparticles［J］. Nature Nanotechnology, 2008, 3（3）: 139.

［38］ Hochberg LR, Bacher D, Jarosiewicz B, et al. Reach and grasp by people with tetraplegia using a neurally controlled robotic arm［J］. Nature, 2013, 485（7398）: 372.

［39］ Vansteensel M J, Pels E G M, Bleichner M G, et al. Fully implanted brain: computer interface in a locked-Inpatient with ALS［J］. New England Journal of Medicine, 2016, 375（21）: 2060-2061.

［40］ 卢月品. 我国机器人产业的机遇和挑战［J］. 高科技与产业化, 2016（5）: 28-31.

［41］ 卢月品, 刘晨曦. 2019 年中国机器人产业发展形势［J］. 互联网经济, 2019（Z1）: 44-49.

智能经济

1. 智能经济的内涵与意义

当前，全球正处于新一轮科技革命和产业变革的加速推进期，数字化、网络化、智能化技术在生产生活中广泛应用，驱动数字经济的发展进入下一个阶段，智能经济新时代呼之欲出。自国家提出"智能+"重要战略以来，社会各界围绕智能经济概念进行了诸多讨论。

《中国智能经济发展趋势与展望 2019》指出，智能经济是以数据、算力、算法、网络为支撑，以智能技术创新为核心驱动力，推动智能技术与实体经济深度融合，实现智能技术产业化和产业智能化，支撑经济高质量发展的经济活动。

百度公司 CEO 李彦宏在 2019 年第六届世界互联网大会上，首次从产业视角结合技术与产品应用整体阐述智能经济概念，并提出人工智能驱动下的智能经济将在人机交互方式、IT 基础设施、传统行业新业态三个层面带来重大的变革和影响。

阿里研究院认为，智能经济是在"数据+算力+算法"定义的世界中，以数据流动的自动化，化解复杂系统的不确定性，实现资源优化配置，支撑经济高质量发展的经济新形态。当前智能经济已经展现出三方面特征：一是以数据为关键生产要素，智能经济作为数字经济发展的新阶段，其核心的"数据+算力+算法"的智能化决策、智能化运行，将更加依赖于数据的获取和处理；二是以人机协同为主要生产和服务方式，人类在一定程度上的"机器化"和机器在一定程度上的"生命化"将同时进行，人机协同的生产方式将越来越普遍化；三是以满足海量消费者的个性化需求为商业价值的追求方向，低成本、实时服务海量用户个性化需求的能力，在未来将成为每一企业的基本能力。

《新基建，新机遇：中国智能经济发展白皮书》认为，智能经济是以人工智能为核心驱动力，以第五代移动通信技术、云计算、大数据、物联网、混合现实、量子计算、区块链、边缘计算等新一代信息技术和智能技术为支撑，通过智能技术产业化和传统产业智能化，推动生产生活方式和社会治理方式智能化变革的经济形态。智能经济主要呈现出数据驱动、人机协同、跨界融合、共创分享的特征，是数字经济发展的高级阶段。

目前，虽然还没有形成关于智能经济内涵的统一定义，但总体而言，智能经济可以分为狭义和广义两种，上述各种观点更偏向于广义智能经济，将智能技术、数据信息等基础要素，在国民经济和社会发展各个领域广泛应用，几乎涉及所有经济活动。本报告更倾向于狭义的智能经济，突出新一代人工智能技术对产业经济的驱动作用，通过在产业经济运行领域引入人工智能，以大数据、知识图谱、可视化分析等技术提升企业与政府的治理决策能力，赋能实体经济智能化升级。智能经济是新一代人工智能技术的重大应用场景，对我们国家具有非常重要的战略意义。

1.1 参与国际竞争的重大机遇

发展智能经济，是我国参与全球科技竞争和成为世界经济新领军者的重大机遇。智能经济不仅仅是在智能技术体系中发展出的"新经济"形态，更是将整个经济活动架构于智能技术体系之上的经济体制变革，可以在很大程度上解决现有市场经济体系中存在的缺陷。以平台经济的形式，将设计、制造、服务等创造价值的过程与市场交易的过程相融合，预测供需特征、精准匹配供需，远程调控生产和物流，对市场变化进行动态决策反馈，并将金融体系和实体经济衔接为信息高度互通、交易逻辑互洽、资源统筹配置的有机体，有效降低经济活动的交易成本，普及定制化生产服务。当前，我国已成为全球制造业中心，必须积极实施智能制造和"机器换人"，巩固我国在产能规模和产业链完整性方面的优势。我国正处在互联网普及和移动互联网全面覆盖的时期，形成了平台经济优势，有必要加入智能技术作为支撑，形成我国智能经济的主力方阵，建立起以我国为中心、辐射海外市场的优势平台。"智能化"是新一轮科技革命与产业变革的主导特征，率先完成智能化的经济体，必将以高附加值的经济活动、高度优化的资源配置、动态均衡的宏观稳态等特征出现在全球经济方阵的领军地位。

1.2 全面助推经济高质量发展

智能技术已经成为推动经济发展的新引擎，我国智能经济发展已初具规模，其作为未来经济增长突破口的地位也已凸显，将全面助推经济高质量发展。人工智能是智能技术中居于领军地位的关键技术，对推动我国传统产业变革，催生新经济、新业态意义重大。抢先运用人工智能技术，赋能传统产业，将一部分传统产业转型升级为智能经济的组成部分，是我国巩固传统产业竞争优势的重要途径，诸如基于智能制造的个性化设计制造方式，为传统产业打开广阔的细分市场；智能化的生产运营方式，改变传统产业的要素结构和空间分布。将智能技术与传统行业深度融合，形成"智能＋教育""智能＋医疗""智能＋交通"

等新兴市场，不断催生出新技术、新产品、新模式，对激发市场活力具有重要意义。

1.3 引领自主创新的重要力量

发展智能经济对贯彻落实新的发展理念、培育新经济增长点、以创新驱动推进供给侧改革、贯彻落实数字中国战略等，都将产生深远影响，将整体驱动生产方式、生活方式和治理方式变革，促进自主创新的发展。智能经济是贯彻落实创新驱动发展战略，推动"双创""四众"的最佳试验场，也是抢占"新基建"战略高地的强大动力。面对国际经贸博弈和新冠肺炎疫情后的全球变局，着眼于全球数字经济即将进入智能化阶段的大趋势，为"新基建"提供了机遇。第五代移动通信技术、数据中心、物联网、人工智能、工业互联网等新型基础设施，将会赋能交通、电网、医院、校园、工业园区等传统公共设施的智能化升级，形成智能经济的基础支撑。从发展智能经济的前瞻布局出发，将促使我国在全球范围内率先实现若干类新型基础设施广泛覆盖的步伐进一步加快，将深化智能经济领域技术研发和推广应用，为经济新常态注入智能化思路。

1.4 倒逼完善政策与规则体系

在我国已经进入互联网、大数据、人工智能和实体经济深度融合的阶段，在新冠疫情常态化防控的现实下，以智能经济发展为契机，破除制约科技创新和经济发展的思想障碍及制度藩篱，完善新时代政策体系并推进制定标准与规制具有深远意义。其一，有利于推进构建符合科技创新和产业发展未来需求的制度体系，构建政府主导、市场决定和科学共同体自治的运行机制，加快营造公平、开放、透明的市场环境，提升对知识产权侵犯的整治能力与整治水准，完善创新网络体系，逐步形成企业与科研机构合作为主、政府与市场推动为辅的"产学研用"一体机制。其二，加快促进填补网络空间"规则空白"，推动制定智能经济关键规则，包括数据的权属、流通、跨境以及数字版权、数字货币、隐私保护等方面的规则，推进研究人工智能、物联网、区块链等领域规则，参与全球数字贸易规则制定。其三，在发展智能经济的过程中，可逐步实现全社会经济、科技等系统良性循环。

2. 我国智能经济发展的五层次模型

当前，我国经济正处于产业结构性、体制性、周期性问题相互交织时期，抓住重要时机，加快推进实体经济和人工智能的深度结合，是推动我国产业转型升级、经济高质量发展的重要途径。在国家新一代人工智能发展规划的推动下，新一代人工智能的技术创新、理论建模、软硬件开发、应用升级方面等正在整体快速推进。新一代人工智能与第五代移动通信、工业互联网、区块链等，正协同成长为实体经济变革的核心科技驱动力，重构实体经济活动各环节，从而打开从宏观到微观各领域的智能化新方向，催生更多的新技术、新产品、新业态、新产业。各类要素将重新配置，生产制造走向智能，供需匹配趋于优化，专业分工精准升级，国际物流便宜顺畅，推动工业经济向数字经济的重要演进，推动社会生产力的整体跃升。

当前，以数字化、网络化、智能化为特征的新一轮信息化浪潮蓬勃兴起，推动两化深度融合向纵深发展。在国家新一代人工智能战略的推动下，新一代人工智能相关学科发展、理论建模、技术创新、软硬件升级等整体推进正在引发链式突破，大数据智能、人机混合增强智能、群体智能、跨媒体智能等新一代人工智能技术将成为产业变革的核心驱动力，加速经济发展、提高现有产业劳动生产率、培育新市场和产业新增长点、实现包容性增长和可持续增长，成为智能经济发展重要抓手。

中国工程院潘云鹤院士提出，中国智能经济发展将在五个层次展开，包括工厂生产智能化、企业管理智能化、产品创新智能化、供应链接智能化和经济调节智能化。

2.1 工厂生产智能化模型

工厂生产智能化主要面向某一产品或半成品的完整生产系统，其由若干生产单元或作业单元组成，完成工厂级的生产组织、物料配送、设备运行监测、产品质量控制、能源资源调配等生产活动，构建智慧化应用场景，实现不同智慧单元协同高效运转。作为工厂智能化的成功案例，浙江新昌轴承云平台有 100 多家轴承厂参与了网络化平台服务，使轴承设备平均利用率提高 20%、能耗下降 10%、利润提高 5%，效益提升显著（图 1）。

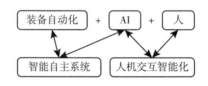

图 1　智能自主系统

2.2 企业经营智能化模型

企业经营的智能化主要面向企业整体经营管理活动，汇聚用工需求预测和分析、生产成本管理、财务管理、资产管理、情报管理、决策管理、细分市场、技术路线选择等诸多管理决策，构建企业智慧决策中心，实现对经营管理活动的实时监测、科学分析决策和精准执行，重塑企业组织结构、业务模式、管理机制和员工队伍，从而更快更准更高效的适应市场竞争。大渡河沙坪水电厂是受到国资委推广的一个智能企业典范，它用大数据对多电站生产进行调度取得了巨大成功（图 2）。

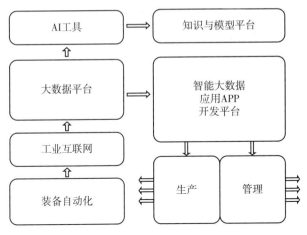

图 2　企业经营智能化

2.3　产品创新智能化模型

产品创新智能化至少包含两个层面的含义：一是产品成果的智能化，二是创新过程的智能化。传统的产品和服务，通过与计算机、人工智能技术结合，使用芯片、传感器、物联网、云计算、大数据、控制与自动化技术，创造出新的产品形态，赋予产品灵敏准确的感知功能、智能控制的功能和智能服务的能力。智能汽车、智能家居、无人机、智能物流都是产品创新智能化的具体应用。在研发阶段，实时反馈消费者大数据洞察、数据驱动产品研发、柔性供应链管理，从小样本抽样调研，升级为大样本、全样本消费者洞察，帮助更准确地探查市场需求。在市场推广阶段，互联网技术为新品首发提供潜客洞察、精准试用、试销策略、上市策略，帮助提升新品首发的成功率。大数据智能驱动的产品创新过程颠覆了以往漫长、高风险的研发过程，大量的设计组合都可以在计算机中模拟市场运作，排除掉大量风险，筛选出最适宜的几个目标方案（图 3）。

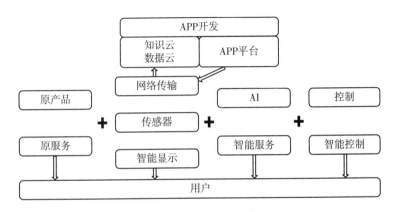

图 3　产品创新智能化

2.4 供应链接智能化模型

供应链接智能化是指企业通过上下游和利益相关方构成的共生开放系统，集成供应链的风险管理、物流管理、零部件管理、供应链金融管理、供应链优化等服务，搭建产业间的智慧协同服务平台，构建企业上下游和利益相关者共创共享价值的机制，实现供应链生态系统各方的共生共赢。华为公司的供应链管理就是供应链智能化的最佳案例之一：通过汇集学术论文、在线百科、开源知识库、气象信息、媒体信息、产品知识、物流知识、采购知识、制造知识、交通信息、贸易信息等大量数据，构建华为供应链知识图谱，实现供应链产品最优化（图4）。

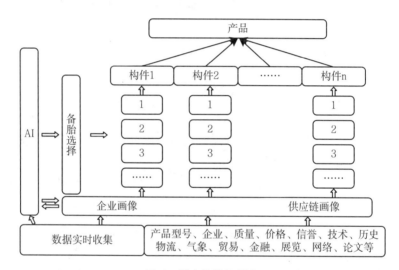

图 4　供应链接智能化

2.5 经济调节智能化模型

经济调节需要开展区域经济监测、经济景气预警、产业趋势分析、政策分析优化、竞争合作分析、产业链梳理优化、招商辅助决策以及企业群发展分析等方面工作，其复杂性、多样性的特点急需引入新一代人工智能技术，建立政、产、学合作的产业经济智能运行平台，用于区域经济监测与预警、产业链全球精准合作招商、企业综合评价，为政府经济调节提供智能辅助服务。

浙江省政府明确提出建设全球先进制造业基地的总体目标，在完善和优化全球化产业链方面，重点提出培育十大标志性产业链，聚焦关键核心技术和短板技术，实施产业链协同创新工程；实施一批重大强链补链项目，深化全球精准合作。传统产业链梳理往往以世界500强企业、行业龙头骨干企业为主，人工精细化梳理企业规模往往仅数千量级。浙江省经信厅、德清县等通过政校企合作运用大数据手段从上千万家企业中筛选出隐形冠军、专精特新等优质企业，规模逾 50 万，通过关联产业、园区、专利、人才、研究机构、投资等数据形成产业链图谱，融合机器智能与专家智慧助力地方政府围绕产业链上下游配套开展协同招商，更好地实现产业链补链延链强链目标。当今世界，区域经济管理者运用人工智能的分析、调节、发展区域经济，尚属无人区，可实现经济治理能效提升，用新一代人工智能技术推动体制创新（图 5）。

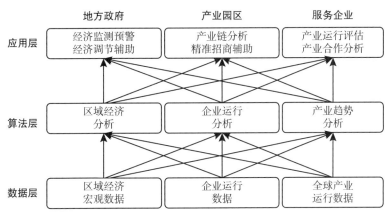

图 5　经济调节智能化

2.6　小结

中国智能经济五层次发展模型对应五种视野：工厂智能化对应工厂视野、车间视野；企业经营智能化对应企业视野；产品对应产品视野；供应链对应企业群视野；区域经济调节对应区域视野。这五种视野维度为政府和企业实现智能化提供参考和指引。

我国具有长期信息化积累的互联网和大数据基础，有着对新一代人工智能技术的前瞻性分析和规划，有着各级党政部门的系统部署和推动，中国人工智能技术和产业，中国工业互联网，完全有能力促进中国经济和社会走向一个高质量、高水平的快速发展期。

3. 智能经济的应用场景

作为智能经济的引擎，新一代人工智能发展正处于上升期，应用场景日渐丰富。近年来，人工智能技术在实体经济中寻找落地应用场景成为核心要义。人工智能技术与传统行业经营模式及业务流程产生实质性融合，智能经济时代的全新产业版图初步显现。在政策和市场需求的引领下，我国人工智能聚焦多元化应用场景。以第五代移动通信技术为代表的新一代网络的部署和商用，正在围绕虚拟化、云化融合的技术革命推动通信网络环境的重构与转型，其超高速的数据传输能力和万物互联的标识解析体系重新赋予了社会协作的智能化新模式。第五代移动通信技术与新一代人工智能的结合，将进一步拓展和延伸应用场景的边界。当前，政府类项目（含安防、交通等公共事业）、金融、大健康、机器人等赛道是人工智能应用落地的热点。基于工业互联网的人工智能应用产生大量数据，通过数据挖掘新的知识，新知识产生新的工业智能，催生新一代智能制造，进一步重塑设计、制造、服务等产品全生命周期的各环节及其集成，实现社会生产力的整体跃升。

从智能经济核心企业及典型应用案例分析，百度聚焦 AI 全面赋能，加速推进产业智能化，构建百度大脑，形成了自动驾驶平台 apollo、Duer OS 系统、百度智能云等产品。阿里聚焦产业 AI，定位技术底座，将自身 AI 技术能力整合到阿里云旗下 ET 当中，并将 ET 从单点的技能升级为具备全局智能的 ET 大脑，涵盖 ET 工业大脑、ET 城市大脑、ET 农业大脑等。腾讯着眼于消费级 AI 多维应用场景与产业级 AI 技术使能，以"联接"为主题，将 AI 能力投射到消费级互联网和产业互联网。更多企业助力建设国家新一代人工智能开放创新平台。随着人工智能技术商业落地持续推进，决策智能成为智能经济应用场景的另一种选项，借助大数据技术建设产业智慧大脑，已经成为提升产业经济智能化的重要手段，跨行业提供解决方案备受关注。

3.1 产业经济治理：构建产业监测中枢，辅助精准施策

人工智能、工业互联网等智能技术在产业经济治理上的应用新场景正加速探索，推动着产业智能化加快发展。区域产业发展决策应用平台（图 6）便是利用智能技术给产业发展装上了"大脑"，以产业数据智能中枢为基础底座，通过汇聚产业大数据实现数据化，构建产业知识图谱实现知识化，最终通过决策工具实现智能化和决策化，赋能产业转型。

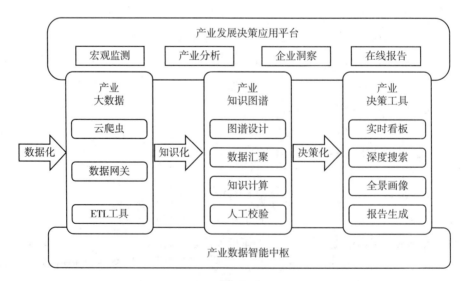

图 6　产业发展决策应用平台

平台抽象了宏观监测、产业分析、企业洞察、在线报告四大功能模块。通过设计反映产业发展转型水平的一系列新型指标体系以及通过实时看板等数据可视化方式，对各项指标进行直观监测和预警，通过对企业经营过程中多种来源和类型数据进行多维度分析探查，分别实现宏观区域经济运行监测、中观产业探查分析和微观企业诊断评价，最终以人机交互的方式形成产业分析研究报告。

3.1.1 宏观监测

以区域产业经济作为重点研究对象，通过内外大数据结合的方式设计出符合区域产业经济发展趋势的新型产业经济指数，针对性地对市县、园区多层级产业经济发展进行监测，实时掌握区域产业发展转型过程中的成效和异动，完成重大风险事件、重大指标异常的预警。

（1）新型指标体系

根据时效性，指标和指数分为三类：先行预测指标、实时统计指标和滞后补充指标。先行指标能够在经济数据生成之前预测宏观经济的波动；实时统计指标反映最近一段时间的宏观经济状况，即为我们熟知的经济统计数据；滞后指标为当期经济数据生成后一段时间才能得出的指标，作为实时指标的验证、补充和修正。此外，根据观测对象在产业经济链条中的位置，又分为需求侧指标和供给侧指标，供给侧指标是对生产者/服务者进行分析，需求侧指标是对消费者进行分析。

按以上两个维度进行组合，共有六种指数。①供给侧先行指数：包括企业存款总额、企业利润、铁路/公路货运量、新注册公司数量、注销公司数量、企业新增员工数等指标。②供给侧实时指数：包括发电量、企业营收、出口总额、贸易外汇收入、企业产值等指标。③供给侧滞后指数：包括企业库存、尾款支付比例、企业裁员数量、企业贷款总额等指标。④需求侧先行指数：包括新增订单、预付款额、流动资产总额、居民收入、居民存款额等指标。⑤需求侧实时指数：包括社会商品零售额、就业率、失业率、电商平台用户数等指标。⑥需求侧滞后指数：包括地区新增人口数、居民贷款额等指标。

除此之外，根据考察对象集群的划分方式，可以为特定区域或特定行业计算上述指数。同时，考虑到宏观经济环境和社会舆论情绪对经济数据的影响，系统还设计了经济环境指数和社会舆情指数，作为影响因子作用于上述六个指数。①经济环境指数：宏观经济统计数据和货币财政政策，包括 GDP、CPI、货币投放量、利率、税率等指标。②社会舆情指数：情感倾向、事件热度、网络转载量、敏感度、扩散趋势、关注范围等指标。

（2）实时看板

实时看板模块采用一系列数据可视化技术，对上述各项指标进行实时和直观地展示，以实现对宏观经济运行状况一目了然进行监测的目的。

首先，在数据可视化技术上应用效果丰富且功能稳定的前端可视化框架，选择能明确恰当表达信息的折线图、柱状图、饼图、仪表盘等图例形式，结合对所展示数据及其维度的整理，生成可交互的动态指标看板，并依据业务理解提供多指标对比展示功能。其次，基于大数据处理组件技术、指标计算智能方法模型、充足的计算资源等条件，保证指标计算的准确性和实时性，为用户提供切实有效的监测服务并进而辅助决策。最后，在用户个性化定制功能上，可基于上述指标体系提供丰富的指标展示组件，并供用户选择其认为重要的指标元素来组成可定制的指数，进而实现个性化宏观经济指数看板的生成。

（3）异常预警

异常预警模块以时序维度视角实时监测宏观经济指标，同时结合历史数据与专家知识构建宏观指标预测模型，并通过对实际监测数据与模型预测数据进行对比，对于偏差超过一定幅度阈值的实际数据进行及时的可视化预警，并进一步引导用户进入产业智能分析板块，对造成预警的影响因子进行深度剖析研判。

此功能主要由异常检测与预警行为两部分组成。在异常检测的实现中，对于时序指标预测和异常阈值设定的处理过程中融入经过验证的规则、知识、模型以提供计算的准确性和智能性，并基于历史观测不断进行模型和规则的迭代更新以提升效果。预警行为则通过可视化提醒、信息发送报警、因子分析报告生成等形式实现从异常数据到知识进而到辅助决策的信息处理闭环，其中，可视化提醒可通过单一指标波动异常和多指标组合异常等多种方式显示，同时对于过热和过冷及其程度的不同提供多种显示方式加以区分。

3.1.2 产业分析

产业分析功能结合数据指标使用统计模型与专业的分析模型，对数据指标按照专业的统计分析模型和方法，区分维度、分类、关系进行分析，有助于发现经济运行过程中对经济增长有明显拉动效应的产业，或对某个产业有明显带动作用的企业，从而辅助制定更科学的引导政策和扶持政策。

目标跟踪分析：目标跟踪分析模块对产业经济运行过程中重要的对象和指标进行重点监测，根据最终形成的重点目标，通过分类模型、因子分析、时间序列分析与主成分分析的方法，以图、表或地图的形式实现重点目标分析结果的可视化展示。

产业结构分析：产业结构分析模块通过对各项数据指标的梳理监测，能够客观反映出区域产业结构的比重和特点。根据经济发展的必然趋势，以及国家与省市对产业结构调整的大方向，运用因子分析、判别分析、时间序列分析的方法，以图、表或地图的形式实现产业结构分析结果的可视化展示。

预测分析：预测分析模块对主要指标及其影响因子指标进行值域的历史统计，进行进一步预测短期内的数据指标变化趋势。预测分析需要建立在各类分析挖掘方法和成熟的数据预测模型基础上，通过交互调整参数进行分析对象或指标的模拟，可预测亩均产值、工业增加值、能耗等主要经济指标走势。

综合评价：综合评价模块运用混合效应模型、多元回归模型、因子分析、时间序列分析等模型方法，以图、表或地图的形式实现综合评价的分析结果的可视化展示，支持绿色发展评价、两化融合评价、公共服务均等化评价、科技进步监测、全要素生产率评价等。

专题分析：专题分析模块通过多元回归模型、聚类、分类分析、时间序列分析、主成分分析等模型方法，以图、表或地图的形式实现对专题对象分析结果的可视化展示，如对目标展开专项可视化监测、产业链结构专题分析、特色园区专题分析等。

产业分析功能以专业的模型和分析方法，深入分析变化的趋势，分析影响变化的因子及关联指标变化的趋势，有助于清晰地了解经济运行过程、辅助科学施政、刻画经济运行发展的优势，补充优化产业结构。

3.1.3 企业洞察

要实现对区域经济形势的精准分析和精准施政，离不开对区域内企业经营状况的深刻画像和深入洞察。目前日臻成熟的大数据应用，让一切回归可量化、可视化的状态，基于海量数据分析勾勒的企业信息画像，既可以全面、深度呈现各行各业的真实面貌，还能帮助政府公正客观、一目了然地评估企业。

产业发展决策应用平台的一大重要功能即基于企业各类数据对企业经营活动进行分析和聚合，建立起包含企业特征、资源投入、资源转换和产出等数百个指标的企业全景画像。同时，画像用直观生动的可视化方式替代传统单一的数据呈现形式，便于政府监管部门对企业进行标签化管理，建设客观的企业评价体系模型，有助于后续政策推广、扶持资金发放以及政策效果评估。

3.1.4 在线报告

基于产业经济运行监测结果、产业分析结果以及政策观点智能研判结论形成原始素材，结合业务人员的专业经验，通过人机协同的方式完成在线报告编辑、生成，通过在线分享，实现跨部门、跨业务的工作协同。

在线报告模块可以实现月度、季度、年度各类业务报表的自动生成，如宏观经济运行月报、重点企业主要经济指标月报等，辅助客户快速生成相应报告，同时支持对报告内容进行定制，支持引入外部数据。

3.2 园区创新服务：深化园区智能服务 营造产业生态

智慧园区是园区信息化基础上的2.0，是智慧城市的重要表现形态，其体系结构与发展模式是智慧城市在一个小区域范围内的缩影，既反映了智慧城市的主要体系模式与发展特征，又具备了一定程度上不同于智慧城市发展模式的独特性。智慧园区应能够帮助园区招商并快速推动企业发展，进而赋能区域经济，因此有必要在招商引资、营商环境建设、园区产业定位发展等方面融入智能技术来打造新型智慧园区。

3.2.1 以大数据为核心的"智慧招商"

利用大数据技术手段，从海量信息里发现招商线索，并建立企业、项目、人才等统一的信息资源共享数据库，可细分为内部数据库和外部数据库，持续迭代完善，实现区域内及区域间、部门内及部门间、企业内及企业间信息资源互联互通。长期积累产业数据库，并将数据库按照特定规则进行分类，同时通过数据分析实现产业、企业精准评价和线索智能推送，帮助招商人员提高寻找招商目标的效率。通过大数据技术实现区域招商引资的可持续性发展。

3.2.2 以企业一站式服务为核心的"智慧企服"

近年来，地方政府和产业园区在产业发展及招商引资过程中，配套产业基金，提供一站式的企业入驻服务，提供金融服务的撮合平台已经成为主要手段。其中，金融服务平台逐渐成为地方政府和产业园区的"标配"。通过服务平台为需求资金的企业和银贷投资机构之间架设桥梁，这无论在打造招商引资"软环境"还是切实为入驻企业提供"真服务"上都无疑是有效且值得推进的手段。企业服务成为"智慧园区"建设的重点。

通过与产业数据智能中枢深度对接，结合产业大数据与人工智能构建的企业技术创新服务应用平台，通过整合情报、人才、技术等资源要素，为企业、政府等产业链相关参与主体提供商业情报、技术创新、专家匹配与其他技术服务，为产业发展提供强有力的信息化支撑（图7）。

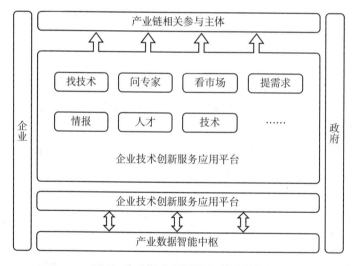

图7 企业技术创新服务应用平台

3.2.3 以产业链为核心的"智慧产业规划"

打造产业链生态和产业集群无疑是未来产业园区重点产业发展的最终方向，应用大数据、人工智能等技术，通过智能算法，为产业园区整体及园区内外企业提供"智慧产业规划"服务。基于智能技术的"智慧产业规划"，首要的是进行产业链分析，把产业园区内已有的核心产业链给"画"出来，然后通过大数据技术从海量的企业、产品、技术等数据资源库里将产业链强链、补链、延链所需资源"找出来"，分析园区未来发展方向及企业布局领域，并将资源信息推荐给园区管理部门及内部企业。同时利用信息化手段辅助园区内外资源对接，促进园区产业落地与成长，帮助园区内已落地企业降低运营成本，推动园区产业升级。

3.2.4 以互联网为核心的企业"智慧营销"

产业园区在当地的市场"背书"能力，是否能够不遗余力地帮助企业进行市场推介是企业选择是否入驻园区的重要影响因素，也是智慧园区的又一项"评判标准"。通过互联网手段帮助园区解决市场推广问题，通过园区的流量置换为企业实现快速互联网推广是重要的"智慧手段"。

3.3 企业经营管理：构建企业智慧脑、助力精益运营

近年来，随着国家先后出台《中国制造2025》《国务院关于积极推进"互联网+"行动的指导意见》《新一代人工智能发展规划》等重要文件，国家对经济社会各方面的智慧化转型进行了有效推动，为智慧企业的发展指明了方向。在技术层面，大数据智能、人机混合增强智能、群体智能、跨媒体智能等新一代人工智能技术取得战略性突破，推动社会经济各领域加速向智能化跃升，为智慧企业建设提供了技术条件。智慧企业是新一代人工智能技术深度融入企业而形成的新型企业范式。作为在智慧企业中实现从数据到知识再到智能的跃迁，并完成持续"感知－认知－决策"流程的核心角色，企业智慧脑的有效构建承载着智慧企业整体建设的关键使命。

企业智慧脑，是以新一代人工智能技术为基础，以企业多模态异构大数据为资源，以场景问题为导向融合知识与算法模型，支持交互式高性能数据感知、知识认知、智能决策、在线反馈执行的企业价值链全流程智能化决策支持系统。其整体架构主要包括知识学习与计算引擎、企业知识中心、交互式认知决策引擎三大组件，组件具体功能和所包含的模块如下。

知识学习与计算引擎：支持基于数字虚体异构数据仓库中多模态大数据进行知识加工与构建，基于企业知识中心知识型数据进行知识计算与挖掘。内嵌高性能分布式计算算法框架、交互式知识构建与计算套件、计算任务调度管理中心等模块。

交互式认知决策引擎：基于企业智能化场景问题，针对跨层级多角色，运用企业知识中心知识型数据和场景任务模型提供认知决策服务。内嵌在线获取与反馈接口、通用认知决策应用组件集合、可视认知决策交互系统等模块。

企业知识中心：有效表达和高效存储知识学习与计算引擎的知识加工结果，持续沉淀各类专家与用户经验知识；提供知识型数据和各类模型进行知识挖掘计算，支撑从知识到智能的认知决策过程。包括高性能知识和模型存储单元、知识与模型管理服务系统等模块。

3.3.1 企业智慧脑在智慧企业运行中的作用

企业智慧脑针对企业在大数据与人工智能技术驱动下开展的生产、经营、运营、管

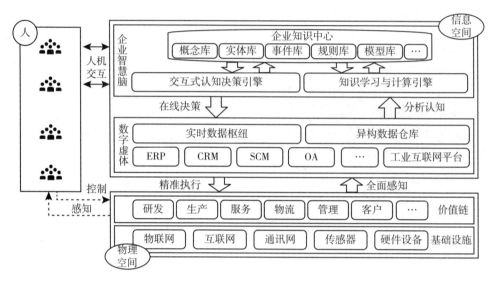

图 8　企业智慧脑

理、服务等活动进行自动化和智能化决策支持，促使形成更加精细化和精准化运作的精益运营模式，进一步建立人机协同的高效可迭代工作模式，进而实现企业运转的全链路自主优化演进。决策特点如下。

全链条决策：支持对企业研发、生产、管理、服务等全流程全链路的感知监测、认知分析、决策执行闭环，统一知识资源综合进行决策。

跨层级决策：支持上下贯通式全员参与的企业经营管理，利用知识的透明性和共享性敏捷开展微决策，打破传统层级体系。

快速自动决策：支持快速感知变化、快速认知响应、快速决策调整，实现信息与知识获取及认知决策全流程自动化打通，更高效支撑企业智慧运行。

精益决策：支持多环节、多因子、细粒度的可追溯、可解释、可落地问题分析与求解，实现企业更加精细化和精准化运营管理。

协同决策：支持交互式、共享式、可迭代演进的跨层级知识获取与服务，以专业知识和群体智慧辅助进行针对更复杂问题的更准确决策，并协助模型性能迭代提升。

标准化决策：支持针对企业经营管理特点的标准化指标体系构建与维护，各角色以统一口径高效率参与认知决策过程。

便捷式决策：支持组合式定制化系统的开发部署，充分利用各类可视化交互工具便捷参与认知决策过程，进一步降低决策门槛。

3.3.2　企业智慧脑典型应用场景

在企业经营管理决策应用中，通过打通融合企业内外部、多源头的结构化数据与非结构化数据，并利用企业智慧脑进行深度加工与关联计算，形成基于企业大数据的知识图谱，进而支撑不同视角、不同粒度、不同形式的决策分析支持和应用。通过企业智慧脑在企业经营管理决策过程中的有效构建与运用，企业形成各部门数据与知识的共建共享，以最有效的信息流通方式和层级管理机制来进行经营管理工作方面的认知决策活动，并基于企业各环节运行状态和特点持续优化经营管理流程（图9）。

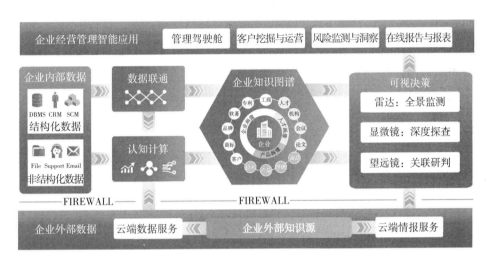

图9 企业经营管理智能应用

企业智慧脑已在诸多场景下发挥经营管理决策作用，如针对券商企业，结合行业领域知识要素特点，融合企业内外部证券场景相关活动数据，构建出以客户、个股、企业、关键事件、关键指标等为核心体系的企业知识图谱，进而形成包括企业经营分析、客户画像分析、潜在客户挖掘、证券投资分析、证券风险预警等应用，高效解决券商企业实际经营问题。针对物业管理企业，将其内部运营数据和外部市场环境数据有效整合，面向项目、客户、业主、领导、广告、服务等场景实体信息，构建物业管理企业智慧脑，实现财务管理、行政管理、运营管理、营销管理、服务管理等方面的智能化提升。针对外贸数据企业，基于进出口贸易大数据进行深度高效地清洗与服务，将场景中国家、产品、单据、标准、事件等信息打通整合，以智能化的共性应用和友好的交互形式实现对海外市场拓展、竞争情报分析、商品风险防控等方面的数据智能服务。

4. 智能经济发展趋势展望

4.1 智能经济应用场景展望

以互联网为代表的数字科技，正在走向一个新的临界点。随着新的软硬件和通信网络在不同场景的落地应用，人机交互模式和信息环境将可能产生颠覆性变革。智能经济形态日趋完善，第五代移动通信技术商用、人工智能应用普及促使"智能 +"接棒"互联网 +"。人机混合智能进一步发展，将人的作用或认知模型引入到人工智能系统中，提升人工智能系统的性能，通过人机协同更加高效地解决复杂问题，人工智能应用的云端化将不断加速，面向城市、行业和企业的全场景智能将成为现实。

4.1.1 智能技术前沿应用趋势

近年来，人工智能、第五代移动通信技术、工业互联网等智能技术日新月异，取得重大突破，智能技术产业化发展步伐加快。深度学习近年来持续成为产业热点，在云计算、大数据和芯片等的支持下，成功地从实验室迈向商业应用，如计算机视觉已广泛应用于人脸识别、工业视觉、OCR 和视频内容理解等领域。随着深度学习从语音、文字、图像等单模态向多模态智能发展，将有效加强高阶认知技能的开发，推进深度学习从感知智能升级为认知智能，创造全新的人机交互方式。量子计算在金融、加密等领域逐步得到应用，软硬融合推升量子算力将成为中短期趋势，当前量子计算机规模小、含噪声，为提升技术，完成量子比特的制备和操作以及更有意义的计算任务，需改变过去相对独立的软硬件研究方式，开展软硬件结合的专有化设计，未来将会有更多的量子算法被发现，更多的量子系统特点被揭示，以及更多的硬件设计加工工艺在精进。同时，类脑智能、边缘智能、通用平台与芯片、脑机接口等前沿技术领域正加快布局，智能技术应用创新进入活跃期。

4.1.2 垂直行业应用趋势

智能技术与实体经济融合，是助推经济发展、实现商用落地的关键，人工智能应用将进一步面向传统行业提供"产品 + 服务"解决方案，应用场景将更为聚焦具有一定需求规模和商业模式较为清晰的行业集合。在安防领域，随着高清视频、智能分析等相关技术的发展，传统的被动防御安防系统正在升级成为主动判断和预警的智能公共安防系统。面对海量的视频数据，采用人工智能技术作为专家系统或辅助手段，实时分析视频内容，探测异常信息，进行风险预测。随着仿真技术水平的提高和应用普及，将有力推进自动驾驶成熟步伐。仿真测试平台具备真实还原测试场景、高效利用路采数据生成仿真场景、结合云端大规模并行加速等能力，能够实现自动驾驶感知、决策规划和控制全栈算法的闭环。随着产业互联网、消费互联网和智慧城市的加速发展，地图和地理信息服务正在成为工业、农业、服务业、政府及民众全面互联和智慧升级的基础设施。新一代地图将实时感知采集人、车、路、地、物等要素的动态变化，深度融合自然资源规划、城市建筑建造、社会、经济等多源数据，实现数字地图和真实世界的共生共建、虚实一体。智能制造领域，具有自感知、自学习、自决策、自执行、自适应等功能的新型生产方式正在贯穿制造活动的各个环节。

4.2 人工智能技术在经济领域的应用展望

未来，新一代人工智能技术将更广泛地嵌入到工厂生产、企业经营、产品创新、供应链接、治理调控等经济领域诸多层次，以产业大脑、企业智慧脑为代表的新技术新工具将不断涌现、持续演进。

4.2.1 产业大脑演进方向

在当前全球分工体系不断成熟、中美经贸摩擦不断升级的环境下，产业大脑的建设对于区域产业经济治理与发展将起到更细粒度、更精准的资源配置优化作用。产业大脑可基于产业大数据平台、产业知识图谱、产业分析决策模型、产业智能应用等多级大数据智能技术，通过合理的组织与系统工程建设，支撑包括产业运行监测、产业风险预警、产业供需对接、产业转移监测、产业发展评价、产业精准招商等丰富的业务场景。

产业大数据平台的建设将提供系统的基础性支撑：产业大脑的建设是以更加全面和完整的产业大数据为基础的，支撑产业经济发展的有效认知决策依赖于内外部、静动态、多部门、多组织数据的充分接入、整合与处理，是一种典型的多源异构大数据平台构建工作，亟须可支持结构化数据、半结构化数据、非结构化数据存储与治理的平台系统提供有效的基础支撑，也对海量大数据的高性能处理、计算与服务提出了新的挑战，对多级混合数据平台架构的设计具有极高的要求。

产业知识图谱的构建将支持高性能场景化认知探查：产业知识图谱是实现从产业大数据到产业认知决策的关键层级，作为一种高质量的复杂语义关系网络，产业知识图谱包含了如企业、人才、产品、技术等实体之间海量的产业知识，是基于数据对产业经济活动现实场景的高度抽象，对于上层基于业务逻辑的分析需求起到了直接的支撑作用，而图谱结构的丰富表达能力，可支持高性能知识探查和推理。此外，产业知识图谱的构建涉及大量知识抽取、知识融合、知识推理等人工智能典型任务，这些任务的自动化程度和性能将大大决定知识图谱的构建效率，是人工智能技术发挥作用的重要环节。

产业分析决策模型研发将促进业务问题高效解决：产业分析决策模型的研发是对产业经济治理与发展场景中大量复杂的分析决策过程进行建模，并基于产业大数据和产业知识图谱进行自动化分析决策，以提供高价值结果信息的过程。原有的分析决策过程依赖于大量人工经验和专业知识，在客观性和性能等方面存在严重不足，且只有少部分人可以完成分析决策任务。而基于大数据与知识图谱技术的分析决策模型研发，将充分发挥大数据统计挖掘和可解释知识计算的优势，同时结合少量的专业理论模型，可提供包括指标分析、风险预警、供需对接、招商推荐、综合评价等一系列复杂业务支撑。

产业智能应用搭建将推动系统产品化与市场化：产业智能应用是结合智能服务形态与用户交互体验的顶层封装，是对业务场景需求的直观展现和直接满足。通过对产业大脑场景下纷繁应用需求中共性智能组件的抽象与封装，可达到最大程度的快速组合式系统产品设计与开发。同时，通过对用户输入和系统输出进行高性能友好设计，进一步调用底层各类分析决策模型接口，可实现快速、便捷地完成各类业务场景使用，促进工作的高效开展。此外，通过设计交互式场景知识运营与决策应用流程，可支持对专业人员知识的有效沉淀，进而持续促进产业知识图谱与分析决策模型的质量提升与性能优化。

4.2.2 企业智慧脑演进方向

企业智慧脑的研发部署将全面提升企业经营管理的智能性，让企业对自身及行业的发展进行更精准地认知，更高效地决策。在此基础上，企业智慧脑的自我优化演进优势将逐渐显现，整个系统所具有的持续知识获取、吸纳、融合、加工、调整、推演等性质让企业智慧脑自我解决问题的能力越来越强。此外，人与机器的交互协同与人工智能技术的突破应用，将无缝推动企业认知决策的智能化进程。

知识的持续沉淀与分享让企业信息孤岛消失：以知识学习与计算引擎为接收器和处理器，以企业知识中心为通用存储器，企业智慧脑形成了知识的生产－存储－使用流水线。以解决场景问题为目标、多角色参与的知识生产流程，让知识的沉淀天然与场景关联有序融合起来。企业知识中心的问题求解模型可进一步利用跨环节大知识进行综合推理，以更全面的认知，完成更复杂的决策。

微认知决策让经营管理环节不断精细化调整：将原本上层管理者才能完成的单一经营管理任务不断分解为一系列可全员参与的过程子任务，增加决策影响因素的同时降低决策难度和耗时，更加精细化影响决策结果并作用于执行过程，实现企业的精益化发展。

精进的人工智能技术让系统性能细粒度优化：新一代人工智能技术的突破不仅可用于知识的加工和计算，还可在数据－知识－智能的跃迁流程上进行性能提升优化。如自动搜索优化空间来加速用于支撑认知决策的算法模型构建，自动预测资源开销并实时优化执行任务资源的调度，自动学习人解决问题过程的模式来提升人机协同求解效率等。

灵活的架构设计让智慧脑可组装可迁移部署：对智慧脑的实现架构进行统筹设计，使其拥有统一可变的底层基础设施方案和模块化的上层应用服务体系，保证认知决策基础资源的融合一体和应用实现方式的按需组装，做到在场景内进行智慧脑"躯干"与"思想"的快速移植与产品化复制。

5. 推进智能经济发展的建议

5.1 加强智能经济政策引导

政府部门应打好政策效应组合拳，营造有利于人工智能等智能技术原始创新的制度环境，深化科技体制改革，完善智能经济产业扶持政策。支持数字基础设施建设，提升产业智能化支撑和服务能力，在重大科技专项、创新服务平台建设方面给予扶持。加大技术创新投入力度，支持关键技术、"卡脖子"技术攻关及转化，尤其人工智能重大技术攻关、标志性产品示范应用，推动智能经济重点领域项目、基地、人才、资金一体化配置。引进培育市场主体，推动智能技术产业化集聚发展，构建智能经济发展良好生态。

5.2 加大智能经济关键技术研发

加强人工智能、大数据、云计算、区块链等关键智能技术创新研发，聚焦高端芯片、操作系统、人工智能关键算法、传感器等关键领域，加快推进基础理论、基础算法、核心硬件等研发突破与迭代应用。加快布局量子计算、量子通信、神经芯片等前沿技术，加强通用处理器、云计算系统和软件核心技术一体化研发。加快云操作系统迭代升级，推动超大规模分布式存储、弹性计算、数据虚拟隔离等技术创新，推动大数据采集、清洗、存储、挖掘、分析、可视化算法等技术创新，突破大数据智能、群体智能、跨媒体智能、混合增强智能和自主智能技术。支持开源软件平台开发，鼓励企业开放软件源代码、硬件设计和应用服务，建设重点行业人工智能数据集，发展算法推理训练场景，推动通用化和行业性人工智能开放平台建设，研究开发支撑智能制造、无人系统、智能营销等场景的应用软件及智能系统解决方案。

5.3 推动智能经济应用落地

实施"智能+"行动，促进人工智能与实体经济深度融合，加快人工智能关键技术转化应用，促进技术集成与商业模式创新，推动重点领域智能产品创新。在智能制造、智慧农业、智慧交通、智慧家居、智慧物流等产业领域，建设一批满足应用推广需求和市场化的功能型平台，并开展人工智能创新应用试点示范，开展典型应用案例评选，形成可复制、可推广的经验。建设人工智能产业园及众创基地，加强科技、人才、金融、政策等要素的优化配置和组合，大力发展智能企业，引导企业开发新模式，提供新服务，发掘新的赢利点和增值业务，培育建设人工智能产业创新集群。

5.4 加快智能经济标准和规范制定

智能经济在为转型发展注入活力的同时，也将对传统市场格局造成冲击，进而对监管制度、标准体系及市场规范提出了更高的要求。对于数据这一关键生产要素，一方面应推动重点领域数据开放，率先推进政务数据资源整合与有序开放，聚焦教育、交通、制造、医疗等重点领域，稳步推动公共数据资源开放共享，构建涵盖多类型数据的开放性行业大数据训练库；另一方面要建立数据共享交换监管制度，制定公开标准和技术规范，落实数据开放和维护责任。技术领域，应支持人工智能服务和标准化体系建设，积极推动人工智能领域的安全、技术、应用和测试认证等标准建设，倡导制定人工智能国际标准和伦理规范，健全知识产权保护运用体制，实行严格的知识产权保护制度，完善知识产权相关法律法规。建立适应智能经济时代的国家安全保障体系，坚持统筹发展和安全，牢牢守住信息安全、政治安全、科技安全、能源安全、生物安全、产业链供应链安全底线。

5.5 加强智能经济复合人才的培养

通过强化政策引导、充分发挥市场作用，持续加强人才的培养和开发，坚持引进和培养相结合、用才与留才相衔接。聚焦智能经济发展需求，强化复合型技能人才培养。以改革人才评价机制为牵引，将智能化领域专技人才单独分类，探索建立专门的行业人才评价标准和办法，优化人才职称评价机制。聚焦高精尖缺，加强人才引进选拔力度，实施重点人才工程，积极采取项目合作、技术咨询等方式吸引海内外高层次人才和创新团队。推动产教融合，加强人工智能等学科专业建设，提高学科建设水平，深化校企合作，推广"人才＋技术＋项目＋社会资本"战略合作方式，培养智能化产业急需的高技能人才。优化人才政策支持举措，完善市场化引才机制，加快解决高端人才落户、住房、子女教育等问题，补齐人才居住、教育、医疗等人才保障短板。

参考文献

［1］ Zhuang Y T，Wu F，Chen C. Challenges and opportunities：from big data to knowledge in AI 2.0［J］. 信息与电子工程前沿（英文版），2017（18）：3-14.

［2］ Yang Y，Zhuang Y T，Pan Y H. Multiple knowledge representation for big data artificial intelligence：framework，applications，and case studies［J］. 信息与电子工程前沿（英文版），2021，22（12）：8.

［3］ 潘云鹤. "人工智能2.0"与数字经济［J］. 杭州科技，2019（5）：18-23.

［4］ 邵健，王东，陈静巧. 余杭区建设市人工智能创新发展区对策思路研究［J］. 杭州科技，2021（5）：4.

［5］ 穆良平，姬振天. 中国抢占智能经济发展先机的战略要素及重点领域［J］. 理论探讨，2017（4）：97-101.

ABSTRACTS

Comprehensive Report

Comprehensive Report on Advances in Intelligent Science and Technology

All along, social progress has been accompanied by the progress of science and technology. In particular, development of modern science and technology has created a broad space for social productive forces and human civilization, effectively promoting the rapid growth of politics, economy, and culture, and give industry, agriculture, medical, communications, and other industries more powerful power. With the continuous development of science and technology, which are closed integration with human society, people began to research the philosophical proposition of scientific development slowly, such as the relationship between science and technology and nature, science and technology and people, and the inherent cross-relationship of scientific disciplines.

The purpose of the report on intelligent science and technology is to serve the development strategy of the new generation of artificial intelligence, aiming at the frontier direction of disciplines based on the needs of scientific and technological innovation, and presenting advanced technology application achievements and practice cases. Meanwhile, this report also provides research reference for researchers of AI science and technology, guides the development of industrial integration, and support the government's scientific decision-making and policy revision.

This report first describes the development status of intelligent science in China, and comprehensively analyzes the development trend of science and technology from four dimensions: new viewpoints, new theories, new methods, new technologies and new achievements, focuses on the scientific and academic achievements and valuable technology in the fields of industry, agriculture and medical treatment which are driven by data, interdisciplinary and cybernetic brain technology, and analyzes development status of intelligent science discipline and the deep reasons restricting the development of the discipline. Secondly, through the comparison of domestic surgical technology disciplines, this report introduces eight research hotspots, including causal discovery and reasoning, brain cognitive science and perceptual intelligence. Meanwhile, according to AMiner, the report summarizes the international academic focus and development direction based on hot research directions, and deeply explores the enlightenment and suggestions of foreign discipline development to China. Finally, the report summarizes the trend and countermeasures of discipline development in China, and discusses the development ideas of intelligent science discipline with the characteristics of China's national conditions.

Reports on Special Topics

The Fundamental Theory of Artificial Intelligence

AI is committed to the realization of machine-borne intelligence. The appropriate utilization of AI to a variety of research fields is speeding up multiple digital revolutions, from shifting paradigms in health care, to education offered worldwide, to future cities made optimally efficient by autonomous vehicles. However, contemporary AI systems are merely data-driven routine systems in the manner of "data is the new fuel, AI is the accelerator". In this setting, AI is good at working out specific predefined tasks and are unable to learn by themselves from data or from experience, intuitive reasoning, and adaptation. How to transform machine learning algorithms by leveraging the algorithm's tuning parameters (hyper parameters) as a "form of alchemy" to learning machine is a huge challenge we faced today. In essence, more general artificial intelligence needs to integrate domain knowledge or priors with algorithmic models toward to address complex societal issues, reshape the national industrial system, and more.

In this chapter, authors explained AI policies from different countries and regions, introduced causal inference and cognitive-inspired computing models, meta-learning and evolutionary learning under unknown environment, multi-agent game, interpretable machine learning as well as scientific computing.

Artificial intelligence (AI) has the potential to enhance every technology as it resembles enabling technologies like the combustion engine or electricity. Many people in this field believe AI is general purpose, with a multitude of applications across many different disciplines. We believe the nature of AI is interdisciplinary. In other words, the power of AI lies in augmenting its ability to accelerate research exponentially and the possibilities are endless. As a result, the next AI breakthroughs will be endeavors that draw upon neuroscience, physics, mathematics, electronic engineering, biology, linguistics, and psychology to deliver great theoretical, technological, and applicable innovations.

Artificial Intelligence-related Brain Cognition Mechanisms

Thanks to the dramatical development of the computing techniques, including both the hardware and algorithms, machine learning and artificial intelligence have undergone substantial evolutions in computing theory and industrial applications as well. However, the multidisciplinary data continue growing in an unprecedented speed. How to model and interpret these data imposes immediate challenges to the computing theory and computing resources, where several features would be desired, including high energy efficiency, high fault tolerance and high performance.

To this end, scientists opt to design the computing architecture following the principles how brain works, namely brain-inspired intelligence (BII). In this chapter, we will review the latest techniques for the brain study and how the brain would shed light on the BII. First, we will introduce cortical parcellations of the brain, which is critical to decipher how individual functional units interact to guide the behavior. Second, the progress on how the neural mechanism of brain circuits inspire the computing techniques will be reviewed. Third, as the fundamental techniques to examine the brain, how to probe and modulate the brain functions will be described. Finally, the latest breakthrough on modelling the brain functioning and brain-computer interface will be critically discussed. This chapter is envisioned to give an overarching view on how to examine our brain and how the brain inspire the computing techniques in the immediate future.

Machine Perception and Pattern Recognition

Machine perception, also called as pattern recognition, is an important technology in artificial intelligence. It is to make machines to understand environment via recognizing objects and behaviors in sensing data. Pattern recognition is an indispensable part in intelligent systems. Pattern recognition by computers was first studied in 1950s, synchronously with the field of artificial intelligence. It also overlaps largely with the fields of machine learning and computer vision. Currently, as deep learning becomes the dominant approach of pattern recognition, it also brings the re-merge of pattern recognition with artificial intelligence.

This chapter introduces the state of the art in research and applications of pattern recognition in recent years. The main topics include fundamental theories, computer vision, audio information processing, and application technology.

The fundamental theories include classifier learning (various classifier models and learning algorithms), clustering, feature representation and learning, and particularly, deep learning. The emergence and dominant use of deep learning techniques (deep neural networks) is a major feature in the recent development of pattern recognition and artificial intelligence. For pattern recognition, deep neural networks unify feature extraction and classification, and can yield superior classification performance given sufficient training data.

In computer vision, the major advances lie in object detection and recognition, also attributed to the development of deep learning techniques. Particularly, object detection and image segmentation were viewed as hard problems in the past, and now, they are solved well by deep neural networks (DNNs). For object detection, DNN is used a classifier for discriminating foreground/background regions. While for segmentation, DNN is used as a pixel classifier, usually using a fully convolutional network (FCN). Stereo vision, video and behavior analysis also underwent big progresses in rent years by taking advantage of deep learning.

Speech recognition has been benefitted by deep learning since the start of deep learning in 2006. The technical components of speech recognition, i.e., feature extractor, acoustic model, language model and decoding, have been improved progressively.

As to pattern recognition applications, many application oriented methods have been developed to biometrics (face, iris, finger print, palm print, soft biometrics), character recognition and document image analysis, medical imaging and remote sensing imaging, and so on. This chapter outlines some advances in biometrics and document image recognition.

Last, the chapter identifies some emerging topics in pattern recognition (PR) research, including cognitive mechanisms of PR, incomplete information driven PR, open environment adaptation, explainable PR, vision with new imaging devices, bio-inspired vision computing, multi-sensor fused vision, dynamic scene understanding, semantic understanding of behaviors, acoustic scene analysis, biometrics in unconstrained environment, reliable interpretation of medical images, complex document image reconstruction, networked vision, etc.

Information Retrieval

Information Acquisition is the first and most vital step for people to percept, learn and understand the world. With the rapid development of Internet technology, the explosive growth of information resources inevitably leads to the problem of information overload. In recent years, information retrieval systems, e.g., search engines, have been the main way for human to meet their information need. How to make the retrieval steps more efficient and effective is an important research question.

In recent years, many attempts have been made to improve all steps in information retrieval, including the understanding and using of heterogeneous information resources, the modeling of users' information needs and behavior, the construction of retrieval algorithms and models, and the evaluation of system performance and retrieval effect. Besides, mobile search has become the main interaction scenario for users, and many multimedia searches in vertical fields have emerged. The exploration of basic theories and applications in other fields is also the focus of information retrievals, such as the exploration of user privacy, ethics, and other aspects.

Recommender System

Recommender system is an important technology to alleviate the contradiction between the limited cognitive ability of humans and massive information on the Internet, which has been widely adopted in nearly all types of applications. Different from search engines that rely on the input query to understand users' information needs, recommender systems are a way for the system to actively provide information for users without input. As one of the essential application scenarios of artificial intelligence technology, personalized recommendation has received great attention in both industrial and academic groups.

In recent years, the study of recommender systems has made great progress, such as the modeling of user interests and the evaluation of recommendation results, domain/knowledge information enhanced recommendation methods, and various neural network-based recommendation algorithms. These studies provide more effective and efficient recommender systems for different application scenarios, including e-commerce, news feeds, and short video recommendation. Besides these successes, some works try to make the recommendation results more diverse, and fairness is also an emerging topic for both the users and items in recommender systems.

Natural Language Processing and Understanding

Natural language processing is one of the important research directions in the field of artificial intelligence. As an important medium for human thought expression and daily communication, language is the essential feature that distinguishes humans from animals. Natural language is a unique high-level intellectual activity of human beings, which carries complex information and is highly abstract. Since the birth of computers, it has become the goal of human beings to make computers have the ability to understand and process natural language.

Natural language processing has typical borderline interdisciplinary characteristics, involving language science, computer science, mathematics, cognitive science, logic, psychology and many other disciplines. It is generally divided into two parts: natural language understanding and natural language generation. The purpose of natural language understanding is to allow computers to understand human natural language (including its intrinsic meaning) through various analysis and processing. Natural language generation is more concerned with how to let computers automatically generate natural language forms or systems that humans can understand.

Along with the ups and downs of the development of artificial intelligence, natural language processing has experienced a struggle between rationalism based on rule-based methods and empiricism based on statistical methods for more than half a century. Currently, a trend has been formed in which rationalist methods and empiricist techniques complement and integrate with each other.

In recent years, with the advent of deep learning, its powerful learning mechanism alleviates the data sparse problem of the traditional natural language processing methods to a certain extent, attracting more and more researchers' attention. Although deep learning has become the mainstream method in the field of natural language processing and understanding, the "comprehension ability" of computers is essentially the ability to solve cognitive problems. In future, the related research will mainly focus on the basic theories and technical methods at the level of cognitive intelligence.

Both academia and industry in this field will further focus on deep language analysis, knowledge-guided language generation and highly robust multi-modal language intelligence processing system in the future.

Intelligent Understanding and Interpretation of Remote Sensing Images

The continuously improving resolution of spatial, temporal, spectral, and radiometric for remote sensing data also increases the data type. For example, the amount of remote sensing data acquired from the aerospace, aviation, space, and other remote sensing platforms is increasing dramatically. Therefore, remote sensing data have obvious big data characteristics. This chapter aims to analyze the key technologies and problems involved in remote sensing big data processing from the perspective of intelligent understanding and interpretation, providing valuable references for relevant researchers. Firstly, based on the research foundation of remote sensing data interpretation in the past decades, the characteristics and processing difficulties of remote sensing big data are clarified, and the advantages and disadvantages of intelligent remote sensing data interpretation are compared and analyzed from the development status at home and abroad. Secondly, the key technologies of remote sensing big data processing are analyzed from the perspectives of machine learning, deep learning, sparse sensing and other interpretation technologies. The problems existing in current research are explained from the perspective of noise shadow, high-dimensional variability, complex background and other problems of remote sensing big data. Finally, based on the development strategy of intelligent science and technology and remote sensing data analysis technology supported by the state, the future development trend and direction of remote sensing intelligent interpretation are described in view of the wide application scenarios of remote sensing intelligent interpretation in military and civil fields. This chapter summarizes the characteristics, typical processing systems and core technologies of remote sensing big data in detail, and tries to sum up the key problems to be solved in practical application and academic research as well as the development trend in the future. Intelligent science and technology bring opportunities and challenges to remote sensing data mining and knowledge acquisition. Breakthroughs in remote sensing big data-oriented machine learning, unified data analysis framework and deep information fusion for remote sensing big data will promote the further development of remote sensing intelligent interpretation technology.

Human-machine Fusion Intelligence

Considering the fact that the current artificial intelligence technology is basically a superficial imitation of human intelligence but relies mainly on the realization of mathematical mechanisms and the underlying logic of computer algorithms, we have to face fast growing social concerns, such as ideological security, ethical dilemmas, and the crisis of trust. To break through the limitations of existing AI technologies, a human-machine fusion intelligence system that combines the superiority of human intelligence and artificial intelligence has been conceived. The system elegantly integrates human's subjective cognition and machine's objective decision making, resulting in human-machine fusion for collaborative perception, cognitive interaction, and intelligence enhancement. This special report introduces the concept, forms, and development of human-machine fusion intelligence, identifies its future trends and technical challenges, and then provides corresponding strategies and proposals for its different technologies.

Intelligent Robotics

Intelligent science and technology is a basic discipline facing the future new high technology. Based on computer science, it combines with cognitive science, intelligent robotics, informatics, control science, life science, linguistics, etc. With the application of advanced technologies, such as mechanics, electronics, sensors, computer software and hardware, artificial intelligence, intelligent system integration, intelligent science and technology is affecting many fields of the national economy. Moreover, it has become an important symbol of the development level of science and technology, and the modernization and informatization of the national economy.

Intelligent robotics has the characteristics of interdisciplinary. It integrates advanced theories and

technologies in the fields of kinematics and dynamics, mechanical design and manufacturing, computer hardware and software, control and sensors, pattern recognition, artificial intelligence. At present, social need and technological progress have put forward new requirements for the development of intelligent robotics.

Intellectualization has become the core feature of the new generation robots. With the integration of intelligent robots and the new generation information technology, there must be a breakthrough and development in the main research direction in common key technologies of all types of intelligent robots. This report analyzes the research status of common key technologies, such as intelligent perception and information fusion technology, intelligent positioning and navigation technology, intelligent motion and path planning technology, intelligent control technology, intelligent swarm robot control technology, human-machine integration technology, and so on.

This report also predicts the scientific problems faced and urgently needed to be solved in the future of intelligent robotics. Moreover, research should focus on breaking through the major basic problems, such as humanoid perception and cognition, intelligent development based on big data with cloud computing, humanoid control simulating human neural center, multi-modal human-computer natural interaction based on audio-visual-touch and bio electromechanics, so as to seize the peak of "new generation robots". In order to fully understand the development of intelligent robotics and distinguish the common key technologies mentioned above, this report also forecasts the technical route of several main intelligent robot types.

Intelligent Economics

Intelligent economy is a major application scenario of the new generation of artificial intelligence technology. By introducing artificial intelligence into the field of industrial economic operation, we can improve the governance and decision-making ability of enterprises and governments with technologies such as big data, knowledge map and visual analysis, and enable the intelligent upgrading of the real economy. At present, the development of intelligent economy in China has begun to take shape, and has been deeply combined at five levels: intelligent factory production, intelligent enterprise management, intelligent product innovation, intelligent supply link and intelligent economic regulation.

Under the guidance of policies and market demand, artificial intelligence technology has been substantially integrated with traditional industry business models and business processes. A new industrial landscape in the era of intelligent economy has initially emerged, and the application scenarios are becoming richer and richer. For example, in terms of industrial economic governance, we assist in accurate policy implementation by building an industrial monitoring center; In terms of park innovation services, we will deepen Park intelligent services such as precision investment attraction, smart enterprise services, smart industry planning and smart marketing, and create a new industrial ecology of smart parks; In terms of enterprise operation and management, we use three tools: knowledge learning and computing engine, enterprise knowledge center and interactive cognitive decision engine to promote the construction of enterprise smart brain and help lean operation.

In the future, the new generation of artificial intelligence technology will be more widely embedded in many levels of economic fields such as factory production, enterprise management, product innovation, supply chain, governance and regulation. New technologies and tools represented by industrial brain and enterprise intelligence brain will continue to emerge and evolve. Therefore, we also put forward five suggestions to promote the development of smart economy, including strengthening the policy guidance of smart economy, increasing the research and development of key technologies of smart economy, promoting the application of smart economy, accelerating the formulation of smart economy standards and norms, and strengthening the training of compound talents in smart economy.

索　引